净零能耗建筑论丛

U0954392

净零能耗建筑技术导论

梁俊强　等编著

中国建筑工业出版社

图书在版编目（CIP）数据

净零能耗建筑技术导论 / 梁俊强等编著. —北京：
中国建筑工业出版社，2023.5
（净零能耗建筑论丛）
ISBN 978-7-112-28677-5

Ⅰ.①净… Ⅱ.①梁… Ⅲ.①生态建筑-建筑施工
Ⅳ.①TU74

中国国家版本馆 CIP 数据核字(2023)第 074101 号

责任编辑：张文胜
责任校对：孙　莹

净零能耗建筑论丛
净零能耗建筑技术导论
梁俊强　等编著
*
中国建筑工业出版社出版、发行（北京海淀三里河路 9 号）
各地新华书店、建筑书店经销
北京科地亚盟排版公司制版
北京圣夫亚美印刷有限公司印刷
*
开本：787 毫米×1092 毫米　1/16　印张：14¼　字数：336 千字
2023 年 5 月第一版　　2023 年 5 月第一次印刷
定价：**52.00** 元
ISBN 978-7-112-28677-5
（40960）

本书编委会

主　　编：梁俊强

副 主 编：刘　珊　梁传志

编 写 组：（排名不分先后）

王云新　邹　颖　林新锋　杨建荣　季　亮
孙昀灿　姜益强　董建锴　郭吉伟　冯国会
赫　娜　黄凯良　钟辉智　王　晓　郭彬彬
周　航　薛志峰　林　慧　章永洁　程　杰
常莎莎　王珊珊　张亮亮　冯　驰　杨洪兴
康　靖　李叶茂　陆元元　朱清宇　马　超
李张苗　张　欢　张时聪　逄秀锋　魏　峥
李　怀

主编单位：住房和城乡建设部科技与产业化发展中心
（住房和城乡建设部住宅产业化促进中心）

参编单位：（排名不分先后）

福建省建筑科学研究院有限责任公司
上海市建筑科学研究院
哈尔滨工业大学
沈阳建筑大学
中国建筑西南设计研究院有限公司
中科华跃（北京）能源互联网研究院有限公司
重庆大学

香港理工大学深圳研究院
四季沐歌科技集团有限公司
深圳市建筑科学研究院股份有限公司
中建科技集团有限公司
中国建筑科学研究院有限公司
天津大学

前　言

应对气候变化已成为全球性话题。党的十八大以来，我国已将生态文明建设纳入国家发展总体布局中，推动形成绿色发展方式和生活方式是贯彻新发展理念的必然要求。全国人大常委会于 2016 年 9 月 3 日批准中国加入《巴黎气候变化协定》，中国成为第 23 个完成批准协定的缔约方，承诺到 2030 年中国单位国内生产总值的二氧化碳排放比 2005 下降 60%～65%，非化石能源比例提升到 20%，二氧化碳排放达到峰值，并争取尽早达峰。建筑领域是能源消耗的三大领域之一，建筑能耗在全球能源消耗总量中约占 30%，发展具有高能效、高可再生能源利用率的净零能耗建筑已成为应对全球气候变化和可持续发展的有效途径。

自 2016 年，在科技部组织实施的国家重点研发计划政府间/港澳台重点专项的支持下，基于中美清洁能源联合研究中心合作框架，住房和城乡建设部科技与产业化发展中心牵头组织国内顶尖科研院所、大学和龙头企业实施了“净零能耗建筑关键技术研究与示范”（2016YFE0102300）和“净零能耗建筑适宜性关键技术与示范”（2019YFE0100300）项目，围绕实现“净零能耗建筑”目标系统开展了关键技术攻关和集成应用示范，初步提出了适合我国国情的净零能耗建筑发展路径，建立了一整套基于全过程的净零能耗建筑技术体系，研发了一系列关键装置和设备，在不同气候区建设了净零能耗建筑综合性示范工程，提出了推动净零能耗建筑发展的政策建议，形成多项标志性成果。这些成果填补了我国在该领域研究的空白，实现了净零能耗建筑重点关键技术领域的重要突破和技术理念实践创新，树立了我国乃至世界建筑节能领域的新标杆，支撑了我国建筑节能中长期发展规划的制定，促进了我国建筑节能工作由“跟跑”转变为“并跑”，并为最终实现“领跑”奠定了坚实基础。

本书首先简要介绍了国内外净零能耗建筑的发展历程和适合我国国情的净零能耗建筑技术路线，重点介绍了净零能耗建筑室内环境营造、被动式设计技术、主动式能源系统优化设计技术、可再生能源利用技术、建筑电气化与低压直流供配电技术、设计施工一体化技术、运行调适技术等关键技术领域研究进展和主要成果，力图较为完整地呈现净零能耗建筑的技术体系。

参与本书撰写的作者有：第 1 章梁俊强、刘珊；第 2 章刘珊；第 3 章王云新（3.1、3.5）、邹颖（3.1）、林新锋（3.1）、杨建荣（3.2、3.5）、季亮（3.2）、孙昀灿（3.2）、姜益强（3.3）、董建锴（3.3、3.5）、郭吉伟（3.3）、冯国会（3.4）、赫娜（3.4、3.5）、黄凯良（3.4）、刘珊（3.6）；第 4 章钟辉智、王晓、郭彬彬、周航；第 5 章薛志峰、林慧、章永洁、程杰；第 6 章冯国会（6.1）、常莎莎（6.2）、王珊珊（6.3）、张亮亮（6.3）、黄凯良（6.4）、董建锴（6.5）、冯驰（6.6）、杨洪兴（6.7）；第 7 章康靖、李叶茂、陆元元；第8章朱清宇、马超、李张苗、张欢；第9章张时聪、逄秀锋、魏峥、李怀、刘珊。全书由刘珊统稿，梁俊强、梁传志审查并提出修改意见。

本书凝聚了多年来项目研究团队的大量研究成果，希望为我国建筑领域践行“碳达峰、碳中和”目标贡献一份力量。实现净零能耗建筑是一项系统性工程，涉及的环节多、专业多，作者水平有限，难免存在遗憾之处，恳请广大读者批评指正。

本书编委会

2023年3月

目　　录

第1章　净零能耗建筑的兴起与发展

1.1　国际净零能耗建筑发展历程

1.1.1　国际零能耗建筑相关概念和内涵不断丰富和拓展

不断提升建筑能效是长期以来世界各国建筑节能的主要方向。自丹麦科学家于1976年首次提出“零能耗建筑”的概念后，其定义和内涵经历了40余年的不断演变和发展，衍生出“零碳建筑”“近零能耗建筑”“净零能耗建筑”等相关概念，至今全球尚无统一的定义。但近年来各国在该领域的研究基本达成了共识，即在相对统一的框架下，考虑用能计算范围、物理边界、衡量方式和计算周期等要素，并与当地气候、经济因素以及生活习惯紧密结合，因地制宜地提出适合本国的定义。虽然各国根据战略发展需要陆续提出一系列相关概念，但其核心内容十分明确，即通过主、被动式节能技术最大限度降低建筑能耗，通过可再生能源产能解决建筑用能需求。零能耗建筑并非不消耗能源，而是通过节能措施和可再生能源的利用，达到建筑用能需求最小化，并实现能源利用的供需平衡。

1.1.2　各国高度重视零能耗建筑，积极制定国家发展战略和目标

发达国家陆续明确将零能耗建筑作为建筑节能发展方向，相继制定了推广零能耗建筑的中长期发展规划，分阶段分步骤提出了较为明确的发展目标（图1-1所示）。总的来说，各国在结合本国国情制定零能耗建筑发展战略和目标时，基本按照“先住宅后公共建筑、先新建后既有、政府投资建筑先行强制”的原则分步推进，持续提升建筑本体的能效水平，加大可再生能源建筑应用的支持政策。

1.1.3　各国零能耗建筑技术路径各具特色

由于世界各国所处的气候地理条件不同，经济技术发展水平间存在差异，对于零能耗建筑的发展路径也各不相同。

欧盟针对北欧地区提倡发展近零能耗建筑，考虑其地理纬度相对较高、建筑能耗主要以供暖能耗为主的特点，技术路径强调建筑自身通过采用被动式技术尽可能降低建筑供暖的能耗需求。欧盟于2010年发布的《建筑能效指令》（修订版）明确提出零能耗建筑为“具有非常高能效”的建筑，强调建筑用能强度的绝对值下降到一定程度后，再通过可再生能源进行补充。

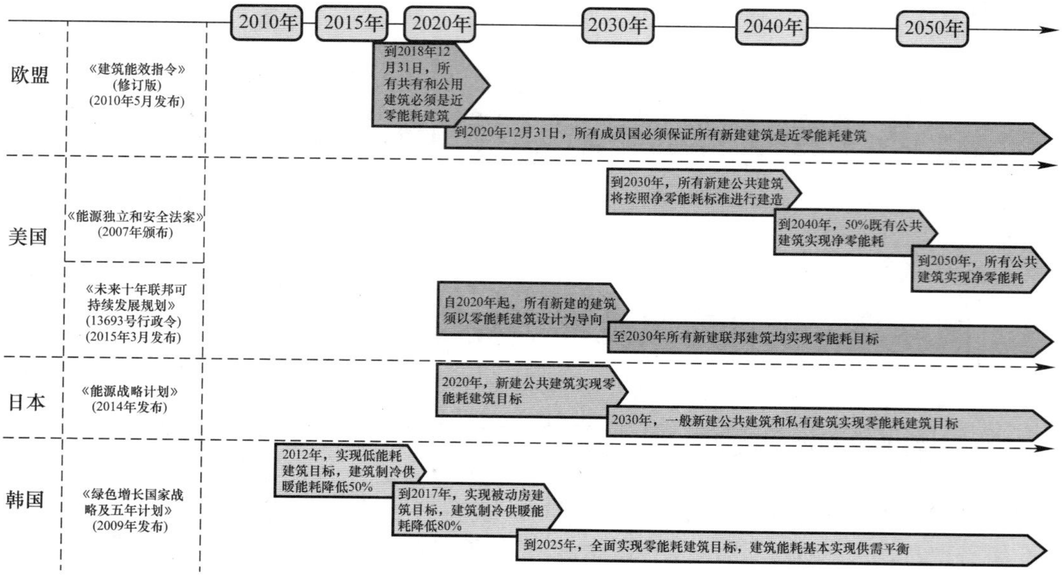

图 1-1　不同国家和地区零能耗建筑发展目标及时间表

美国零能耗建筑技术路径更为重视对可再生能源的利用，侧重提高能源系统效率以及鼓励采用光伏发电和分布式能源等技术，这与其可再生能源资源丰富、技术水平高度发展密不可分。通过集成应用高效节能设备及可再生能源利用技术，使其更易在用能需求更高的公共建筑上达成零能耗建筑目标，技术路线更加丰富，建筑所能适应的气候区域更广。

以日本为代表的亚洲国家，因建设用地紧缺、中高层建筑比例较高等特点，采用建筑自身生产可再生能源受到一定的限制。因此，这些国家的技术路径尽可能将提高建筑能效水平放在首位，通过提高建筑围护结构的保温隔热性能和密闭性，减少供暖制冷能耗，提高能源使用效率。

1.2　我国净零能耗建筑探索与发展

1.2.1　总体情况

随着全球气候变暖问题越来越严峻，以高能效、低排放为核心的建筑节能正为实现国家的能源安全和可持续发展起到至关重要的作用。近年来，欧美发达国家陆续将“超低能耗建筑”“近零能耗建筑”乃至“净零能耗建筑”作为建筑节能的发展方向，相继开展了技术研究与工程示范，在此基础上各国都提出了较为明确的发展目标和路线图，净零能耗建筑被视为消减化石燃料消耗和温室气体排放的终极解决方案。

相较于欧美国家，我国净零能耗建筑研究与试点示范自国际科技合作开始起步，2002年开始的中瑞超低能耗建筑合作，2010 年上海世博会的英国零碳馆和德国汉堡之家是我国建筑迈向更低能耗的初步探索。2011 年起，在中华人民共和国住房和城乡建设部与德国联邦交通、建设及城市发展部的支持下，住房和城乡建设部科技与产业化发展中心与德国能源署引进德国建筑节能技术，建设了河北秦皇岛在水一方、黑龙江哈尔滨溪树庭院、河北省建筑科技研发中心科研办公楼等建筑节能示范工程。2013年起，中美清洁能源联合研究中心建筑节能工作组开展了近零能耗建筑、净零能耗建筑节能技术领域的研究与合作，建造完成中国建筑科学研究院近零能耗建筑、珠海兴业近零能耗示范建筑等示范工程，取得了非常好的节能效果和广泛的社会影响。

1.2.2 概念辨析

追求更高能效的建筑，一直是世界各国科研人员追求的目标。1976年，丹麦科学家Torben V. Esbensen研究员提出不用常规化石能源进行供暖的“零能耗建筑”的概念和措施；1988年，瑞典和德国科学家Bo Adamson & Wolfgang Feist提出不用主动的供暖空调系统就可以维持室内热环境的建筑的“被动房”的概念和措施；2006年，美国Torcellini教授总结了现场、一次能源、能耗账单、零排放四种“零能耗建筑”的概念；加拿大Scott Bucking教授提出以年为单位区域内所有用户消耗的能源和区域内可再生能源产生的能源大胆平衡的“零能耗社区”的概念。从提出“零能耗建筑”概念至今已有40余年，研究的重点都在以下三个部分：

一是“零”。它描述了结果，是以数值量化的引导目标，这里并非表达建筑的能耗为零，而是指化石能源的消耗为零，其必然存在的能耗由可再生能源提供，也就实现了建筑用能和产能的平衡而达到“零”能耗。

二是“能耗”。它描述了内容，是指能源消耗并可计量的物理量，用能计算范围从供暖和热水，扩展到照明、制冷、插座等，使得零能耗建筑的内涵更加符合实际，能耗的计量有了明确的表述方式。

三是“建筑”。它描述了对象，是有明确的物理边界、功能和用能需求。最初丹麦科学家提出“零能耗建筑”概念时研究的对象是住宅，现在已经扩展到公共建筑和一个建筑群组成的用能区域。

总的来说，零能耗建筑的核心思想就是尽可能降低建筑能源消耗，同时利用可再生能源进行补充，从而使建筑用能和产能达到一种平衡状态。

虽然世界范围内没有统一的“零能耗建筑”的定义，但近年来各国在该领域的研究基本达成了共识：基于零能耗建筑是一个动态平衡的过程，受到若干因素的制约，认为“零能耗建筑”定义的内涵也并不是唯一的，而是在相对统一的框架下因地制宜地制定适合本国的定义，这个相对统一的框架主要包含用能计算范围、物理边界、衡量方式、和计算周期等，与当地气候、经济因素以及生活习惯紧密相关，也呈现了很大的差异。

1. 用能计算范围

明确建筑的用能需求和计算范围是实现“零能耗建筑”的第一步，20世纪70年代出现第二次石油危机后，中北欧和北美国家纷纷开始制定并实施一系列节能政策和措施，主要焦点集中在居住建筑的供暖能耗，其主要通过尽可能提高围护结构性能最大限度降低建筑物对一次能源的需求。2007年以后，德国超低能耗建筑的用能计算范围才从仅考虑供暖和热水能耗扩展到照明电耗和制冷能耗。而美国能源部2015年发布的最新定义中明确规定了建筑能耗中至少涵盖供暖、制冷、通风、热水、室内外照明、插座、工艺、电梯、运输系统能耗等。

2. 物理边界

为计算零能耗建筑的能源平衡，需要明确建筑与外界能量交换（输入输出）的边界，在此定义建筑物理边界。在建筑物理边界内，建筑消耗输入的能量（电、石油、天然气等）以及“现场”可再生能源系统的产能，当产能过剩时，富余的能量可通过边界向外传输或通过蓄电装置储存。确定建筑物理边界主要是明确可再生能源作为补充能源的边界，对是否能实现“零能耗建筑”有很大影响。从可再生能源输入边界的角度考虑主要可分为五个层次，如图 1-2 所示。2010 年 7 月，欧盟发布的《建筑能效指令》（修订版）（Energy Performance of Building Directive recast，EPBD）中规定了可再生能源源于建筑现场或附近。而美国国家可再生能源实验室的 Torcellini 等人在 2006 年给出了最严格的定义级别，即一座零能耗建筑可通过现场（on site）内产生的可再生能源满足或超出其年能源需求。2010 年，在 2006 年定义的基础上根据建筑可再生能源的使用进一步对零能耗建筑进行了分级，用于区分可再生能源应用的优选顺序，如表 1-1 所示。而在 2015 年由美国能源部公布的最新定义中再次明确规定所有的可再生能源应当为现场产能。

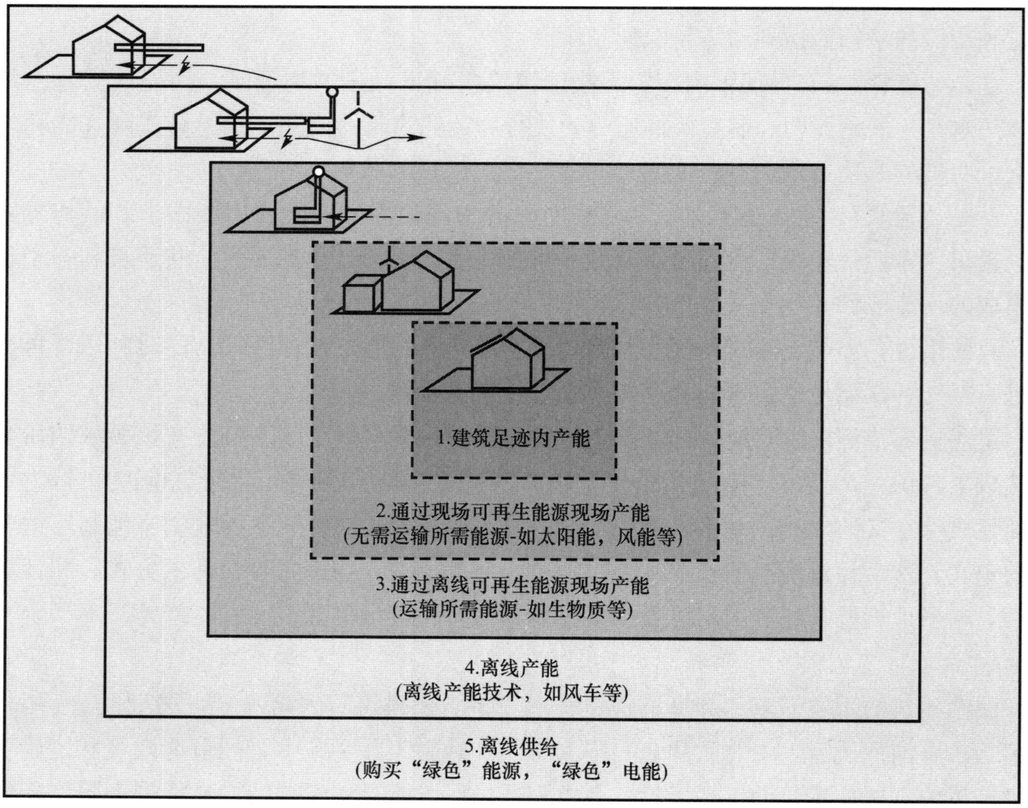

图 1-2 可再生能源输入边界划分

零能耗建筑分级 表 1-1

级别	名称	要义	示例场景
A	足迹内可再生能源净零能耗建筑	一种低能耗建筑，位于建筑物足迹范围内的资源能产生足够多的再生能量，满足净零能源 4 种定义中一种以上，这种分类适用于个体建筑	光电系统安装在建筑物屋顶或表面；太阳能系统安装在建筑物屋顶或表面；风力发电机安装在建筑物屋顶或表面
B	现场可再生能源净零能耗建筑	一种低能耗建筑，位于项目场所的资源能产生足够多的再生能量，满足净零能源 4 种定义中一种以上，这里场所范围的定义包括再生能源系统位于公共自有连续财产的园区场景，这种分类适用于个体或多重式建筑	光电系统安装在泊车区；太阳能系统安装在场所的地面；风力发电机在场所的塔状物；生物能
C	输入可再生能源净零能耗建筑	一种低能耗建筑，首先利用工程和场所足迹范围内的再生能量资源，在某种程度上可行的话，再输入足够的场外再生能量用于场内发电，满足净零能源 4 种定义中的一种以上，这种分类适用于个体或多重式建筑	生物能输入场所，用于发电；生物能输入用于场所，用于发热
D	场外可再生能源净零能耗建筑	一种低能耗建筑，首先利用工程和场所足迹范围内的再生能量资源，在某种程度上可行的话，再选择性地输入场外再生能量用于场内发电，但须购买场外再生能源的证明来满足净零能源 4 种定义中的一种以上，这种分类适用于个体或多重式建筑	购买再生能源证明（RECs）

3. 衡量方式

对于零能耗建筑的衡量方式，其随能源类型使用的多样化及衡量需求而变化，并不断发展出新的形式，从早期终端用能（电）衍生出以一次能源、碳排放量以及能源成本四类衡量方式。但发展至今，多数国家都已在官方定义中明确规定了以一次能源作为输入输出能量平衡的衡量方式。这不仅统一了边界内各类能源的折算，同时也便于整个国家能耗系统的统计。但其中转换系数的确定需要对大量信息统计分析得出。

4. 计算周期

就现有零能耗建筑而言，通常定义主要以建筑全年运行的能源支出进行平衡考量。这样包含了全年气候条件下建筑的运行状况，与建筑供暖空调设计角度相吻合。此外，也有研究将月份或是以建筑全生命期作为零能耗建筑的评价周期，但评价周期越短，能量平衡越难实现。采用建筑生命期评价则为零能耗建筑的实现带来了更多挑战，能耗计算范围需要将运行阶段的能耗扩充至建筑设计、建造、运维及拆除等全生命期内各个阶段的能源转化。

采用建筑全生命期评价角度的评估将使零能耗建筑的定义更加完整，但也带来了更多挑战，如何对建筑全生命期内的能耗进行划分，如何设计平衡关系等都需要进一步研究明确。

由于世界各国所处的气候地理条件不同，以及经济技术发展水平间的差异，对于零能耗建筑的发展路径也都各不相同。欧洲提倡的“近零能耗建筑”，由于其地理纬度相对较高，建筑能耗主要以供暖能耗为主，技术路径强调通过建筑自身的被动式技术用以降低建筑供暖供冷的能耗需求，以便实现能量平衡。欧盟《建筑能效指令》（修订版）就提出零能耗建筑为“具有非常高的能效”的建筑，能耗表达单位应使用 $kWh/(m^2 \cdot a)$，强调建筑用能强度的绝对值下降到一定程度后再通过可再生能源进行补充。特别是德国，其凭借被动式超低能耗建筑完备的设计体系、保障体系、认证评价体系以及运营维护管理方式，在节能建筑领域走在世界前列。2015 年，德国被动房研究所对零能耗建筑做出最新定义要求基于国际被动房标准，以年为时间单位，由建筑或周边设施产生的可再生能源满足建筑的能耗需求，其中增加了对可再生能源利用的要求。

美国零能耗建筑定义的发展相对完善，其技术路径更为重视对可再生能源的利用，着重于能源系统的效率以及光伏发电和分布式能源等方面，这与之可再生能源资源丰富、技术水平高度发展密不可分。相较于欧洲主要通过被动式技术实现"近零能耗建筑"目标，美国通过集成应用高效节能设备及可再生能源，使其更易在用能需求更高的公共建筑上达到"零能耗建筑"目标。相较于被动式建筑而言，"零能耗建筑"追求的目标更高，且技术路线更加丰富，在加入主动式技术（高效设备）和可再生能源后，建筑所能适应的气候区域更广，且对于能耗较高的公共建筑更易于实现。

1.2.3 标准规范

自 20 世纪 80 年代以来，我国的建筑节能工作已经历了三十多年的发展，通过实施建筑节能的"三步走"，建筑节能工作取得了较大进展。在 1980—1981 年住宅通用设计能耗的基础上，于 1986 年、1995 年和 2005 年分别将建筑能效提高了 30%、50%和 65%。随着建筑节能工作全面深入开展及国家对节能减排工作的高度重视，我国建筑节能工作进入全面开展阶段。相继颁布实施了《中华人民共和国节约能源法》《民用建筑节能条例》等法律法规，基本建立了《建筑节能工程施工质量验收规范》《绿色建筑评价标准》等标准体系。我国建筑节能在控制增量、调整存量、节能监管、优化能源结构、转变模式和质量控制方面取得了较大的突破，同时农村地区的建筑节能工作也在逐步开展。探索更高能效的建筑，是世界各国共同努力的目标。

以居住建筑为例，不同于发达国家高舒适度和高保证率下的高能耗，我国建筑能耗特点为低舒适度和低保证率下的低能耗，且不同年代建筑能耗强度差异较大。统计数据表明，英、法、德、意四国普通居住建筑单位面积能耗为 35kgce/(m^2·a) [一次能源消耗量约为 285kWh/(m^2·a)]，我国普通城镇居住建筑单位面积能耗仅为 14.5kgce/(m^2·a) [一次能源消耗量约为 118kWh/(m^2·a)]，我国现有居住建筑的能耗本来就满足德国被动房一次能源消耗≤120kWh/(m^2·a) 的要求。不可否认，随着人们生活水平的提高，建筑能耗强度会有所上升，但就现阶段而言，德国被动房指标体系中的一次能源消耗量要求对于我国是不适用的。

我国住宅建筑由于室内温度不达标、新风量不足而导致室内环境状况整体低于发达国家。统计数据表明，在严寒和寒冷地区冬季集中供暖的建筑室内温度普遍在 18℃以上，但夏热冬冷地区室内温度基本在 10℃以下，主要原因是该地区并未普及集中供暖设施，室内湿度普遍在 60%～90%，室内湿冷，因此达不到满意的舒适度。在夏季，开窗通风是解决室内过热问题的首选，空调系统间歇运行，室内温度基本在 25～32℃。我国被动式超低能耗建筑在追求欧美的全空间全时间的高舒适度的同时，也应慎重考虑建筑能耗的快速上升。

同时应注意的是，我国气候类型复杂多样，五大建筑气候分区特点差异大，建筑设计应针对这些气候特点提出相应的设计策略。而德国的气候类型相对于我国较为单一，与我国同纬度的地区相比气候更加温和，以供暖为主，制冷需求较小。统计数据表明，德国夏季基本无需空调，而我国多数地区夏季存在空调需求，我国东西南北的供暖度日数和供冷度日数相差较大，供暖和空调需求极不均衡。

由此我国开始了一系列关于超低能耗建筑相关的积极行动。经过 10 年的发展，我国的节能技术水平逐渐提高，从重视单项技术到综合全面的建筑节能技术解决方案，逐步提高可再生能源利用率，从探索居住建筑超低能耗技术体系到公共建筑超低能耗建筑技术体系发展。随着技术水平的进步和建筑节能要求的提高，我国的超低能耗建筑有了很大的发展需求和空间。在中华人民共和国住房和城乡建设部与德国联邦交通、建设及城市发展部的支持下，住房和城乡建设部科技与产业化发展中心与德国能源署自 2007 年起以被动式超低能耗建筑技术为重点开展技术交流、培训和合作，陆续开展了一些超低能耗建筑集成示范，如秦皇岛在水一方、哈尔滨溪树庭院、朗诗布鲁克项目等被动式超低能耗建筑试点项目。

为了更好地指导我国超低能耗建筑和绿色建筑的推广，2015 年 10 月，住房和城乡建设部发布了《被动式超低能耗绿色建筑技术导则（试行）（居住建筑）》，明确了我国被动式超低能耗绿色建筑的定义、不同气候区技术指标及设计、施工、运行和评价技术的要求，为全国被动式超低能耗绿色建筑的建设提供指导。2019 年，《近零能耗建筑技术标准》GB/T 51350-2019 正式发布实施，首次通过国家标准形式对零能耗建筑相关定义进行明确规定，建立符合我国国情的技术体系，提出中国解决方案。该标准的实施将对推动建筑节能减排、提升建筑室内环境水平、调整建筑能源消费结构、促进建筑节能产业转型升级起到重要作用。

1.2.4 政策激励

2017 年 2 月，住房和城乡建设部《建筑节能与绿色建筑发展“十三五”规划》提出：积极开展超低能耗建筑、近零能耗建筑建设示范，引领标准提升进程，在具备条件的园区、街区推动超低能耗建筑集中连片建设，到 2020 年，建设超低能耗、近零能耗建筑示范项目 1000 万 m^2 以上。随后，我国山东、河北、河南、北京等地针对超低能耗建筑示范推广的政策不断出台，纷纷提出发展目标，并给予财政补贴、非计容面积奖励、备案价上浮、税费和配套费用减免、科技扶持、绿色信贷等方面的政策优惠，政策文件汇总表如表 1-2 所示。

我国部分省份超低能耗建筑政策文件汇总表 **表 1-2**

省份	文件名称	发布时间
北京	《北京市人民政府办公厅印发〈北京市污染防治攻坚战 2019 年行动计划〉的通知》	2019 年 2 月 13 日
	《关于进一步加快热泵系统应用推动清洁供暖的实施意见》	2019 年 1 月 21 日
	《北京市超低能耗示范项目技术导则》	2018 年 4 月 19 日
	《北京市超低能耗农宅示范项目技术导则》	2018 年 3 月 19 日
	《北京市超低能耗建筑示范工程项目及奖励资金管理暂行办法》	2017 年 6 月 30 日
河北	《关于河北省超低能耗建筑专家库专家遴选情况的公示》	2019 年 1 月 3 日

续表

省份	文件名称	发布时间
河北	《河北省促进绿色建筑发展条例》	2018年11月24日（2019年1月1日起施行）
	《关于印发〈河北省推进绿色建筑发展工作方案〉的通知》	2018年12月21日
	《河北省住房和城乡建设厅关于发布〈被动式超低能耗居住建筑节能设计标准〉的公告》	2018年9月25日
	《被动式超低能耗公共建筑节能设计标准》	2018年6月23日
	《河北省住房和城乡建设厅、河北省财政厅关于省级建筑节能专项资金使用有关问题的通知》	2017年12月20日
	《关于印发〈2017年全省建筑节能与科技工作要点〉的通知》	2017年3月16日
	石家庄市住房和城乡建设局《关于印发〈2019年全市建筑节能、绿色建筑与装配式建筑工作方案〉的通知》	2019年4月24日
	石家庄市住房和城乡建设局《关于开展被动房项目质量排查工作的通知》	2019年3月12日
	石家庄市政府《关于加快被动式超低能耗建筑发展的实施意见》	2018年2月14日
	石家庄市住房和城乡建设局《关于被动房和装配式建筑有关工作的通知》	2018年6月12日
	石家庄市住房和城乡建设局等7部门《关于落实被动式超低能耗建筑优惠政策工作的通知》	2018年5月28日
	《石家庄市建筑节能专项资金管理办法》	2017年4月13日
	衡水市住房和城乡建设局《关于加快推进被动式超低能耗建筑发展的实施意见（试行）》	2018年3月27日
	张家口市住房和城乡建设局《关于做好装配式和被动式超低能耗建筑推进工作的通知》	2018年6月22日
	《承德市人民政府关于加快推进建筑产业现代化的实施意见》	2018年8月22日
	《关于保定市超低能耗绿色建筑专家库专家遴选情况的公示》	2019年3月13日
	《保定市人民政府关于推进被动式超低能耗绿色建筑发展的实施意见（试行）》	2018年6月9日
河南	《河南省住房与城乡建设厅办公室关于2019年度河南省建设科技进步及绿色创新奖励推荐工作的通知》	2019年3月8日
	《河南省人民政府办公厅关于印发河南省财政支持生态环境保护若干政策的通知》	2019年1月24日
	《关于公开征求〈河南省节能和资源循环利用专项资金及项目建设管理办法〉修改意见的通知》	2018年12月14日
	《河南省超低能耗居住建筑节能设计标准》	2018年9月7日
	《郑州市人民政府关于发展超低能耗建筑的实施意见》	2018年9月3日
	郑州市人民政府《关于印发郑州市清洁取暖试点城市示范项目资金奖补政策的通知》	2018年4月24日
	焦作市人民政府《我市冬季清洁取暖财政专项资金管理暂行办法解读》	2018年10月17日
	河南省住房和城乡建设厅《关于组织申报2017年建筑节能及绿色建筑相关示范储备项目的通知》	2017年2月22日
山东	《山东省绿色建筑促进办法》	2019年1月22日
	《山东省财政厅、山东省住房和城乡建设厅关于印发山东省省级建筑节能与绿色建筑发展专项资金管理办法的通知》	2018年3月31日
	《山东省超低能耗建筑施工技术导则》	2018年7月20日
	《青岛市城乡建设委员会、青岛市财政局关于组织申报2019年度青岛市绿色建筑及装配式建筑奖励资金的通知》	2019年1月9日
	《关于印发〈青岛市推进超低能耗建筑发展的实施意见〉的通知》	2018年11月16日
	《青岛市“十三五”建筑节能与绿色建筑发展规划》	2016年12月26日

续表

省份	文件名称	发布时间
山东	《山东省被动式超低能耗绿色建筑示范工程专项验收技术要点》	2017 年 6 月 30 日
	《山东省被动式超低能耗绿色建筑示范工程项目管理办法》	2016 年 9 月 19 日
	《被动式超低能耗居住建筑节能设计标准》	2016 年 10 月 9 日
	《被动式低能耗居住建筑节能构造》	2016 年 4 月 22 日
天津	《天津市建筑节能技术、工艺、材料、设备的推广、限制和禁止使用目录（2019 版）》	2019 年 3 月 22 日
	《关于加快推进被动式超低能耗建筑发展的实施意见》	2018 年 11 月 2 日
甘肃	《甘肃省住房和城乡建设厅 关于组织申报 2018 年建筑节能绿色建筑装配式建筑计划项目及专项资金的通知》	2018 年 8 月 27 日
江苏	《江苏省超低能耗居住建筑技术导则（征求意见稿）》	2019 年 4 月 24 日
	《关于申报 2018 年度省级节能减排（建筑节能和建筑产业现代化）奖补资金项目的通知》	2018 年 05 月 4 日
	《关于组织申报 2017 年度省级节能减排（建筑节能）专项引导资金的通知》	2017 年 5 月 2 日
湖北	《2017 年全省建筑节能与绿色建筑发展工作意见》	2017 年 5 月 22 日
	宜昌市人民政府办公室《关于推进被动式超低能耗建筑发展的意见（试行）》	2018 年 12 月 31 日
	《2016 年全省建筑节能工作意见》	2016 年 3 月 7 日
青海	《被动式低能耗建筑技术导则（居住建筑）》	2018 年 7 月 30 日
宁夏	《关于组织申报 2018 年自治区财政支持绿色建筑示范项目资金的通知》	2018 年 8 月 21 日
	《宁夏回族自治区绿色建筑示范项目资金管理暂行办法》	2017 年 5 月 27 日
上海	《关于印发 2019 年本市各区和相关委托管理单位建筑节能工作任务分解目标的通知》	2019 年 3 月 20 日
	《上海市超低能耗技术导则（试行）》	2019 年 3 月 13 日
	《上海市建筑节能和绿色建筑示范项目专项扶持办法》	2016 年 6 月 3 日
黑龙江	《被动式低能耗居住建筑设计标准》	2018 年 11 月 7 日
	《哈尔滨市“十三五”期间开展绿色建筑行动实施方案》	2016 年 6 月 22 日
辽宁	《辽宁省绿色建筑条例》	2018 年 11 月 30 日 （2019 年 2 月 1 日 起施行）
江西	《江西省建筑节能与绿色建筑发展“十三五”规划》	2017 年 6 月 12 日
	《江西省“十三五”节能减排综合工作方案》	2017 年 6 月 5 日
新疆	《全面推进绿色建筑发展实施方案》	2017 年 5 月 7 日
湖南	《湖南省建筑节能与科技及标准化 2016 年工作要点》	2016 年 3 月 10 日
云南	《关于进一步加强城市规划建设管理工作的实施意见》	2016 年 5 月 20 日

1.2.5 发展特点及趋势分析

随着建筑节能技术和可再生能源技术的发展，建筑能耗水平逐渐下降，供能水平不断提升，使得“零能耗建筑”的用能计算范围更为广泛，建筑形式日益丰富。从实现低层住宅建筑的供暖和供给热水自给自足，发展至今尝试平衡“零能耗社区”中的各类用能需求，如供暖、制冷、通风、热水、照明、插座、运输等。受建筑足迹（或场地）以及人员活动对建筑能耗影响等因素的约束，在一定条件下，“零能耗社区”更易实现。例如，当建筑缺乏安装光伏等可再生能源系统的屋顶和场所区域，且单位面积能耗强度较高时，通过把邻近的建筑联合成区域从而抵消单体建筑能耗，一个高能耗强度的建筑被组合成多个邻近的低能耗强度建筑，可再生能源系统的利用区域也同样得到分享，从而实现在区域层面的能量平衡。

对于未与市政电网相连接的零能耗建筑而言，当建筑现场可再生能源产能难以满足建筑能源消耗时，建筑可能不得不采用传统化石能源（石油、天然气等）以维持建筑运行；当建筑现场可再生能源产能大于建筑能源消耗时，多余的能源将希望被储存至蓄能系统或输出至公共电网。由于当前蓄能技术水平有限，通过连接建筑智能微电网，以接收多余的可再生产能并对建筑能源平衡进行调节显得十分必要。智能微网不仅促进当地可再生能源发电和电动汽车充电，而且起到能源存储、需求响应及电网平衡的作用，搭起了零能耗建筑通向智慧城市间的桥梁。

零能耗建筑的关键技术主要由高性能围护结构系统、高效设备系统和可再生能源产能系统三大部分组成，近年来，各类技术均取得了突破性的进步。目前，根据欧盟国家不断实践研究，通过高性能建筑围护结构、自然通风、遮阳等技术降低建筑用能需求，已经形成了基于被动式设计的近零能耗建筑技术体系。各类设备和产品不断升级，设备效率和系统效率也不断提高，可再生能源利用技术的应用水平不断提高，产品成本不断降低，这都将对实现“零能耗建筑”的终极目标产生深远影响。

1.3　净零能耗建筑助力建筑领域尽早实现碳达峰碳中和目标

20 世纪 80 年代以来，我国的建筑节能工作取得了举世瞩目的成就，通过“三步走”实现各类建筑节能标准不断提高，建筑能效水平显著提升（图 1-3）。“十三五”以来，随着国家标准《民用建筑能耗标准》GB/T 51161-2016 的发布实施，建筑节能工作正逐步由提高建筑能效转向以降低建筑实际能耗为主要目标，将施行建筑能耗总量和强度“双控”作为重要发展方向。尽管发展零能耗建筑已成为世界各国在建筑节能领域共同追求的终极目标，但目前在我国尚处于起步和探索阶段，还有很多困难需要克服，有很多问题需要研究。因此，当前应结合我国建筑节能和可再生能源建筑应用的实际情况，统筹规划，系统谋划，做好中长期发展目标的研究，确保我国零能耗建筑发展与世界“并跑”，并为力争实现“领跑”奠定基础。

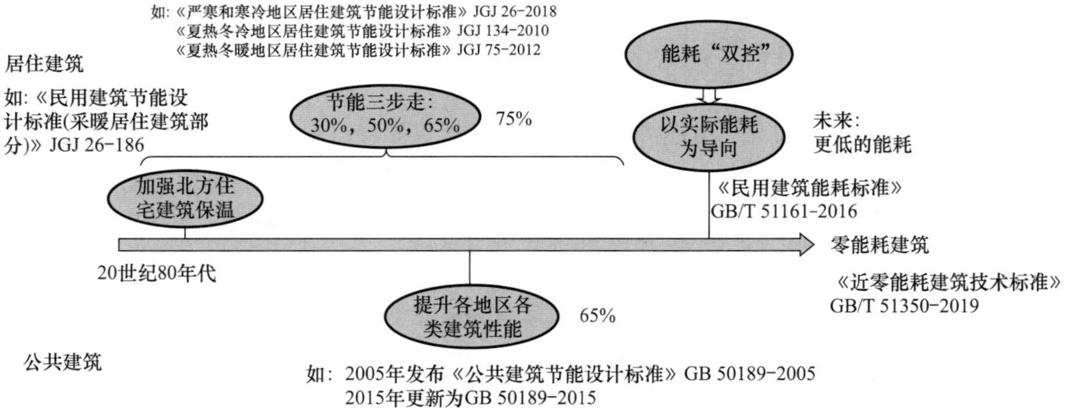

图 1-3　我国建筑节能工作发展历程

（1）发展零能耗建筑是应对气候变化的重要途径。建筑领域是能源消耗的三大领域之一，建筑能耗在全球能源消耗总量中约占30%。伴随城镇化进程的不断加快，城市进入后工业时期，随着服务业对经济的贡献比例不断提升，城乡居民生活水平不断提高，建筑部门在我国碳排放增长驱动因素中的占比将不断提升。目前，全球发达国家已基本达成共识，将发展零能耗建筑作为实现城市建筑零碳排放、助力建筑领域实现《巴黎气候变化协定》目标的重要解决方案。

（2）发展零能耗建筑顺应了“四个革命、一个合作”的能源安全新战略需求。实现能源结构根本性转变，提升可再生能源比重、提高能源效率以及逐步淘汰化石能源，是我国能源转型的主要方向，也是建筑领域能源革命的主要方向。发展零能耗建筑是助推建筑领域调整能源结构、提高可再生能源比重的重要载体。

（3）发展零能耗建筑符合新时代高质量绿色发展的基本要求。零能耗建筑以进一步改善人居环境为前提，通过技术集成，集中实现智慧、健康、绿色、低碳等理念，符合住房和城乡建设领域推动高质量发展、创造高品质生活、不断满足人民对美好生活需要的发展方向。

本章参考文献

[1] Esbensen，T. V，Korsgaard，V. Dimensioning the Solar Heating System in the Zero Energy House in Denmark [J]. Solar Energy，1977.

[2] 封换换，安青松，曹孙亮，邓帅，赵军. 关于零能耗建筑定义框架及研究尺度的探讨 [J]. 建筑科学，2016，32（10）120-128.

[3] Shanti Pless，& Paul Turcellini. Net-Zero Energy Buildings：A Classification System Based on Renewable Energy Supply Options [Z]. 2010.

[4] United States Congress，H. R. 6：Energy Security and Independence-Act 2007 [Z]. 2007.

[5] Department Of Energy，US. Building Technologies Program，Planned Program Activities for 2008—2012 [Z]. 2008.

[6] Department of Energy，US. A Common Definition for Zero Energy Buildings [Z]. 2015.

[7] P. Torcellini，S. Pless，M. Deru，D. Crawley. Zero Energy Buildings：A Critical Look at the Definition [Z]. National Renewable Energy Laboratory and Department of Energy，US. 2006.

[8] P. Torcellini，S. Pless. Net-Zero Energy Buildings：A Classification System Based on Renewable Energy Supply Optios [Z]. National Renewable Energy Laboratory and Department of Energy，US. 2010.

[9] 汤姆·胡特曼. 净零能源设计商业架构指南 [M]. 王浩然，吴巍，译. 北京，电子工业出版社，2016.

[10] K. Peterson，P. Torcellini，R Grant. A Common Definition for Zero Energy Buildings [Z]. The National Institute of Building Sciences and Department of Energy，US. 2015.

[11] 张时聪. “零能耗建筑”定义发展历程及内涵研究 [J]. 建筑科学，2013，29（10）：114-120.

第2章　净零能耗建筑技术体系框架

2.1　净零能耗建筑的定义与内涵

我国建筑节能工作已开展了30余年，建筑节能标准不断提高，但对于零能耗建筑的研究刚刚起步，还在初步探索的阶段。第一步应结合气候、经济、技术等现有条件，研究给出适合我国的零能耗建筑的定义与其内涵。基于世界各国已达成的定义框架，具体分析如下：

（1）用能计算范围：基于国际发展趋势，建议考虑涵盖供暖、制冷、通风、热水、室内外照明、插座、工艺、电梯、运输系统能耗等，但对于有特殊功能的用能需求和生产性质能耗应不包含在内，如数据机房等。对于炊事能耗是否纳入，国际上也未达成一致，由于我国炊事主要以燃气为主，且与生活习惯相关性极高，故建议暂不考虑。

（2）物理边界：对于平衡计算的物理边界，一方面考虑到我国北方地区通过围护结构进一步降低用能需求尚有一定的空间、城市中建筑密度高不利于可再生能源发电系统，因此对可再生能源利用的物理边界可分阶段制定。在开始阶段可以不限制可再生能源系统的"现场"产能，可考虑允许离线产能和离线供给的情况，进而发展零能耗社区。

（3）衡量方式：基于国际发展趋势，建议采用一次能源作为衡量指标进行计算，便于不同能源形式之间折算。

（4）计算周期：以年为周期，这样包含了全年气候条件下建筑的运行状况。由于我国各地区气候和经济等因素决定的生活习惯和室内舒适水平也不尽相同，在探索"零能耗建筑"的过程中都应把满足一定舒适度作为前提。另外，各气候区差异大，对温湿度控制的目标和方式很难统一，因此对"零能耗建筑"的定义可相对宽泛，为其不断探索发展留有空间，且便于各气候区甚至是各地区结合自身情况进一步丰富定义的内涵。

综上，我国的零能耗建筑可以定义为：在保证舒适度的前提下，以一次能源为衡量单位，全年能源消耗总量小于或等于可再生能源系统产生的能源总量的建筑物或建筑群。

2.2　净零能耗建筑技术总体路径

我国幅员辽阔，气候分区多且差异大，同时需要考虑各地区经济发展水平，因此对"零能耗建筑"技术路径的探索务必因地制宜，主要从以下几个环节进行考虑（图2-1）。

（1）合理用能需求。应充分考虑气候特点、用能习惯、服务水平等因素确定建筑的用能需求，特别是不应以牺牲基本舒适度来实现"零能耗建筑"。

(2) 优化能源供给。结合太阳能光伏发电系统，开展需求响应式能源供给、智能微网控制系统和直流供电建筑等方面的研究。

(3) 进一步降低建筑能耗需求。这里主要指通过高保温、高断热、高气密性围护结构等被动式技术不断降低建筑基本用能需求。

(4) 进一步提高建筑设备与系统的能效水平。一方面是通过技术创新进一步提升设备效率；另一方面是通过建筑全过程的管控水平提升，通过建筑调适等技术进一步提升系用能系统效率。

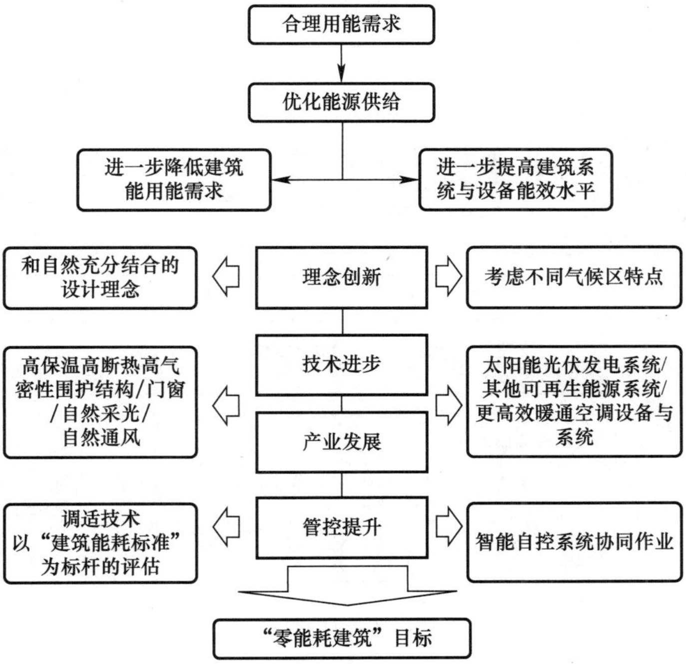

图 2-1　我国实现“零能耗建筑”的技术路径

实现“零能耗建筑”是一项系统性的工程，从设计目标到建造再到运营管理全生命期内的实现都需要各方面技术的支撑，包括设计阶段对室内环境目标的控制，施工建造中装配式建造方法的引入，运维中直流式建筑与智能微网整合以及建筑调适等技术手段。在实现“零能耗建筑”的过程中，需要保障室内一定的环境水平，同时确定与所消耗的能量关系；需要结合当前先进建造方式，实现在高效建造中保障围护结构性能；需要实现与智能微电网连接保障建筑可再生产能利用效率及能源平衡；需要通过建筑调适和数据挖掘技术持续对建筑后期运维能耗进行分析，从而确保前期设计建造效果。基于中美清洁能源联合研究中心的合作平台，希望若干实现零能耗建筑的关键技术能够取得突破：

(1) 针对我国幅员辽阔、地区间不同气候类型差别较大等现状，研究解决装配式建筑在不同气候类型下，零能耗建筑技术的区域适应性问题（被动和主动技术的平衡，判断以主动技术优先还是被动技术优先）；

(2) 提出基于未来装配式建筑的、具有鲜明地域适用性的零能耗建筑设计体系；合理界定净零能耗中保温性能、隔热性能、能源系统、可再生能源等基本性能指标，建立适宜不同气候区的净零能耗设计指标体系；

(3) 针对装配式住宅室内人体热舒适的影响问题、被动式建筑在降低建筑能耗和保障室内空气品质的矛盾性需求，逐步研究解决夏热冬冷地区、夏热冬暖地区冬季被动式技术中通风、气密性矛盾相关性问题；

(4) 建成一批“零能耗建筑”示范工程，推动我国建筑节能技术水平的提升。

通过对我国中长期建筑能耗总量和发展趋势进行情景分析和预测，结果表明我国建筑能耗增长速度将逐渐下降，预计在2025年左右进入平台期，建筑能耗总量应控制在11亿tce，建筑运行碳排放控制在13亿t。结合总量控制发展情景，笔者还描绘了我国净零能耗建筑发展路线图（图2-2），具体如下：

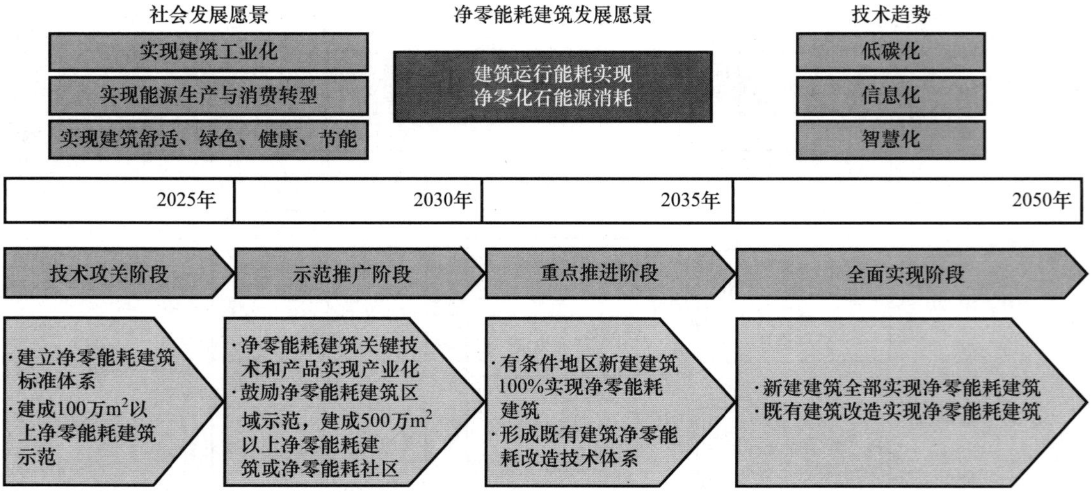

图2-2 我国净零能耗建筑发展路线图

至2025年，技术攻关阶段，建立较为完善的净零能耗建筑设计、施工、运营和检测评价标准体系，建成100万m^2以上净零能耗建筑示范。

至2030年，示范推广阶段，净零能耗建筑关键技术和产品实现产业化，重点在学校、低层办公建筑和低层住宅等类型建筑中进行全面推广，鼓励净零能耗建筑区域示范，建成500万m^2以上净零能耗建筑或净零能耗社区。

至2035年，重点推进阶段，有条件地区新建建筑全部实现净零能耗建筑，形成既有建筑净零能耗改造技术体系。

至2050年，全面实现阶段，新建建筑全部实现净零能耗建筑，既有建筑通过改造实现净零能耗建筑。

2.3 净零能耗建筑技术集成要点

针对我国不同气候区净零能耗建筑示范工程建设，研究形成寒冷、夏热冬冷和夏热冬暖三个气候区的技术路线，建立各气候区净零能耗建筑示范工程关键指标体系，并形成技术导则。其主要路线是在保证一定舒适度的前提下，通过采用被动式建筑节能技术和高效主动式建筑节能技术，最大幅度降低建筑终端用能需求和能耗，充分利用场地内可再生能源产能，替代或抵消建筑对化石能源的需求，合理配置可再生能源和蓄能系统容量，大幅度降低常规能源峰值负荷，成为电网友好型的建筑负载。三个气候区能源需求不同，技术路径的侧重点不同，按照保舒适、降需求、提能效、拓供应的原则实现建筑“净零能耗”目标。

严寒、寒冷地区实现净零能耗建筑的技术路线（图 2-3）：强调“提高建筑围护结构保温性能及气密性，扩大可再生能源应用量”。简单来说，严寒、寒冷地区应在最大化提升建筑围护结构性能的基础上，强调“高保温、高断热及高气密性”的要求。即在使用高效保温材料、高性能门窗的同时，注重外围护结构保温构造和气密性做法。在最大限度减少冬季供暖能耗的同时，兼顾降低夏季供冷负荷。另外，大幅度提高能源设备和系统效率，强化新风节能，并通过可再生能源与蓄能技术集成应用，平衡建筑能源的需求与供给。

夏热冬冷地区实现净零能耗建筑的技术路线（图 2-3）：强调最大限度利用气候条件（自然光、自然通风），将高性能设备及可再生能源集成应用。简单地说，夏热冬冷地区应最大限度采用建筑自然通风、自然采光、建筑遮阳，合理控制保温隔热层厚度，以降低空调能耗为主，兼顾供暖能耗。而后，通过主动技术和智能控制措施，最大幅度提高能源设备和系统效率，并结合蓄能技术，采取间歇用能模式，最大幅度降低建筑终端能耗。最后，必须充分利用建筑场地内可再生能源，结合负荷侧的需求响应，实现建筑能源的需求与供给平衡。

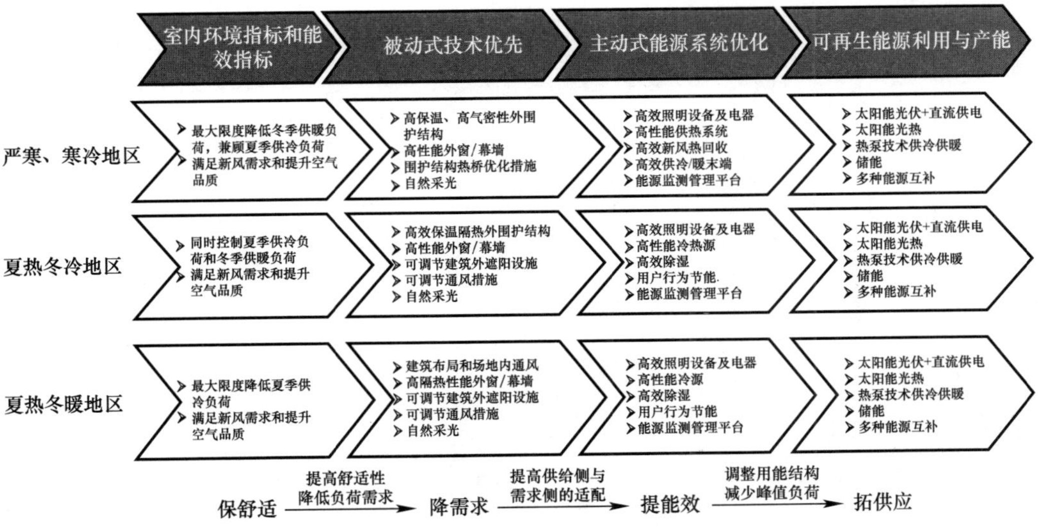

图 2-3　不同气候区净零能耗建筑技术路线图

夏热冬暖地区实现净零能耗建筑的技术路线（图 2-3）：首先，通过被动式建筑节能技术，合理优化建筑布局、朝向、体形系数和功能布局，充分利用自然通风、天然采光、遮阳与隔热措施，适度提高围护结构保温及气密性，最大幅度降低建筑终端用能需求；其次，通过主动技术措施最大幅度提高能源设备和系统效率，并结合智能控制技术，最大幅度降低建筑终端能耗；最后，充分利用建筑场地内可再生能源，在降低建筑常规能源消耗总量和峰值的同时，合理配置储能系统，提高建筑对电网的友好性。根据以上路径结合需求响应策略，合理优化光伏与储能配置，可实现近 90％的可再生能源替代率，大大降低市电峰值。

第 3 章 净零能耗建筑舒适性

3.1 热舒适性

我国净零能耗建筑指的是通过最大限度提高建筑围护结构保温隔热性能和气密性，充分利用自然通风、自然采光、太阳辐射和室内非供暖热源得热等被动式技术手段，将供暖和空调需求降到最低，实现舒适的室内环境并与自然和谐共生的建筑。

营造健康、舒适的室内环境是净零能耗建筑的核心目的之一，在自然通风环境下，人们可以获得满意的舒适度，这也是净零能耗建筑追求的目标。当室外气象条件无法通过自然通风满足人体的热舒适要求时，主动供冷或供暖系统将启动，用以保持适宜的室内环境。净零能耗建筑作为更高节能性能的建筑，在保证健康节能的前提下，如何达到舒适的室内热环境及满足人体的热舒适性是关键也是难点。

3.1.1 热舒适与热感觉

1. 人体的热平衡

人体为了保持正常体温，必须使产热和散热达到平衡。图 3-1 为人体与环境的热交换示意图。人体的产热为人体代谢率 M 与人体向外做功的功率 W 之差，即 $M-W$；人体的散热主要通过两个途径实现：一是通过由皮肤、汗液、服装组成的等效表面向外的散热 ($C+R+E_{sk}$)，二是通过呼吸向外的散热 ($C_{res}+E_{res}$)。

因此，人体的热平衡可用下式表示：

$$M-W=(C+R+E_{sk})+(C_{res}+E_{res})+S \tag{3-1}$$

式中 S——人体蓄热率，W/m^2。

当人体与环境的热交换过程达到稳定（即人体温度和皮肤温度都不随时间变化）时，$S=0$。

2. 热感觉

热感觉在 ASHRAE Standard 55-2010 中定义为：人对“冷”“热”的主观描述。虽然人们可以评价周围环境的“冷”“暖”，但是人实际感觉到的是位于皮肤表面下神经末梢的温度，而不是环境的真实温度。

到目前为止，人类还无法直接测量人的热感觉，因此只能采用问卷的方式获得受试者的热感觉，即要求受试者按某种规定的分级标度来描述其热感觉。比较有影响力的热感觉标度有贝氏标度（由英国人 Thomas Bedford 于 1936 年提出）和 ASHRAE 的 7 点标度，二者的标度划分情况如表 3-1 所示。与贝氏标度相比，ASHRAE 的 7 点标度可以更精确地指出热感觉。

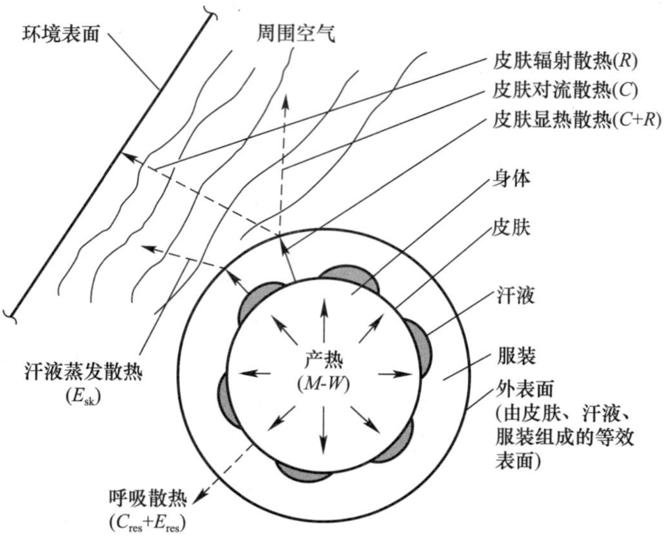

图 3-1 人体与环境的热交换示意图

注：M—人体代谢率，取决于人体的活动量水平，W/m²；W—人体向外做机械功的功率，W/m²；R—外表面向环境表面的辐射散热率，W/m²；C—外表面向周围空气的对流散热率，W/m²；E_{sk}—外表面向周围空气的蒸发散热率，W/m²；E_{res}—人体通过呼吸的蒸发散热率，W/m²；C_{res}—人体通过呼吸的对流散热率，W/m²。

贝氏和 ASHRAE 的热感觉标度 **表 3-1**

贝氏标度		ASHRAE 的 7 点标度	
7	过分暖和	+3	热
6	太暖和	+2	暖
5	令人舒适的暖和	+1	稍暖
4	舒适（不凉也不热）	0	中性
3	令人舒适的凉快	−1	稍凉
2	太凉快	−2	凉
1	过分凉快	−3	冷

3. 热舒适

热舒适在 ASHRAE Standard 55-2010 中定义为：人体对热环境表示满意的意识状态。贝氏的热感觉标度把热感觉和热舒适合二为一，其热感觉标度已经体现了热舒适。Gagge 和 Fanger 等人均认为“热舒适”是指人体处于不冷不热的“中性”状态，即认为“中性”的热感觉就是热舒适。

ASHRAE Standard 55-2010 以图表的形式推荐了适用于典型室内环境，可接受度为 80%的热舒适区域，如图 3-2 阴影面积所示。80%可接受度的热舒适区域是基于 10%的整体热舒适不满意度（即使用 PMV-PPD 模型计算得到 $PPD=10\%$）和 10%的局部热舒适不满意度确定得到。0 的热舒适区域适用于典型室内环境，即：人员处于静坐状态

(1.1met)，室内风速≤0.2m/s，人员的服装热阻为 1.0clo（冬季的典型着装）或 0.5clo（夏季的典型着装）。对于服装热阻在 0.5clo 和 1.0clo 之间的情况，可通过插值的方法确定其热舒适区域，详见 ASHRAE Standard 55-2010。风速对人体热舒适也有较大的影响，适当增加风速有利于提供操作温度；对于人体活动量比较小的情况（例如室内人员处于静坐的办公状态），最大风速不宜超过 0.8m/s。

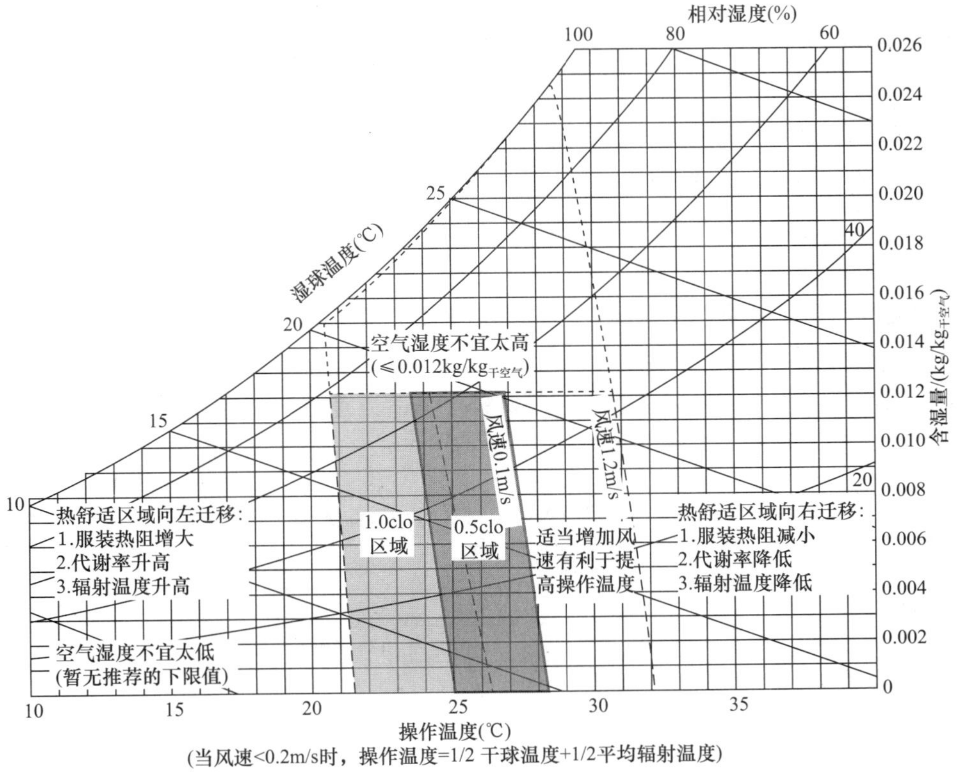

图 3-2　ASHRAE Standard 55-2010 推荐的夏季和冬季热舒适区域

注：该图适用于典型室内环境：人员静坐，风速≤0.2m/s，服装热阻为 0.5clo 或 1.0clo。

3.1.2　影响人体热舒适的因素

决定人体热舒适的因素有很多，包括生理和心理上的因素，最主要的有 6 个：生理代谢率、服装热阻、空气干球温度、环境辐射温度、风速、空气湿度。现有的热舒适模型几乎都是基于以上 6 个基本变量判断人体热舒适。人有时候在总体上可能处于热中性状态，但由于身体某些部位太热或太冷，也会感到局部热不舒适。在这种情况下，仅依靠上述 6 个基本因素有可能无法准确判断人体热舒适，就需要考虑环境中某些因素的不均匀性对热舒适的影响。

(1) 辐射不对称性

造成室内辐射温度不对称的可能原因有：外窗太冷、外墙保温太差、室内物件表面过冷或过热，以及供暖、供冷辐射板的面积设计不合理等。过高的辐射不对称度会使室内人员会感到不舒适。

（2）吹风感

吹风感的一般定义为：因空气流动而造成的人体所不希望的局部降温。在办公建筑中，吹风感被公认为是最令人烦恼的问题之一。影响人的吹风感的变量有很多，主要包括气流的速度、温度，以及人自身所处的热状态（如果人处于偏热的状态，提高风速有利于改善热舒适）。另外，吹风感还与风速的空间分布状态有关，局部过大的风速往往会对人体产生显著的影响。

（3）垂直温差

在多数建筑中，室内空气温度常随高度的增加而升高，形成上部温度高、下部温度低的状况。如果这种垂直温度梯度大到一定程度，即使人处于整体热中性状态，也有可能感到局部不舒适（比如头部过热或脚部过冷，或者二者兼有）。

（4）地板温度

地板温度过高或过低也会使人产生局部热不舒适感。地板温度低会使赤足者感到脚部寒冷，因此地板材料的性质颇为重要，比如地毯会给人足部温暖的感觉，而石材地面会使人感到足部冰凉。表 3-2 为常见地板面层材料与舒适温度之间的对应关系。地板面层材料的舒适温度是指使赤足者不满意抱怨比例 *PD* 低于 15%的地面温度。

不同地板面层材料的舒适温度 **表 3-2**

地板面层材料	*PD*<15%的温度（℃）	地板面层材料	*PD*<15%的温度（℃）
亚麻油地毡	24～28	橡木地板	24.5～28
混凝土	26～28.5	2mm 聚氯乙烯	26.5～28.5
毛织地毯	21～28	大理石	28～29.5
5mm 软木	23～28	松木地板	22.5～28

相反地，过热的地板温度也会引起不舒适。Olesen 研究发现，在足部处于正常的室内穿着条件下，对于坐着的人来说，最适合的地面温度为 25℃（*PD*=6%），而对于站着的或步行的人来说为 23℃（*PD*=6%）。

（5）其他次要因素

还有一些因素普遍被人们认为会影响人的热舒适，包括年龄、性别、季节、人种等。很多学者对这些因素进行了研究，但结论与人们的一般看法不一致。

西方学者分别对不同年龄组的人进行了实验研究，发现年龄对热舒适没有显著影响，老年人代谢率低的影响会被蒸发散热率低所抵消，因此在相同条件下老年人和年轻人所喜欢的热环境并没有区别。对于老年人往往比年轻人更喜欢较高室温的现象，可能的原因是他们在平时绝大多数时间内都处于活动量水平较低的状态。

长期生活在炎热地区和寒冷地区的人们对其分别所处的环境有比较强的适应力，表现为他们能够在各自所处的特殊环境中保持较高的工作效率和正常的皮肤温度。为了获知不同地区的人对热舒适的要求是否会因生活环境不同而有所区别，有些学者组织来自不同地区（包括美国、丹麦和热带国家等）的人进行了相关实验。研究结果表明，受试者不会因为长期生活的环境太热或太冷而喜欢相对更热或更冷环境，也就是说全世界人们所喜欢的热舒适条件是相同的。不同的是他们对不舒适环境的承受能力，比如长期生活在炎热地区的人们比生活在寒热地区的人们更容易接受热环境并保持较高的工作效率。

Fanger、Langkilde 以及 Nevins 等学者通过实验研究发现，在相同条件下，男、女喜欢的热环境基本相同。对于女人常常比男人更喜欢较高室温的现象，部分原因可能是女人往往穿得比男人少。

综上分析，包括年龄、性别、季节、人种等在内的一些因素不会对人体热舒适产生明显影响。

3.1.3 热舒适模型

1. *PMV* 模型

PMV 模型是 Fanger 等人基于 1000 多名美国和欧洲受试者在受控良好的空调环境中进行热舒适实验总结得出的。*PMV* 模型将人体热感觉表示为 6 个客观物理参数的函数，包括 2 个人体参数（活动量和服装热阻）和 4 个环境参数（空气干球温度、平均辐射温度、风速，以及空气湿度），涵盖了影响人体热感觉的所有主要因素。*PMV* 模型量化了 6 个客观参数对人体热感觉的影响，可以精确预测室内人员在不同活动量、不同着装，以及不同空调工况下的热感觉。*PMV* 模型的数学表达式如式（3-2）所示。

$$
\begin{aligned}
PMV = & [0.303\exp(-0.036M) + 0.028]\{(M-W) - 3.05\times10^{-3}[5733 - 6.99(M-W) \\
& - p_a] - 0.42[(M-W) - 58.15] - 1.7\times10^{-5}M(5867 - p_a) \\
& - 0.0014\cdot M(34 - t_a) - 3.96\times10^{-8}f_{cl}[(t_{cl}+273)^4 \\
& - (\bar{t}_r + 273)^4] - f_{cl}h_c(t_{cl} - t_a)\}
\end{aligned} \tag{3-2}
$$

$$
\begin{aligned}
t_{cl} = & 35.7 - 0.028(M-W) - I_{cl}\{3.96\times10^{-8}f_{cl}[(t_{cl}+273)^4 \\
& - (\bar{t}_r + 273)^4] + f_{cl}h_c(t_{cl} - t_a)\}
\end{aligned}
$$

$$
h_c = \begin{cases} 2.38\,|t_{cl} - t_a|^{0.25}, & \text{当 } 2.38\,|t_{cl} - t_a|^{0.25} > 12.1\sqrt{v_{ar}} \text{ 时} \\ 12.1\sqrt{v_{ar}}, & \text{当 } 2.38\,|t_{cl} - t_a|^{0.25} < 12.1\sqrt{v_{ar}} \text{ 时} \end{cases}
$$

$$
f_{cl} = \begin{cases} 1.00 + 1.290 l_{cl}, & \text{当 } I_{cl} \leqslant 0.078\text{m}^2\cdot\text{K/W 时} \\ 1.05 + 0.645 l_{cl}, & \text{当 } I_{cl} > 0.078\text{m}^2\cdot\text{K/W 时} \end{cases}
$$

式中 M——新陈代谢率，met，1met=58.15W/m^2，W/m^2；

W——人体对外所做的机械功，W/m^2；

I_{cl}——服装热阻，clo，1clo=0.155m^2 · ℃/W；

f_{cl}——服装表面积系数；

$\bar{t}_r$——平均辐射温度,℃；

t_a——空气温度,℃；

v_{ar}——相对风速，m/s；

p_a——水蒸气分压力，Pa；

h_c——对流换热系数，W/(m^2·K)；

t_{cl}——服装表面温度，℃。

虽然 *PMV* 模型是基于欧美受试者的实验数据而总结得出的，但已经被大量的事实资料证明在其他地区也具有普遍适用性。这些资料包括亚洲受试者在人工环境中的热舒适实验数据，也包括 ASHRAE 在全世界范围内的最新现场调研数据（调研对象为寒冷、温和、温热地区的供暖/空调建筑，调研时间包括冬季和夏季，调研的组织和测量工作都有严格的要求）。

2. 适应性模型

虽然 *PMV* 模型可以准确评价供暖/空调建筑内的人体热感觉，但是大量的现场调研数据显示，对于温热地区（例如我国的夏热冬暖地区）非空调建筑，*PMV* 往往高于 *TSV*（受试者的主观热感觉投票值）。为此，部分学者提出了适应性模型，以用于评价非空调建筑的人体热感觉。其中最有影响力的是 Humphreys 和 Nicol，以及 Dear 和 Brager 拟合出的适应性模型。在我国，许多研究人员也通过分析问卷调查结果和现场检测数据拟合得出了不同地域的热舒适适应性模型。现有的适应性模型基本上是把室内热中性温度表示为室外月平均温度的线性函数。

3. 修正的 *PMV* 模型

适应性模型把室内热中性温度表示为室外月平均温度的函数，这类模型的明显不足是，在评价人体热舒适时只考虑了空气干球温度，而忽视了其他 5 个主要因素（活动量、服装热阻、平均辐射温度、风速，以及空气湿度）的影响，缺少合理的人体热平衡作用原理的支撑。Fanger 认为适应性模型不具有普遍适用性，引入了一个范围为 0.5～1.0 的热舒适期望因子 *e*，对 *PMV* 模型进行修正，以使其适用于温热地区非空调环境。修正的 *PMV* 模型表达如下：

$$ePMV = e \times PMV \tag{3-3}$$

Fanger 等人对期望因子 *e* 的取值给出了建议。对于空调建筑，*e* 取 1.0；对非空调建筑，*e* 的大小主要取决于全年炎热天气的时间以及当地该类建筑中空调建筑普及程度，如表 3-3 所示。由表 3-3 可知，温热地区非空调建筑中的人们对热舒适的期望程度可按全年炎热天气时长分成高、中、低三个等级，对应的期望因子 *e* 的取值范围分别为 0.9～1.0、0.7～0.9、0.5～0.7；另外，期望因子 *e* 的取值还受到当地该类建筑中空调建筑普及程度的影响。以夏季炎热其他季节不热的地区为例，如果当地该类建筑基本都不安装空调或者只有其中少数安装空调，那么 *e* 取 0.7～0.8；如果当地该类建筑中空调建筑的比例比较高，那么 *e* 取 0.8～0.9。

温热地区非空调建筑中的人们热舒适期望因子 **表 3-3**

期望程度	全年炎热天气时长	期望因子 *e*	空调建筑普及程度
高	夏季炎热时间较短的地区	0.9～1.0	当该类建筑中空调建筑比较普及时，*e* 取高值；反之，*e* 取低值
中	整个夏季炎热，但其他季节不热的地区	0.7～0.9	
低	全年炎热的地区	0.5～0.7	

虽然修正的 *PMV* 模型已经表现出较高的准确性，但是 Fanger 等人指出，针对温热地区非空调建筑中的热舒适现场调研数据库还应扩大，以不断完善修正的 *PMV* 模型。Fanger 等人强调，在开展现场调研工作时，应确保调研数据的可靠性和准确性，尽量保证获得热舒适等级为Ⅱ级以上（最好是Ⅰ级）的数据，这些数据应包含受试者的热期望、热接受能力，以及热经历等信息。另外，Fanger 等人还指出，办公建筑中的热环境对人员的工作效率以及代谢率的影响也应成为重点研究对象。

3.1.4　热舒适的评价指标

1. *PMV-PPD* 指标

在稳态条件下，*PMV-PPD* 指标是目前应用最广泛的热舒适评价和预测指标。*PMV* 指标代表了同一环境下绝大多数人的热感觉，所以可以用来评价一个热环境舒适与否，但是人与人之间存在个体差异，因此 *PMV* 指标不能够代表所有个人的热感觉。为此，Fanger 又提出了预测不满意百分比的 *PPD* 指标来表示人群对热环境不满意的百分数。*PPD* 与 *PMV* 之间的数学关系式如下：

$$PPD = 100 - 95\exp[-(0.03353PMV^4 + 0.2179PMV^2)] \tag{3-4}$$

图 3-3 是 *PPD* 与 *PMV* 的关系曲线，由图可知，当 $PMV=0$ 时，*PPD* 为 5%，表示在室内热环境处于最佳的热舒适状态时，仍有 5%的人感到不满意。ISO 7730 对 *PMV-PPD* 指标的推荐值范围为 $-0.5 \sim +0.5$，相当于允许人群中有 10%的人感觉不满意。

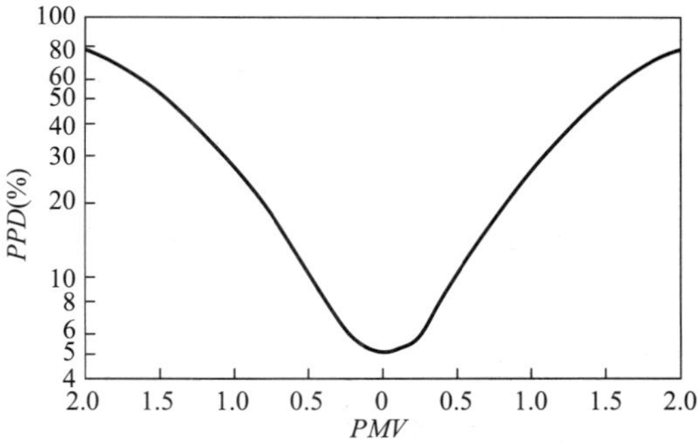

图 3-3　*PPD* 与 *PMV* 的关系曲线

2. 有效温度 ET、新有效温度 ET^*、标准有效温度 SET^*

有效温度 ET 为室内空气温度、湿度和流速的综合指标，最早由 ASHRAE 建立，其目的在于研究湿度对热感觉的影响。有效温度 ET 的主要缺陷是在低温区过高地估计了空气湿度对热感觉的影响，而在高温区又过低地估计了湿度对热感觉的影响。新有效温度 ET^* 在有效温度 ET 的基础发展而来，它引进了皮肤润湿度的概念，综合了空气温度、湿度对人体热舒适的影响，适用于穿标准服装和坐着工作的人群。新有效温度 ET^* 的指标值更接近人们的实际热感觉。标准有效温度 SET^* 综合考虑了不同的衣服热阻和人体活动水平，其定义是：某个空气温度等于平均辐射温度的等温环境中的温度，其相对湿度为 50%，空气静止不动，在该环境中身着标准热阻服装的人若与他在实际环境和实际服装热阻条件下的平均皮肤温度和皮肤湿润度相同时，则必将具有相同的热损失，此时的空气温度就是该环境的标准有效温度 SET^*。尽管标准有效温度 $SET*$ 反映了人的热感觉，但由于它需要计算皮肤温度和湿润度，因此应用比较复杂，反而不如新有效温度 ET^* 应用广泛。

3. 热应力指数 *HSI*

热应力指数 *HSI* 最早由 Belding 和 Hatch 于 1955 年提出，它假定皮肤温度恒定在

35℃，在稳态条件下，为维持热量平衡人体所需的总蒸发散热量 E_{sk} 与最大可能蒸发散热量 E_{max} 的比值再乘以 100。表 3-4 给出了不同热应力指数 HSI 的含义。

热应力指数 ***HSI*** 的含义　　表 3-4

−20	轻度冷过劳
0	没有热过劳
10～30	轻度至中度热过劳。对体力工作几乎没有影响，但可能减低技术性工作效率
40～60	严重的热过劳，除非身体健壮，否则就免不了危及健康。需要适应环境的能力
70～90	非常严重的热过劳。必须经体格检查以挑选工作人员。应保证摄入充分的水和盐分
100	适应环境的健康年轻人所能容忍的最大过劳
大于 100	暴露时间受体内温度升高的限制

4. 湿黑球温度 $WBGT$

湿黑球温度 $WBGT$ 是一种环境热应力指数，它综合考虑了空气干球温度 t_a，自然湿球温度 t_{nwb}（指在自然通风环境中湿球温度计测得的湿球温度），和黑球温度 t_g，它的标准表达式为：

$$WBGT = 0.7t_{nwb} + 0.2t_g + 0.1t_a \tag{3-5}$$

式（3-5）适用于环境中存在太阳辐射的情况，此时自然湿球温度计直接暴露在太阳光下。当环境中无太阳辐射时（例如封闭的工作环境），$WBGT$ 的表达式可简化为：

$$WBGT = 0.7t_{nwb} + 0.3t_g \tag{3-6}$$

$WBGT$ 被广泛应用于工业环境的热应力潜能评估。ISO 7243 采用 $WBGT$ 作为环境热应力指标，当环境的 $WBGT$ 值较长时间地超过对应阈值时，应当采取安全保护措施避免人体受到热损伤。

3.2　光舒适性

建筑光环境是建筑环境中的一个非常重要的组成部分。人们对光环境的需求与所从事的活动有密切关系。在进行生产、工作和学习的场所，适宜的照明可以振奋人的精神、提高工作效率、保证产品质量、保障人身安全与视力健康。因此，充分发挥人的视觉效能是营建这类光环境的主要目标。而在居住、休息、娱乐和公共活动的场合，光环境的首要作用则在于创造舒适优雅、活泼生动或庄重严肃的特定环境气氛，使光环境对人的精神状态和心理感受产生积极的影响。

3.2.1　视觉与光舒适

一个优良的光环境，可以充分发挥人的视觉功效，使人轻松、安全、有效地完成视觉作业，同时又在视觉和心理上感到舒适满意。

舒适的光环境应当具有以下四个要素：

（1）适当的照度水平；

（2）舒适的亮度比；

(3) 适宜的色温与显色性；

(4) 避免眩光干扰。

3.2.2 光环境评价

在建筑表现性能评定方面，世界各国都有各自的评价系统和特点。

1. 国外评价标准

目前几个热门的国际评价标准都涉及了光环境评价内容。

美国 LEEDTM 根据建筑项目在全生命周期中所处的环节及其主要实施者，分为新建项目体系（NC、CI、CS）和运行阶段体系（EB）等。LEED-EB 和绿标体系共同关注了室内环境质量中的新风量指标、空气监控、采光视野、室内照明质量等内容，但在执行的标准以及量化指标方面有所差异；最大差异是 LEED-EB 更强调绿色清洁的实施效果，对建筑使用者进行物业服务、建筑室内热舒适、IAQ、照明和声环境等方面的舒适度调查，了解建筑不同区域的环境情况。

英国建筑研究所环境评估法 BREEAM 针对既有非住宅类建筑进行环境性能评估，以提升建筑物的环境性能和管理水平为目标。建筑的资产评估面向建筑的持有者，必须在建筑投入使用满两年后进行；建筑管理水平评估面向建筑的物业管理者，须在建筑投入使用至少满一年后进行；建筑使用者管理评估面向建筑的使用者，须在建筑投入使用至少满一年后进行。

国际健康建筑学会（International Well Building Institute，IWBI）在 2014 年推出了 WELL 健康建筑评价标准，从使用者的视角对建筑物进行运行性能评估。WELL 健康建筑标准针对空气、水、营养、光、健身、舒适和情绪七大方面建筑环境指标进行测量、认证和监测。WELL 标准与绿标体系在室内环境方面有共同关注点，但其大部分指标都较我国的标准更为严格。

对上述国外三个相关标准体系的特点进行梳理汇总如表 3-5 所示。

国外相关标准在室内环境质量方面的比对分析 **表 3-5**

类别	LEED-EB	BREEAM	WELL
制定单位	美国绿色建筑委员会（USGBC）	英国建筑研究所（BRE）	国际健康建筑学会（IWBI）
评价对象	既有建筑（运行阶段）	既有建筑（运行阶段）	新建建筑、既有建筑
评价方式	总分制	三个子系统，一个 KPI	总分制
室内环境质量的评价要求	新风量指标、空气污染物管控、空气质量监控、增强通风、采光与视野、室内照明质量、绿色清洁、使用者调查	包括温湿度、空气质量、照度水平、声学、个人或分区控制系统、员工满意度、工作效率等	新风量指标、室内空气质量、污染物控制、霉菌监测、采光与视野、室内照明质量、光对生物钟的影响、噪声
评价特点	主观客观相结合	主客观相结合	客观性能测定为主

在天然采光方面，LEED 认证采用 sDA300/50%为衡量指标，LEED 对建筑的达到空间全自然光照明（sDA300/50%）的不同占比进行评分，分为 55%、75%以及 90%三个标准。表 3-6 是国外建筑室内采光标系数指标。

国外建筑室内采光系数指标　　表 3-6

建筑类型	房间名称	日本	英国	俄罗斯
		采光系数（%）	采光系数（%）	采光系数最低值（%）
住宅建筑	起居室	0.7	1.0	—
	卧室	1.0	0.5	0.5
	厨房	1.0	2.0	0.5
	卫生间	0.5	—	0.3
	走道	0.3	0.5	0.2
	楼梯间	0.3	1.0	0.1
教育建筑	教室、实验室	1.5～2.0	2	1.5
	阶梯教室	—	2	—
	走道、楼梯间	—	—	0.2
医疗建筑	药房	—	3.0	—
	检查室	1.5	—	—
	候诊室	1.0	2.0	0.5
	病房	1.5	1.0	—
	诊疗室	2.0	—	1.0
	治疗室	—	—	0.5
办公建筑	办公室、会议室	2.0	2.0	1.0
	设计室、绘图室	3.0	—	2.0
	复印室、档案室	—	—	0.5
图书馆建筑	阅览室、开架书库	2.0	1.0	1.0
	目录室	—	2.0	0.5
	书库	1.0	—	—
旅馆建筑	客房大堂	—	1.0	0.5
	会议室	1.5	—	侧面 0.5、顶部 2.0

2. 我国评价标准

在建筑室内光环境评价方面，我国目前相关评价标准包括主要适用于天然采光系统的《建筑采光设计标准》GB 50033 和主要适用于建筑内照明系统设计的《建筑照明设计标准》GB 50034 以及《光环境评价方法》GB/T 12454。另外《城市居住区规划设计标准》GB 50180 中对于住宅建筑的日照时数给出了相关规定。

室内光环境要求主要依据现行国家标准《建筑采光设计标准》GB 50033 和《建筑照明设计标准》GB 50034。

《建筑采光设计标准》GB 50033-2013 给出了不同采光等级的功能区域的采光系数和天然光照度的标准值，又分别对住宅、教育、医疗、办公、图书馆、旅馆、博物馆、展览馆、交通、体育、工业等等不同建筑分类，进行了细化规定，如表 3-7 所示，其中关于卧室和起居室的规定为强制性条文。

《建筑采光设计标准》GB 50033-2013 关于住宅建筑的采光标准值　　表 3-7

采光等级	场所名称	侧面采光	
		采光系数标准值（%）	室内天然光照度标准值（lx）
Ⅳ	卧室、起居室（厅）、厨房	2.0	300
Ⅴ	卫生间、过道、餐厅、楼梯间	1.0	150

《建筑照明设计标准》GB 50034-2013 对居住、公共建筑各类型给出不同照度标准值，同时对显色指数、眩光值、参考平面及其高度等给出规定。关于住宅建筑照度标准值的规定如表 3-8 所示。

《建筑照明设计标准》GB 50034-2013 关于住宅建筑的照度标准值　　表 3-8

房间或场所		参考平面及其高度	照度标准值（lx）	Ra
起居室	一般活动	0.75m 水平面	100	80
	书写、阅读		300*	
卧室	一般活动	0.75m 水平面	75	80
	床头、阅读		150*	
餐厅		0.75m 餐桌面	150	80
厨房	一般活动	0.75m 水平面	100	80
	操作台	台面	150*	
卫生间		0.75m 水平面	100	80
电梯前厅		地面	75	60
走道、楼梯间		地面	50	60
车库		地面	30	60

室内光环境评价主要依据现行国家标准《建筑采光设计标准》GB 50033，根据满足的面积比例给予评分。《绿色建筑后评估技术指南（办公和商店建筑版）》中根据达标率进行评分（表 3-9），配合眩光控制等设计核查以及光环境满意度进行评分。

《绿色建筑后评估技术指南（办公和商店建筑版）》光环境评价部分　　表 3-9

1 级指标	2 级指标	评价内容或限值	分值
天然采光	室内天然采光系数达标率	满足现行国家标准《建筑采光设计标准》GB 50033 的面积比例不小于 60%	2
		面积比例不小于 75%	4
		面积比例不小于 90%	6
人工照明	照度达标率	满足现行国家标准《建筑照明设计标准》GB 50034 的面积比例不小于 80%	4
		满足现行国家标准《建筑照明设计标准》GB 50034 的面积比例不小于 90%	6

对比以上关于室内光环境的相关标准，主要可以区分为天然采光和人工照明两种。同时，采光标准主要受到建筑使用功能的影响，对于不同使用功能有不同的规定。评价标准中考虑建筑在空间上的动态分布特性，给出了面积达标率的评价。

通过对我国已有标准要求情况调研分析，可以得出现有绿色建筑相对于传统建筑主要引导方向为充分利用天然采光，对于净零能耗建筑来说也应该充分考虑对于天然光利用的引导性。

3.2.3 光环境舒适性

1. 研究方法

对于包括光舒适在内的建筑室内环境舒适性研究方法，主要有以下几种：

（1）问卷调查法

通过对多场景位置的使用者进行访问、发问卷、开调查会等方式了解其对建筑环境关键参数的不同感受，侧重主观感受，收集相关数据，为文献数据、现场监测数据提供支撑和补充，提供更完善的课题研究成果。该方法可以与统计分析法配合使用。

（2）现场监测法

建筑室内环境已得到各方的重视，第一，对建筑环境进行不间断的现场监测；第二，对监测过程中变化的重要参数进行记录。现场监测最重要的是一定保证要保证监测的真实性及代表性，否则对了解和评估环境质量是没有任何意义的。

（3）现场检测法

在对检测对象基本性能基本了解的基础上，选取典型项目，通过检测关键参数以确定检测对象的关键性参数是否合格，实现对检测对象性能现状的全面、综合的评估与分析。

（4）统计分析法

对通过调查、检测等方法得到的大量数据材料进行统计分类，运用分析法认识研究对象的变化规律、发展趋势等特性，从而为研究成果提供参考及建议。

2. 评价指标

对于建筑室内光环境的评价，目前主要包括照度、采光系数、均匀度、眩光指数等，对于人工光源还会有亮度、色温、显色指数等参数（图 3-4）。

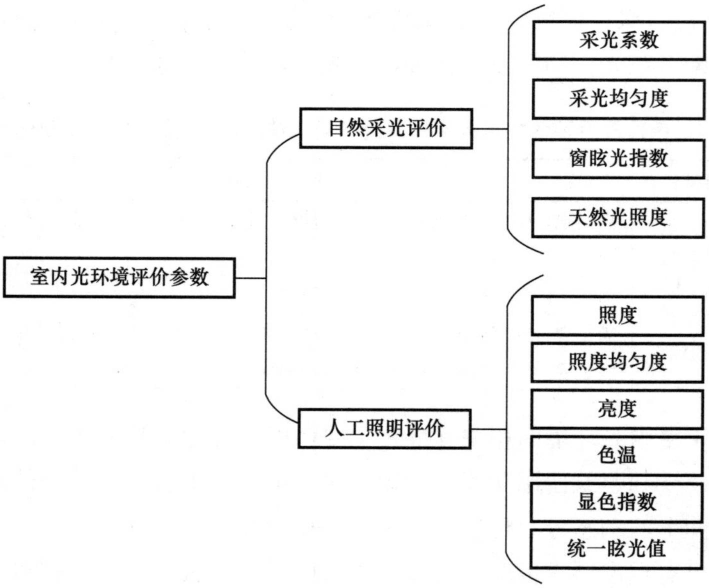

图 3-4　建筑室内光环境常用评价指标

《建筑采光设计标准》GB 50033-2013 在采用采光系数作为采光评价指标的同时，还给出了相应的室内天然光照度值，从而兼顾了与视觉工作所需要的照度值相联系，还便于和照明标准规定的照度值进行比较。可以根据室外天然光设计照度值，以及已知的工作场所采光系数标准值，求得室内天然光照度标准值。表 3-10 为《建筑采光设计标准》GB 50033-2013 对于我国Ⅲ类光气候区规定的采光标准值，并按室外设计照度值 15000lx 计算了室内天然光照度标准值。

《建筑采光设计标准》GB 50033-2013 关于各采光等级参考平面上的采光标准值 表 3-10

采光等级	侧面采光		顶部采光	
	采光系数标准值（%）	室内天然光照度标准值（lx）	采光系数标准值（%）	室内天然光照度标准值（lx）
Ⅰ	5	750	5	750
Ⅱ	4	600	3	450
Ⅲ	3	450	2	300
Ⅳ	2	300	1	150
Ⅴ	1	150	0.5	75

（1）采光系数

绿色建筑室内光环境的关键指标是采光系数和照度，同时需要研究采光面积占比进行辅助分析。《建筑采光设计标准》GB 50033-2013 中，对于不同建筑类型中不同功能房间的天然采光下的采光系数标准值和天然光照度标志值都给出了详细的规定（表 3-11）。可见与室内噪声级指标类似，室内采光系数及照度指标要求主要受到房间具体使用功能需求的影响。所以对于室内光环境的分析，也需要对不同类型典型功能房间进行分类分析。

《建筑采光设计标准》GB 50033-2013 关于不同功能房间采光系数及照度标准值要求 表 3-11

建筑分类	采光等级	场所名称	侧面采光		顶部采光	
			采光系数标准值（%）	室内天然光照度标准值（lx）	采光系数标准值（%）	室内天然光照度标准值（lx）
住宅建筑	Ⅳ	卧室、起居室（厅）、厨房	2.0	300	—	—
	Ⅴ	卫生间、过道、餐厅、楼梯间	1.0	150	—	—
教育建筑	Ⅲ	普通教室、专用教室、实验室、阶梯教室、教师办公室	3.0	450	—	—
	Ⅴ	走道、楼梯间、卫生间	1.0	150	—	—
医疗建筑	Ⅲ	诊室、药方、治疗室、化验室	3.0	450	2.0	300
	Ⅳ	一般病房、医生办公室（护士室）、候诊室、挂号处、综合大厅	2.0	300	1.0	150
	Ⅴ	走道、楼梯间、卫生间	1.0	150	0.5	75
办公建筑	Ⅱ	设计室、绘图室	4.0	600	—	—
	Ⅲ	办公室、会议室	3.0	450	—	—
	Ⅳ	复印室、档案室	2.0	300	—	—
	Ⅴ	走道、楼梯间、卫生间	1.0	150	—	—

续表

建筑分类	采光等级	场所名称	侧面采光		顶部采光	
			采光系数标准值	室内天然光照度标准值	采光系数标准值	室内天然光照度标准值
			(%)	(lx)	(%)	(lx)
图书馆建筑	Ⅲ	阅览室、开架书库	3.0	450	2.0	300
	Ⅳ	目录室	2.0	300	1.0	150
	Ⅴ	书库、走道、楼梯间、卫生间	1.0	150	0.5	75
旅馆建筑	Ⅲ	会议室	3.0	450	2.0	300
	Ⅳ	大堂、客房、餐厅、健身房	2.0	300	1.0	150
	Ⅴ	走道、楼梯间、卫生间	1.0	150	0.5	75
博物馆建筑	Ⅲ	文物修复室、标本制作室、书画装裱室	3.0	450	2.0	300
	Ⅳ	陈列室、展厅、门厅	2.0	300	1.0	150
	Ⅴ	库房、走道、楼梯间、卫生间	1.0	150	0.5	75
展览建筑	Ⅲ	展厅（单层及顶层）	3.0	450	2.0	300
	Ⅳ	登录厅、连接通道	2.0	300	1.0	150
	Ⅴ	库房、楼梯间、卫生间	1.0	150	0.5	75
交通建筑	Ⅲ	进站厅、候机（车）厅	3.0	450	2.0	300
	Ⅳ	出站厅、连接通道、自动扶梯	2.0	300	1.0	150
	Ⅴ	站台、楼梯间、卫生间	1.0	150	0.5	75
体育馆建筑	Ⅳ	体育馆场地、观众入口大厅、休息厅、运动员休息室、治疗室、贵宾室、裁判用房	2.0	300	1.0	150
	Ⅴ	浴室、楼梯间、卫生间	1.0	150	0.5	75

（2）照度

与天然采光要求类似，《建筑照明设计标准》GB 50034-2013 对建筑室内光照度的要求也是根据具体使用功能需求而规定的，由于《建筑照明设计标准》GB 50034-2013 对各类型房间内光照需求分类较细，本节仅对主要的典型房间照度情况进行分析。表 3-12 为《建筑照明设计标准》GB 50034-2013 中对于常见建筑类型典型功能房间照度要求限值。

《建筑照明设计标准》GB 50034-2013 关于常见建筑类型典型功能房间照度要求限值　　表 3-12

建筑类型	房间或场所		参考平面及其高度	照度标准值 (lx)
住宅建筑	起居室	一般活动	0.75m 水平面	100
		书写、阅读		300*
	卧室	一般活动	0.75m 水平面	75
		床头、阅读		150*
办公建筑	普通办公室		0.75m 水平面	300
	会议室		0.75m 水平面	300
商店建筑	一般商店营业厅		0.75m 水平面	300
	一般室内商业街		地面	200

续表

建筑类型	房间或场所		参考平面及其高度	照度标准值 (lx)
教育建筑	教室、阅览室		课桌面	300
	实验室		实验桌面	300
旅馆建筑	客房	一般活动	0.75m 水平面	75
		床头	0.75m 水平面	150
		写字台	台面	300
		卫生间	0.75m 水平面	150
	中餐厅		0.75m 水平面	200
	西餐厅		0.75m 水平面	150
医疗建筑	病房		地面	100
	治疗室、检查室、诊室、护士站		0.75m 水平面	300

*混合照明照度。

3. 绿色建筑光舒适研究现状

（1）室内采光及照明

通过深入调研可知，目前我国绿色建筑室内采光系数水平、照度水平测试研究数据相对较少，大部分文献对建筑采光性能的研究都基于模拟分析数据。

林波荣等人对多栋绿色办公建筑室内环境照度测试发现，绿色建筑室内照度存在低于标准要求情况，但是对应的满意度调研中却发现用户对于室内光环境的满意度相对较高，主要原因为室内光环境可控手段较多，增强了用户的满意度。丁勇、洪玲笑等人对重庆地区多栋绿色办公建筑和普通办公建筑建筑实测和调研发现，主要办公区未能达到《建筑照明设计标准》GB 50034-2013 中的照度值要求约有 1/3，但是有部分建筑的照度值很高，最高的工作面上的照度达 1500lx 左右，各个建筑间照度差距大，会议室的照度均值比办公室高；普通建筑中的照度值由于测试项目数较少，分布较为集中，基本能达到标准要求；会议室的照度均值比办公室高。两类建筑主要办公区域均有部分区域不能满足《建筑采光设计标准》GB 50033-2013 中对于第Ⅳ类气候区侧面采光，办公及会议室 3.3%的采光系数标准值的要求，但均值都能达到标准要求，且绿色建筑均值比普通建筑的略高。同时，对于室内光环境进行主观调研，结论与林波荣等人的研究结果类似，用户对室内光环境整体满意度较高。

（2）光环境舒适度调研

研究发现，光环境满意度调研结果相对较高，且基本不随季节的变化而变化，用户对于室内整体光环境的满意度高于对于自然采光的满意度；从人们室内光环境不满意的原因来看，对于绿色建筑主要是室内太暗，其次是室内眩光，而灯具频闪、室内太亮、自然眩光的不满意率都很低；对于普通建筑，主要原因是灯具眩光，其次是室内太暗，灯具频闪及自然眩光的满意率也较高。

4. 净零能耗建筑室内光舒适评价

对于净零能耗建筑，针对采光和视觉舒适的设计与效果核查过程，客观方面应关注人工照明照度、自然采光系数、防止眩光措施、灯具维护情况、灯具窗帘等是否可个性化调节等方面，主观方面应对室内光环境满意度、室内光环境不满意的原因进行探究。

在建筑采光系数和照度指标上，现有低能耗建筑和绿色建筑多项目均值略高于普通建筑，但是实际上，除去部分较高的项目外，约 2/3 的低能耗建筑和绿色建筑的实际采光系数水平和普通建筑基本一致，处于刚好达标的情况。结合主观调研情况看，采光及照明用户的满意度相对比较高，所以采光系数及照度指标总体上满足国家标准要求，即可以满足用户的使用需求。基于现有分析，绿色建筑的采光系数达标面积占比可以达到 61%～100%，其中办公建筑可达到 90%以上。

综合来看，净零能耗建筑在采光系数和照度关键参数方面，达到国家标准要求，基本可以满足用户的需求，室内光环境水平的提升应主要从整体采光的均匀度方面考虑进一步优化。

3.3 声觉舒适

3.3.1 声音的基本概念

声音是物体振动产生的机械波。声音的衡量有以下几个基本参数：

波长 γ：指简谐声波中两相邻波峰之间的距离，单位为 m。

周期 T：指在简谐声波中声波通过一个波长的距离所用的时间，单位为 s。

频率 f：指物体在 1s 内振动的次数，单位为 Hz。

声速 c：指声波在 1s 之内传播的距离，单位为 m/s。

声功率 W：指声源在单位时间内对外辐射的声能，即在全部可听范围内所辐射的功率，单位为 W。

声压 P：指声波的压强与媒质的静压之差，单位为 Pa。

声强 I：指单位时间内通过垂直于传播方向上单位面积的平均声能量，单位为 W/m^2。

声级：指用一个成倍比关系的数量“级”来表示声音的大小，单位为 dB。

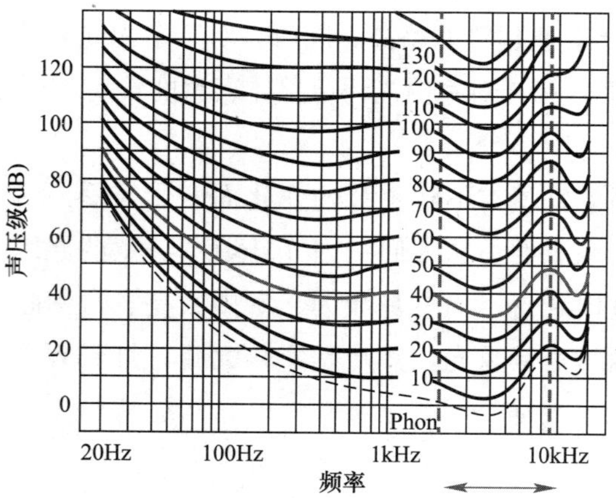

图 3-5　等响曲线

3.3.2 人的听觉特性

1. 等响曲线

等响曲线是指通过对人耳声响实感的测定所得出的声音响度主观感量（响度级）相等的一簇曲线。

人的听觉器官对声音的主观感觉具有生理特性，对声音强弱的感觉，既与声压有关，也与频率有关。因而在对噪声的主观评价中，建立了响度和响度级理论，并用实验方法测出感觉一样响的声音的声压级与频率的关系，绘成的一组曲线即称为等响曲线，如图 3-5 所示。

2. 人的听闻

人的听觉频率范围为 20～20000Hz；听阈声压为 2×10^{-5} Pa，痛阈声压为 20Pa。人的听觉是由频率和振动强度共同决定的，每一种频率都有对应引起听觉的最小强度，称为听阈。振动强度增加，听觉增加，增加到某一限度时，会引起痛觉，此强度称为最大可听阈或痛阈。人的听觉曲线图如图 3-6 所示。

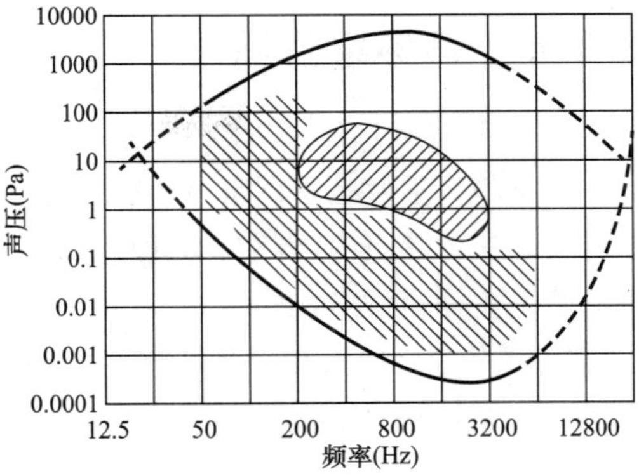

图 3-6 人的听觉曲线图

3. 声音对人员影响

舒适悦耳的声音可以让人精力充沛、身心愉悦，而杂乱无章的噪声会对人体造成消极影响。噪声会影响人体的基础代谢和心理功能等。在人体基础功能方面，噪声水平越高，人的神经越紧张，越容易产生心律不齐等情况。在心理方面，噪声会使人产生声烦恼。声烦恼是指人们产生的与噪声有关的负面情绪，如生气、厌烦、暴躁等。在高噪声环境下，人们常常会出现血管收缩、心率改变、眼球扩张以及神经紊乱等情况，也就是医学上所说的亚健康。因此，环境噪声的控制对人的生理、心理健康至关重要。

3.3.3 声环境

1. 声环境介绍

声环境是指人耳所感知周围环境中的声音状况，是城市众多物理环境中的一种。

2. 声环境分类

室内声环境是指由于室内空间的形状、建筑物表面的材质以及室内各种家具、景观等都会影响声音的传播，从而形成一定的声音环境。室外声环境是指建筑外部的人类活动、机械活动、自然天气以及各种动植物由于种种行为所产生的声音环境情况。声环境分类如图 3-7 所示。

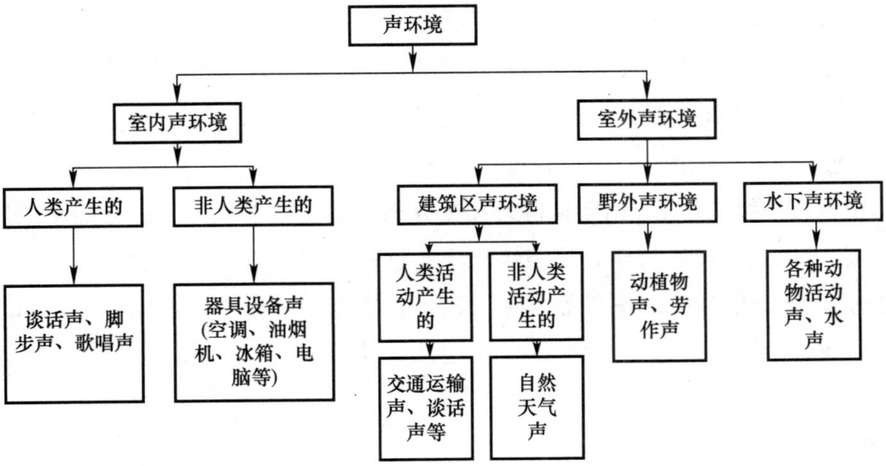

图 3-7 声环境分类

3.3.4 声环境舒适性

1. 声环境舒适性介绍

声环境舒适性是指在室内和室外噪声共同作用下的室内人员对于周围环境声音的舒适性感受。一般建筑内声环境的噪声等级都超出人员的声音舒适区，当声能超过一定强度时，会产生噪声污染，从而对人们的生活工作产生干扰。

2. 声环境舒适性评价指标

(1) 室外评价指标

1) A 声级（L_A）。根据等响曲线的特点，把高、中、低不同响度的声音，分别给予不同的频率计权，使测量的分贝值与人们的主观感受有一定联系。经过规整，得到图 3-8 中的 A 计权曲线，经过 A 计权测量得到的声压级为 A 计权声压级，用 L_A 表示，单位为分贝（dB）。能较好反映人对噪声吵闹程度的主观感觉。图 3-8 为常见的 A、B、C、D 计权声压级。

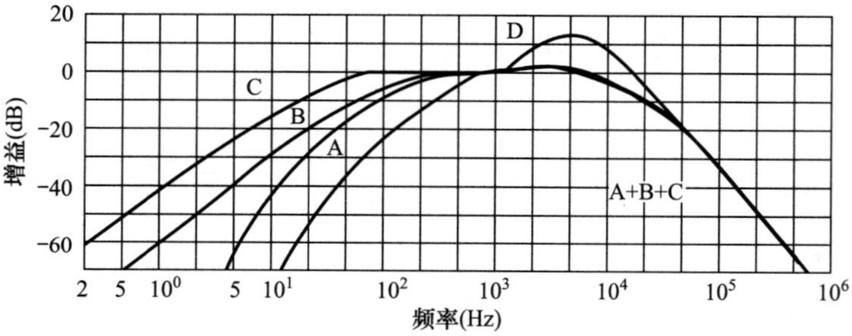

图 3-8 四种计权曲线

2) 等效连续声级（L_{eq}）。对于连续的噪声，可以用 A 声级来评价，而对于一个起伏或不连续的噪声，可以用统计分布来描述，即用等效连续声级（L_{eq}）来反映人们实际接收的噪声大小，表示的是一段时间内的平均能量。

3) 昼夜等效声级（L_{dn}）。在昼间和夜间的规定时间内测得的等效 A 声级分别称为昼间等效声级 L_d 和夜间等效声级 L_n。昼夜等效声级为昼间和夜间等效声级的能量平均值，用 L_{dn}表示，单位为分贝（dB）。且由于夜间噪声对人员的影响更大，因此计算昼夜等效声级时需要将夜间等效声级加上 10dB 后再计算。

4) 累积分布声级（L_N）。由于实际环境变化较快，处于非稳态，因此除了用等效连续 A 声级外，还可以用统计学方法，用声级出现的累积概率来描述噪声的大小。累积分布声级用 L_N 表示，意义是测量时间的百分之 N 所超过的噪声级。如：$L10$＝60dB，表示有 10％的时间，噪声超过了 60dB，能够直观地反映出在测量时间内噪声的极值及平均值情况。

(2) 室内评价指标

室内噪声评价指标主要为上述提到的 A 声级（L_A）和等效连续声级（L_{eq}）。

3. 声环境舒适性评价标准

美国国家环境保护局于1975年提出了保护健康和安宁的噪声标准：为防止噪声烦恼，室内噪声水平应小于45dB，室外噪声水平应小于55dB。而我国也针对自身实际制定了相关标准。

(1) 室外环境噪声评价标准

根据各种声环境的标准规范，将城市声环境功能区分为五种类型，每种类型对应不同的噪声要求值，如表3-13所示。

城市5类环境噪声标准值 **表3-13**

分类		昼间标准值 [dB (A)]	夜间标准值 [dB (A)]
0类：疗养区、高级别墅区、高级宾馆区等特别需要安静的区域，位于城郊和乡村的这一类区域分别按严于0类标准5dB执行		50	40
1类：以居住、文教机关为主的区域		55	45
2类：居住、商业、工业混杂区		60	50
3类：工业区		65	55
4类：指交通干线两侧一定区域之内，需要防止交通噪声对周围环境产生严重影响的区域，包括4a类和4b类两种类型。4a类为高速公路、一级公路、二级公路、城市快速路、城市主干路、城市次干路、城市轨道交通（地面段）、内河航道两侧区域；4b类为铁路干线两侧区域	4a	70	55
	4b	70	60

资料来源：《城市区域环境噪声标准》(GB 3096-1993)

(2) 室内噪声环境评价标准（表3-14）

建筑室内噪声环境评价标准值 **表3-14**

建筑类别	房间名称	时间	较高标准	一般标准	最低标准
住宅	卧室	白天	≤40	≤45	
		晚上	≤30	≤37	
	起居室（厅）	白天	≤40	≤45	
		晚上	≤40	≤45	
学校	语言教室，阅览室			≤40	
	普通教室，实验室，计算机房，音乐教室，琴房			≤45	
	舞蹈教室			≤50	
医院	病房、医护人员休息室	白天	≤40		≤45
		晚上	≤35		≤40
	洁净手术室				≤50
	手术室，分娩室		≤40		≤45
	听力测试室				≤25
	入口大厅，候诊厅		≤50		≤55
旅馆	客房	白天	≤35	≤40	≤45
		晚上	≤30	≤35	≤40
	办公室，会议室		≤40	≤45	≤45

续表

建筑类别	房间名称	时间	较高标准	一般标准	最低标准
旅馆	多用途厅		≤40	≤45	≤50
	餐厅、宴会厅		≤45	≤50	≤55

资料来源：《民用建筑隔声设计规范》GB 50118-2010

3.3.5 净零能耗建筑声环境舒适性

随着建筑业、交通行业的大力发展，建筑内的声环境问题也越来越严重。不同建筑内的声环境情况不同，主要受其功能设计与周围环境的影响。以住宅和教室为例：住宅内主要是受到空调系统以及厨房油烟机设备的噪声影响，教室中是受到上课的讲课声以及各种语音设备的干扰等。随着建筑节能技术的发展，被动式建筑、净零能耗建筑等高性能建筑得到大力推行，但关于此类型建筑的声环境设计标准与研究相对较少，因此本节对典型建筑类型的声环境情况进行分析，为今后净零能耗建筑的声环境研究提供借鉴。

1. 案例1：沈阳建筑大学养老体验测试中心

该建筑是位于沈阳建筑大学的一座超低能耗示范建筑，现改造成为养老体验测试中心，属于一类声环境功能区。为探索净零能耗建筑室内噪声分布情况，实验根据《民用建筑隔声设计规范》GB 50118-2010 中规定的检测方法对建筑内声环境进行测试，选取建筑内的四个典型功能区：活动区、训练区、记忆区、居家生活区进行研究，经测试所有区域的背景噪声等级均符合《民用建筑隔声设计规范》GB 50118-2010 中昼间活动区不超过40dB 的要求（图 3-9）。另外，该建筑的设备机房虽处在运行模式，且运行噪声较大，但

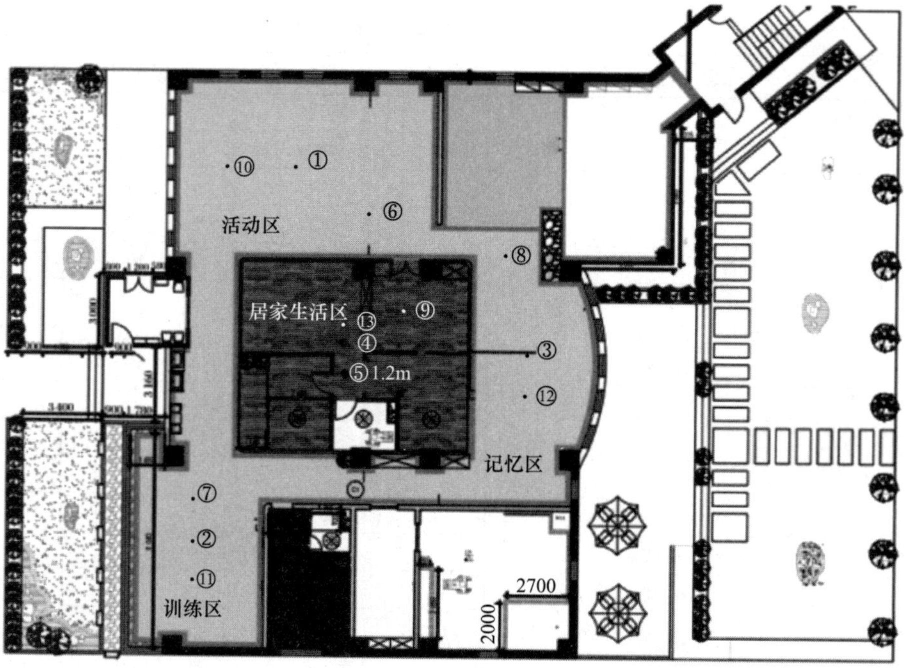

图 3-9　测点布置图

由于机房的位置安排合理，机房位于建筑的东北角，紧邻建筑外围，空气源热泵机组等设备均放于室外，因而对室内声环境影响不明显，该建筑的声环境质量较好。通过对该建筑的声环境进行综合分析后发现，室外噪声源包括教学楼外的交通声和活动声；室内噪声源包括楼内人员的活动声、教室内的多媒体声、教师的授课声，以及楼内各机械设备运行的声音等。

2. 案例 2："幸福堡"商业综合楼

该建筑位于新疆乌鲁木齐，是一座名为"幸福堡"的商业综合楼，是全国建筑面积最大的被动式建筑，由中德双方合作共同打造。按规范要求对建筑声环境进行测试，结合楼内不同类型的房间的噪声值进行分析，有 90%～95%房间的噪声值能满足《近零能耗建筑技术标准》GB/T 51350-2019 中规定的公共建筑的室内允许噪声级的要求，如图 3-10 所示，可见该被动式综合楼的室内声环境质量较好。此类商业综合楼的声环境包括室内和室外两方面，室外噪声源包括道路交通产生的噪声，室内噪声源包括空调设备声、各种管道声、电脑多媒体设备声、人员说话声以及脚步声等。随着建筑高度的不断增加，高层建筑周围的声屏障变少，声音的接收范围变广，高层建筑的声环境优化逐渐成为近零能耗建筑研究的重点。

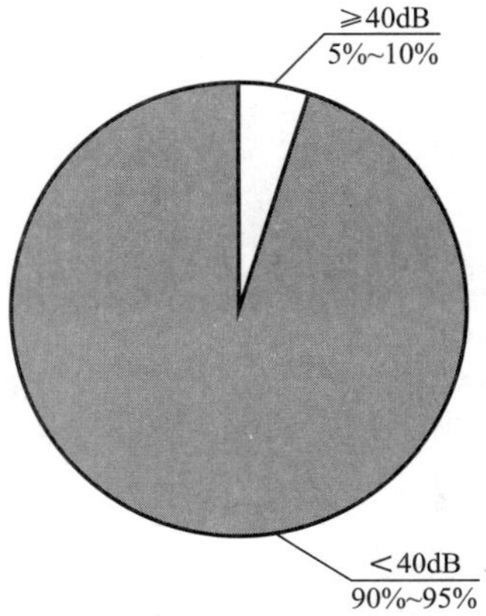

图 3-10　噪声测试结果占比

3. 案例 3：河北省某办公建筑

该建筑位于河北省建筑科技研发中心西侧，是一座办公建筑。按照规范要求，在不同时间对建筑内不同功能区进行噪声测量，可以发现该建筑一层区域受到噪声影响较大，主要是由于大厅门前临近地下车库的车道，汽车行驶过程中的噪声对建筑低层空间的噪声影响，其余楼层房间的 A 声级基本都能满足我国一类办公建筑对室内噪声的要求，主要依靠围护结构良好的隔声降噪功能。结合实测数据，对三层和一层的背景噪声进行了声压级分析，如图 3-11、图 3-12 所示。

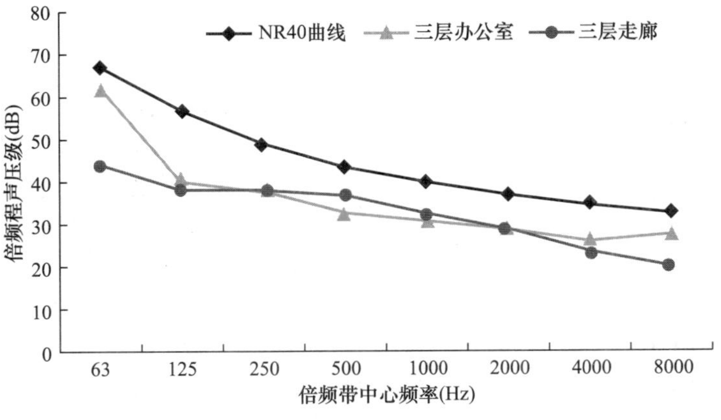

图 3-11　三层倍频程声压级曲线

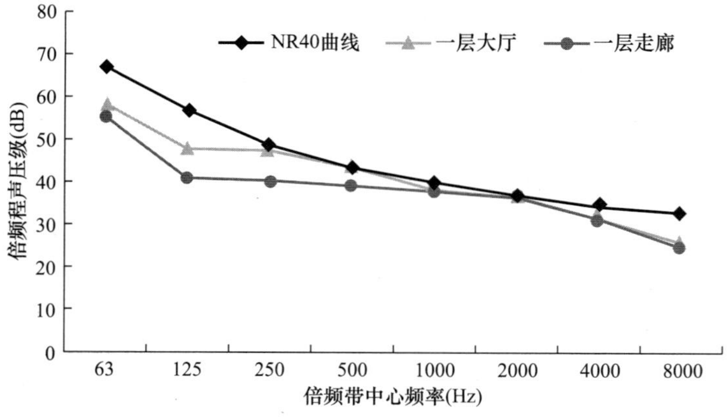

图 3-12　一层倍频程声压级曲线

总的来说，现今的近零能耗建筑、超低能耗建筑、被动式建筑的室内声环境基本满足规范要求。相比于普通类型建筑，低能耗建筑对能源和机械设备的依赖降低，因此建筑内由于热泵机组、风管振动引起的噪声将降低。此外，低能耗建筑的围护结构所采用的特殊材料，具有良好的隔声效果，如布鲁克楼外墙使用 200mm 厚的石墨聚苯板，窗户采用三玻两腔的玻璃与铝木的复合框，屋面采用 230mm 的喷涂聚氨酯等，使得建筑隔声效果明显增强。但随着低能耗建筑对太阳能利用的增加，建筑窗墙比加大，室内的采光面积增加的同时，隔声效果也明显下降。

3.3.6　净零能耗建筑声环境优化

为提高建筑声环境质量，本节对建筑中背景噪声进行分类（图 3-13）；针对不同的噪声类型采取相应的改善措施。从噪声源控制、传播途径控制和建筑本体设计三方面进行净零能耗建筑声环境的优化改善。

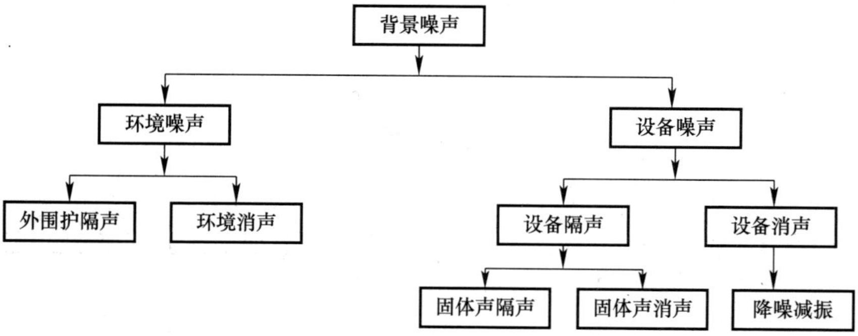

图 3-13　噪声分类

1. 噪声源控制

噪声源是噪声问题的根本，首先，可以从噪声源头减少噪声的产生，主要包括两个方面，削弱室外噪声和降低室内噪声。

（1）削弱室外噪声。室外交通的噪声大小不仅与车型、车流量、车速有关，还和路面的材料有关，可以通过改进车辆技术及提高路面材料的空隙率等来降低道路交通中的噪声。例如，具有降噪功能的排水沥青路面已经得到了应用。

（2）降低室内噪声。对于室内家用电器、管路设备等，采用高性能噪声低的设计产品。另外，对教室、医院、实验场馆等对噪声要求较高的建筑，尽可能减少因人类活动而产生的噪声。

2. 传播途径控制

噪声的传播途径是噪声问题的关键，在噪声的传播过程中采取措施可以削弱噪声的传播，降低噪声的能级，如增设吸声措施、增设隔声措施、系统设备降噪等。

（1）增设吸声措施

吸声材料：应用最广泛的吸声材料是多孔材料，其由最初的棉、麻等有机纤维发展为现在的玻璃棉等无机纤维材料。这种材料内部有较多的间隙和气泡空间，因而在声音进入后，会由于空气振动等阻力，实现减小声能的效果。

吸声结构：包括空腔共振吸声结构、薄膜薄板共振吸声结构以及空间吸声体结构。空腔共振吸声结构是用一个封闭空腔通过小口与外界连接的结构，利用空气吸声。薄膜吸声结构是指利用皮革和人造革等柔软材料，借助背后的空气夹层形成共振，实现降噪。薄板吸声结构是利用胶合板等材料与空气夹层形成共振，达到降噪目的。空间吸声体是指采用金属板的外壳，在其中装入多孔吸声材料，能够全方位充分利用吸声材料与结构。

例如，陕西秦始皇帝陵文物陈列厅的顶部天井设置了多层吸声材料，天井下部设置空间吸声体，使得陈列厅内的降噪量达到了 9.45dB。

（2）增设隔声措施

隔声措施主要是针对建筑的围护结构进行设置，包括门、窗、墙以及屋面楼板等。

提高门的隔声性能：未作隔声处理的门的隔声量只有 15～20dB，提高门的隔声量的关键在于提高门扇的隔声能力以及周围缝隙的密封性。可以采用复合材料作为门的材料、在门的夹层中间填充吸声材料或者在门和墙体的连接处敷设一些比较松软的弹性材料，比如海绵胶条等。另外，对于声环境要求较高的功能房间，还可以在房门处设置“声闸”，以降低声能的传播，如图 3-14 所示。

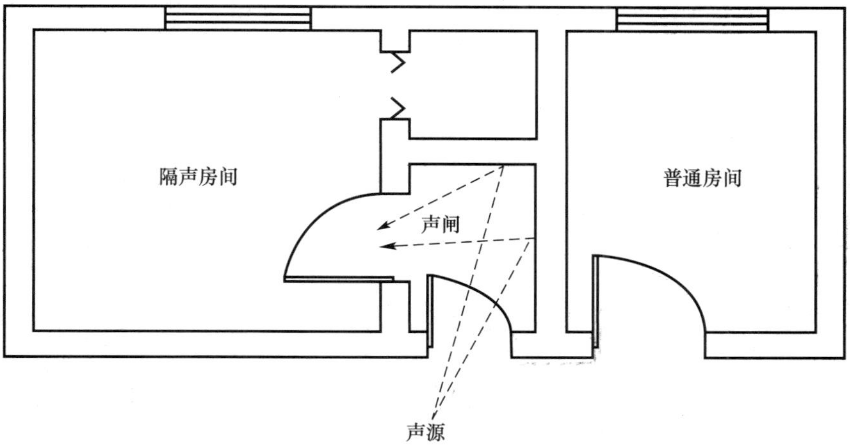

图 3-14　“声闸”示意图

提高窗的隔声性能：窗户的隔声量好坏极大地影响着整面墙的隔声效果，窗户的隔声主要取决于玻璃的厚度及窗与窗框间的密封程度。因此，可以采用带有空气夹层的双层玻璃窗、中空玻璃窗等，而且当空气夹层的厚度大于 80mm 时，隔声量可达到 30dB，若空气夹层中充注惰性气体和内层镀膜，不仅可以隔声，还能起到保温作用。

提高墙体的隔声性能：对于单一材料墙体，加大材料的密度或厚度，在一定程度上可以增加隔声量，但效益较低。采用轻质多孔材料（如加气混凝土），可有效增加隔声量，如 150mm 的加气混凝土墙双面抹灰，隔声量可达到 54dB。而且，对于住宅中常用的薄石膏板，可以将其做成有空气层的双层墙，中间的空气层厚度越厚，隔声效果越好，若在空气夹层中添加玻璃棉等吸声材料，可显著增强隔声特性，降噪效果如图 3-15 所示。

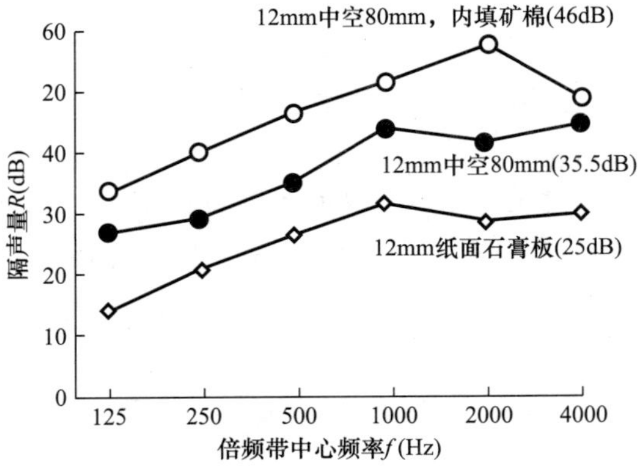

图 3-15　不同墙体隔声量

提高楼板的隔声性能：建筑的楼板材料是钢筋混凝土楼板，楼板上还有几十毫米厚的硬质面层，这种楼板的隔声效果较差，最常见的办法是采用浮筑楼板和吊顶层隔声。浮筑楼板是指将弹性垫层加设在楼板与表面硬质面层中间，构成复合楼板，使得混凝土层与弹性垫层形成一个隔声结构，由于阻尼作用，降低声能的传播。吊顶层隔声是指在楼板下面设置吊顶层（棚），并在中间添加隔声材料，降低已经通过楼板传播过来的声能向室内的扩散。需要注意的是设计过程中要保证吊顶的密闭性，不能存在声桥，否则会隔声效果会大大降低。

（3）系统设备降噪

中央空调系统中的噪声源包括：制冷主机、水泵、通风机（送风机、回风机、排风机和空调机组）、风机盘管、室外冷却塔等。空调系统的噪声控制主要包括消声、隔振两个方面。消声的任务是降低沿通风管道传播的风机噪声，隔振主要是隔离各种设备构件沿建筑结构等传递的固体振动声。

1）消声措施。空调系统常采用消声器消声，消声器是可使气流通过，又能有效降低噪声的装置，在装置内部有特殊的吸声材料和结构。空调系统常用的消声器有以下三种：阻性消声器利用管道内的吸声材料来削弱声能的传播；抗性消声器不采用吸声材料，而是利用管道内截面的突变，使声波产生反射或声干涉，达到吸收声能的目的；阻抗复合消声器能同时利用管道内吸声材料吸声和一定的开孔结构实现消声。消声器主要配置在风机进出口以及进入空调用房前等位置。中央空调系统内消声器的合理配置如图 3-16 所示。

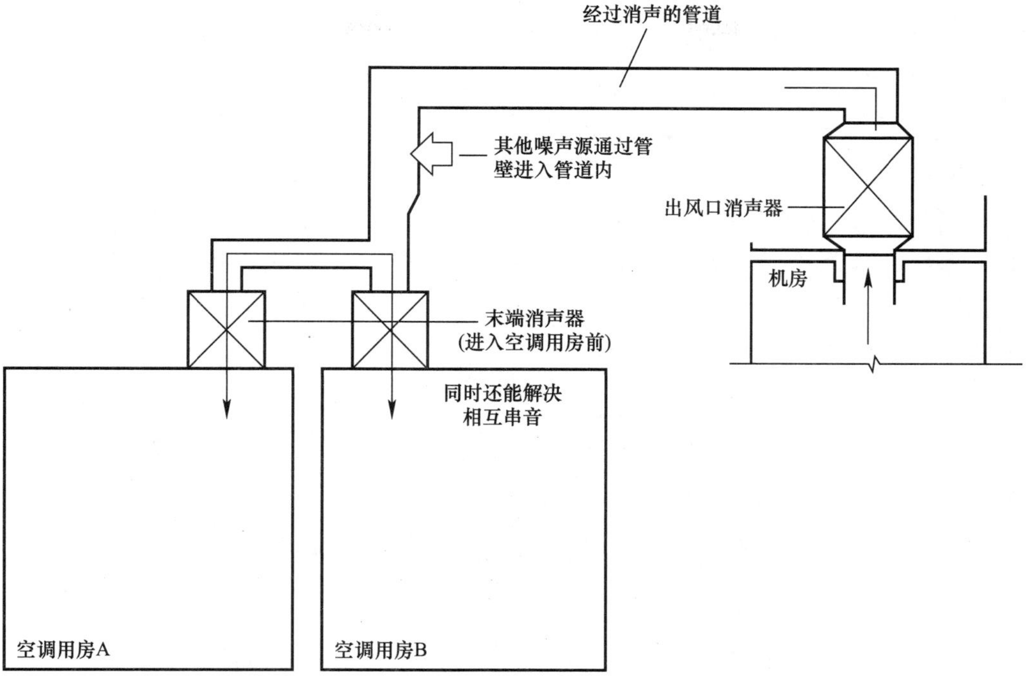

图 3-16 中央空调系统内消声器配置图

2）隔振措施。系统隔振包括设备的隔振和管道的隔振。设备基础隔振是先根据空调用房要求的噪声量求出传递系数，由传递系数和设备的扰动频率求出所需设备基座的自振频率，再选择相应的隔振设备。管道隔振是指在管道间和管道与设备的连接处采用软接管来实现，不同装置和管道的连接处采用的连接件不同，需随装置内介质的流速、压力和温度等参数灵活选择。常用的隔振软管有橡胶软管和不锈钢波纹软管等。

室内风机盘管处可采取使低噪声风机盘管、加入消声处理以及增长出风口的距离到特定位置送风等措施。例如北京饭店的新楼利用管道连接法将风机盘管与房间隔离，使得声音的衰减量达到了最大。卧式风机盘管追加消声装置，如图 3-17 所示。

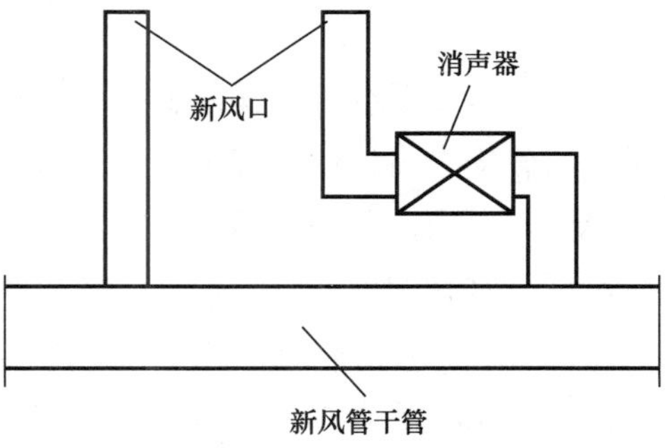

图 3-17 卧式风机盘管消声示意图

3. 建筑本体设计

对于建筑的本体设计，可以通过改变建筑的室内布局和采取绿化措施来削弱噪声。

（1）改变建筑室内布局

在平面布置时，可以将对声环境质量要求较高的房间设计在远离外界噪声源的位置，同时也要注意远离建筑内部的噪声环境，即电梯井、设备房等空间需要尽可能远离建筑的主要功能房。另外，还可优化建筑窗墙比，随窗户面积的增大，室内美观度及采光效果变好，但也增强了噪声的传播，因此窗墙比的设计应严格按照规范执行。

（2）绿化设计

在建筑区周围设计绿化带，可以有效削弱噪声的传播。而且降噪效果与绿化带的宽度、高度、位置以及树木等的种类都有关系。如 40m 宽结构良好的林带，可以降低噪声 10～15dB。

4. 建筑声环境优化实例

以布鲁克楼的声环境优化为例进行介绍。布鲁克楼是建立在夏热冬冷地区的一座被动式超低能耗建筑，导致室内声环境质量较差的源头是位于屋面的新风机和风冷热泵机组。主要是由于运行年限较长，机组的设备、管道等连接处年久失修，多处设备基座振动以及风管的消声效果差。

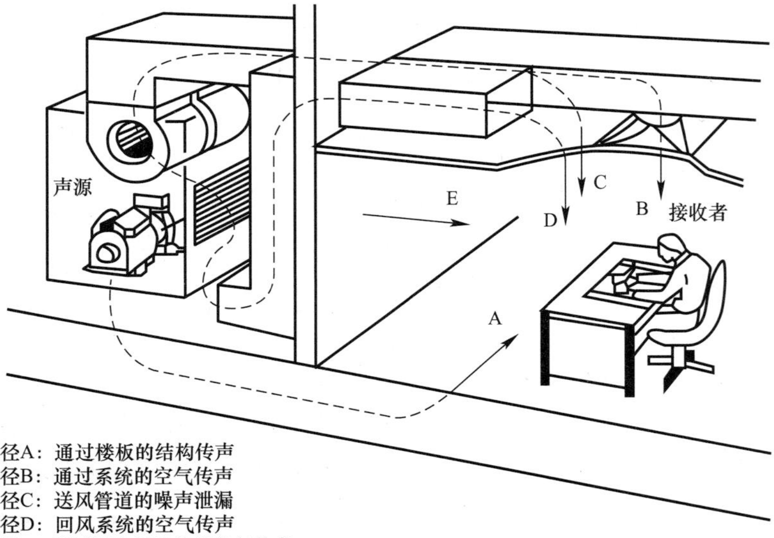

图 3-18　空调系统噪声传播途径

针对空调系统不同噪声源产生的原因（图 3-18），提出以下几个解决方案。首先，在机组风管的进出口位置安装阻抗型消声器，削减噪声在空气中的传播。其次，对于屋面上的机组，更换设备的基座和减振器，并根据设备的自振频率和重量加装减振装置。最后，在风管、水管的硬性支点处安装橡胶减振垫，减小固体振动的传播。

经过优化，对该建筑的五个典型房间进行监测，大多数房间内噪声值均小于 30dB，室内噪声基本能满足规范与节能标准。

总的来说，对于建筑声环境质量的控制，在系统设计阶段，要注重隔声和消声措施的设计，减少后期优化的工程量。另外，节能、舒适是近零能耗建筑的主要实现目标，而声环境的设计容易被忽略，因此要在此后的建筑设计、施工、运行过程中提高建筑声环境舒适性，使低能耗建筑不仅能满足节能环保的要求，还能保证人员的健康舒适。

3.4　室内空气品质

3.4.1　净零能耗建筑室内空气品质介绍

随着科学技术日益进步，人们对所居住环境的要求也随之提高。与此同时，越来越多的人关注到了可持续发展的重要性。近年来，环境问题日渐突出，能源消耗不断增加，而建筑节能工作是降低能源消耗、改善环境的必由之路。尤其是近年来，发达国家纷纷开展建筑节能减排专项工作。其中无论是被动房、被动式建筑、小型能源房、气候房，还是超低能耗建筑，都是近零能耗建筑的一种形式。“净零能耗建筑”（net zero energy building）一词源于美国。2007 年 12 月，美国通过《能源安全与独立法案》提出“净零能耗公共建筑”，2015 年 9 月，美国能源部发布（净）零能耗建筑官方定义：以一次能源为衡量单位，其全年消耗能源小于或等于在线可再生能源产生能源的节能建筑。美国能源部提出，到 2025 年，新建零能耗居住建筑可大范围推广，到 2050 年，所有公共建筑达到“净零能耗”。由于“净零能耗建筑”投资过高且对技术水平的要求高，目前，“近零能耗建筑”的发展更为广泛。人居环境的可持续发展需要同时解决建筑环境质量、建筑节能减排以及地域文化传承等问题，而利用被动式建筑设计技术打造适合地域气候和资源环境的超低能耗建筑，是实现人居环境可持续发展的根本途径。因此，超低能耗建筑、近零能耗建筑、零能耗建筑都是未来一段时间内建筑节能发展的主要目标和研究方向。在国家标准《热环境的人类工效学　通过计算 *PMV* 和 *PPD* 指数与局部热舒适准则对热舒适进行分析测定与解释》GB/T 18049-2017 中规定了居住建筑热环境的人类工效学，通过计算 *PMV* 和 *PPD* 指数与局部热舒适准则对热舒适进行分析测定与解释。*PMV* 指数可用于检验一个给定热环境是否符合舒适准则，以及为不同的接受程度设立环境要求，可预计处于同样环境的一大群人的热感觉评价平均值，个体的评价值分散于这个平均值周围，可用于预测可能感觉不适的暖或冷的人数。当人体内部产生的热量等于向环境中散失的热量时，人体处于热平衡状态。在中等环境中，人体热调节系统将自动通过调整皮肤温度和出汗量以维持热平衡。*PMV* 可由代谢率、服装热阻、空气温度、平均辐射温度、风速及空气湿度的不同组合计算得出。*PPD* 是定量预测感觉太冷或太热的热不满意率的指数。对于《热环境的人类工效学　通过计算 *PMV* 和 *PPD* 指数与局部热舒适准则对热舒适进行分析测定与解释》GB/T 18049-2017 来说，热不舒适人是那些在热感觉量表中选择热、暖、凉或冷的人。净零能耗建筑室内环境参数应符合表 3-15 的要求。

净零能耗建筑室内环境参数　　　　**表 3-15**

室内环境参数	冬季	夏季
温度（℃）	20～24	24～26
相对湿度%	≥30	40～60
新风量［$m^3/(h\cdot p)$］	≥30	

续表

室内环境参数	冬季	夏季
噪声［dB（A）］	昼间≤40；夜间≤35	
室内空气细颗粒物日平均浓度（$\mu g/m^3$）	≤50	
室内二氧化碳浓度（mg/m^3）	≤2000	
围护结构内表面温度与室内温度差值（℃）	≤3	

3.4.2 室内污染物来源及危害

据统计，我国严寒地区仅供暖能耗就占到了建筑总能耗的65%以上。根据《中国建筑能耗研究报告（2018）》统计，严寒地区既有建筑中节能建筑与非节能建筑混杂，其中非节能建筑传热性能差、热损失大，经常无法达到理想的供暖效果。而近零能耗建筑作为国际上快速发展的一类节能建筑，它的推广对严寒地区供暖能耗的改善具有重要意义。《国家中长期科学和技术发展规划纲要（2006－2020年）》把建筑节能明确列入“城镇化与城市发展”领域的“建筑节能与绿色建筑”优先主题。面对现有能源环境与自然环境下更为紧迫的低碳要求，国家也越来越重视新型城镇化（集约、智能、绿色、低碳）和智慧城市的理念，这其中都涵盖了“更高目标的建筑节能”与“可再生能源利用”“绿色低碳环保”的技术范畴。发展节能建筑，不仅是节约资源、能源的需要，更是人类健康的需要。近零能耗建筑无论从能耗水平方面还是建筑性能方面，是目前我国节能建筑所无法相比的。近零能耗建筑的实践可以引导我国建筑节能进一步发展和建筑性能的提高。同德国被动式房屋实现了供暖92%的节能量相比，我国的建筑节能仍然有很大的发展潜力。

而现如今，人的一生中大约有90%的时间都是在室内度过的。不良的室内空气质量会导致人们换上诸如病态建筑综合征（SBS）之类的严重疾病，这一事态已经日益成为全球范围性的问题。所以室内空气质量与通风策略的研究不但具有重要理论意义，更具备深远的现实意义。室内空气质量（IAQ）对人体健康和热舒适有很大影响，其决定人们的生活环境的质量。

众所周知，建筑装饰材料和烹饪、燃料燃烧是造成室内空气污染的重要因素。根据国际卫生组织估计，在新建和改建的建筑中，约有30%是致病建筑。我国各类建筑室内空气质量除了新风量不足、空气过滤效率低、空气处理设备卫生状况较差以及缺乏运行保养的健全制度外，非环保建材的使用是关键污染因素。住宅装修是时下居民的消费热点，办公室也时兴装饰。我国目前每年建2亿m^2城市住宅，加上公共建筑、农村建筑和工业建筑等逾8亿m^2，耗用大量建筑材料和装饰材料，对室内环境的影响也随之加大。建材所引起的空气污染如放射性和有机物挥发影响，往往是长期的、连续的，有的居室装修几年后，其甲醛、苯系物的浓度仍严重超标。建材所产生的污染物对人体的神经系统、血液系统、呼吸系统、生殖系统等都会产生严重损害。室内污染的来源总的来讲包括三个方面：（1）建筑装修材料：相关污染物有压合木制品和塑胶泡沫在遇热、潮解或老化过程中释放出的甲醛；油漆涂料、胶粘剂中的多种挥发性有机化合物，如芳香烃、直链烃、卤代烃、醛、酮、醇、酯等；建筑构件和土石材料中的氟、五氯苯酚、铅等；加湿剂带来的多种细菌、真菌和孢子等。(2) 人工因素:由新陈代谢带来的二氧化碳、气味和水蒸气;烹饪和取暖造成的氮氧化物、二氧化硫、一氧化碳和粉尘;吸烟以及其他活动引起的可吸入颗粒物,清洁剂与杀虫剂中的挥发性有机物等。(3) 空调、通风、办公、家电等设备,不及时清理可成为可吸入颗粒物和微生物、挥发性有机物污染的来源。

甲醛和 VOCs(例如甲苯和二甲苯)都是常见的室内空气污染物,甲醛被国际癌症研究机构列为人类第一类致癌物,可引起对眼睛和上呼吸道的刺激。据分析测试,甲醛在室内空气中的浓度与温度和相对湿度关系很大,房间的温度仅仅变化 1℃,甲醛浓度大约变化 10%,同样的房间在 20℃甲醛浓度可达标准,但在 23℃却不一定达标。VOCs 可能在气味、眼睛和呼吸道的刺激方面对室内空气质量造成影响。我国和美国的一些其他研究发现,甲醛和 VOCs 具有高度毒性。美国的一项调查显示,室内空气中可检测出 500 多种挥发性有机物,其中有 20 余种为致癌物或致突变物,如涂料中的有机物溶剂能引起一些可逆性症状(疲劳和易发脾气)和智力受损;墙面材料散发的氡及其气体是导致肺癌的重要因素,并可增加胃癌、膀胱癌及乳腺癌的危险度,也可导致白血病及呼吸道疾病。

正如最近人们关注的租住甲醛超标房间白血病致死事件,使得人们对甲醛等室内污染物有了越来越多的关注与认识。目前人们面对室内污染物的超标问题如临大敌,再次掀起了室内空气质量测试的热潮。而室外的情况同样不容乐观,近些年雾霾天气的持续出现,让可吸入颗粒物(特别是 PM2.5)获得公众和政府越来越多的关注。尤其是东北地区,冬季严寒天气非常普遍,虽然清洁能源迅速发展,但是燃煤依然是集中供暖的主要手段,同样也是室外污染的主要来源。作为老工业基地,东北地区的工业排放、交通排放以及煤燃烧等过程排放的气溶胶粒子成为城市空气环境的主要污染源,造成室外颗粒物质量浓度的持续增长,而室外的可吸入颗粒物又是室内颗粒物的一个重要来源。PM2.5 中可能包括细菌、真菌、病毒 DNA 以及多种呼吸系统的微生物过敏原和病原体,并增加对污染的影响。面对如此严重的“内忧外患”,室内外污染物扩散规律的研究越来越成为国内外的专家学者们的研究热点。

目前解决居住建筑室内空气污染问题的最主要办法就是通风,在室内环境中,通风系统在 IAQ 中扮演着重要的角色,其目的是去除空气中的污染物或将其浓度稀释到可接受的水平。主要的通风手段分为自然通风与机械通风。随着经济的发展和人们生活水平的提高,通风系统成为满足人们居住和办公环境温湿度舒适要求的手段。通风系统的出现大大拓宽了建筑的规模和功能,方便了建筑选址和围护结构材料的选用。自然通风作为一种已经存在了几千年的古老通风方式比机械通风更加符合人们的生活习惯,而且具有舒适节能、对住户没有经济压力等优点,但是自然通风的可控性较差,在东北地区的冬季,开窗通风会降低室内温度,并且在室外污染严重的时候引入 PM2.5,这都导致了东北地区的居民在冬季很少开窗通风。机械通风在东北地区的冬季就显得尤为重要,当然,过度依赖的情况下能耗就成为热门课题,建筑节能的重要性也日益凸显,能源效率和室内舒适度的协调仍是目前的难题,这个问题是多维的,极其复杂,它吸引了来自各种领域和学科的研究人员致力于解决方案,然而这仍然是一个挑战。

3.4.3　国内外对室内污染物的研究

世界上许多国家，例如：美国、日本等，对室内空气品质的问题相当重视，研究得较早，且取得了一定的成就，并逐渐形成了比较科学的研究体系，建立了比较完备的法律及各项卫生标准。1979—1985 年，美国国家环境保护局（EPA）进行了总暴露量评价方法学研究（TEAM），测定 650 个家庭中 11～19 种 VOC 的室内外空气、个体接触量、呼出气浓度。TEAM 的研究成果被德国和芬兰的相关调查所证实。日本、意大利、德国、加拿大、美国和澳大利亚等国家首先在室内对一些无机污染物进行控制，随着室内装修的不断增多，又增加了甲醛等有机污染项并制定了室内建筑装饰材料和家庭用品管理的相关法律。例如：日本制定了关于限制有害物质的家庭用品的法律，美国测试和材料协会对如何健康地使用建筑装饰材料和室内产品都有明确的规定。1990 年，美国测试和材料协会提出了测试室内源释放有机物的测试条件，并用于指导实践。EPA 提出了影响室内材料释放的因素和源释放模型，提出 IAQ（室内空气质量）模型，预测室内释放的污染物浓度，并根据释放特性和暴露量评价提出室内材料的评价方法。德国在建筑装饰和室内产品的管理方面最为成功，自 1978 年发布了第一个环境标志——蓝色天使以来，20 多个国家和地区对建筑装饰材料实行了环境标志。

由于近年来大量出现的室内空气质量问题，我国暖通空调领域的研究正面临新的挑战，主要表现为：(1) 暖通空调领域的从业者需要营造和维护的室内环境不再局限于温度和湿度，还需同时关注多个污染物“变量”，包括暖通空调自身也会产生或影响污染物“变量”，有些污染物还未被充分识别，因此是“隐形变量”。目前，较常见的室内空气污染物的种类就有百余种。从某种意义上说，空调领域的“变量空间”一下从“二维”变成了“N 维”，显而易见，控制或研究难度也随之大增。(2) 原来的“二维空间”基本在热科学范畴，基本学术语言属“物理语系”。现在的“N 维空间”跨越了多个学科，如热科学（或称能源科学和工程）、建筑环境与能源应用工程、环境科学与工程、公共卫生、毒理学、材料科学和建筑学等；基本学术语言已分属“物理语系”“化学语系”“生命科学语系”等。一个跨学科的室内空气质量问题，单个领域的研究者无法解决，不同学科背景的人讨论起来好像几个来自不同国别但只会说本国语言的人交流一样，“意难会、言难传”，对问题的理解和描述都难以到位，更谈不上有效地解决问题。而要解决这些问题，至少要有对两种或多种“语言”具有足够的“单词量”并了解基本“语法”的人作为两个或多个领域研究者间的“翻译”，而现实情况是，这样的“翻译”奇缺，更为严重的是，我国现行教育体制下，缺乏培养这种“翻译”的条件。(3) 室内空气质量控制和研究非常倚重测试，而测试仪器一般都比较昂贵，仪器的操作、维护不仅需要很多的专业知识和技能，而且需要较多的资金；而一些常见的污染物浓度探测器不便携带且价格昂贵，难以大规模应用，使得室内空气质量由于缺乏实时测试数据而难以在线控制。(4) 室内热湿环境模拟已较为成熟，而室内空气质量模拟缺乏大量物性参数等基础数据，从而室内空气污染负荷计算和控制模拟常常出现“巧妇难为无米之炊”的尴尬局面。

室内环境领域不仅要和其他相关领域相交融，而且自身也要理念更新、知识融合。如果说 20 世纪 70 年代以前，室内环境研究者只需关注室内舒适特性及其实现方式，20 世纪末至今更多关注建筑节能的话，那么 21 世纪开始到今后相当长一段时间内，我国城市室内环境研究者考虑问题的方式将逐渐转变为：在保证室内环境健康、适宜的前提下尽可能节能。

3.4.4　室内污染物指标

传统的室内污染物，如 SO_2、CO、CO_2、NO_x 等由于抽油烟机的广泛采用和燃料结构的变化，对室内空气的污染程度已大大降低。目前，我国引起室内空气污染的最主要原因是装修过程中使用的各种各样的不良建材。室内空气污染物中仅仅是对甲醛、细菌总数、二氧化碳、可吸入颗粒物、氮氧化物、二氧化硫、苯并（a）芘的卫生标准进行了规范，而其他的室内空气污染物，如可挥发性有机物氨、一氧化碳等并没有相应的标准，为室内空气品质的评价及控制带来了难度。随着对室内空气品质研究的不断发展，2001 年 4 月，国家环保总局和卫生部、中国室内装饰协会室内环境监测中心以及室内环境专家组成了《室内空气质量评价标准》编委会，并制定了《室内空气质量标准》GB/T 18883-2002 和《室内空气质量卫生规范》，提出了对室内空气中 SO_2、CO、CO_2、NO_x、氨、臭氧、甲醛、苯、苯并（a）芘、细菌总数、可吸入颗粒物、总挥发性有机物共 12 种污染物的含量限值。国家标准委员会正式采用“室内装饰装修材料有害物质限量 10 项强制性国家标准”。表 3-16 为《室内空气质量标准》GB/T 18883-2002 中主要的控制指标。

《室内空气质量标准》中主要的控制指标　　　　**表 3-16**

序号	参数类别	参数	单位	标准值	备注
1	物理性	温度	℃	22～28	夏季空调
				16～24	冬季空调
2		相对湿度	%	40～80	夏季空调
				30～60	冬季空调
3		空气流速	m/s	0.3	夏季空调
				0.2	冬季空调
4		新风量	m^3/(h·人)	30	
5	化学性	SO_2	mg/m^3	0.50	1h 均值
6		NO_2	mg/m^3	0.24	1h 均值
7		CO	mg/m^3	10	1h 均值
8		CO_2	%	0.10	日平均值
9		氨	mg/m^3	0.20	1h 均值
10		臭氧	mg/m^3	0.16	1h 均值
11		甲醛	mg/m^3	0.10	1h 均值
12		苯	mg/m^3	0.11	1h 均值
13		甲苯	mg/m^3	0.20	1h 均值
14		二甲苯	mg/m^3	0.20	1h 均值

续表

序号	参数类别	参数	单位	标准值	备注
15	化学性	苯并（a）芘	mg/m^3	1.0	日平均值
16		可吸入颗粒	mg/m^3	0.15	日平均值
17		总挥发性有机物	mg/m^3	0.60	8h均值
18	生物性	细菌总数	cfu/m^3	2500	依据仪器
19	放射性	氡	Bq/m^3	400	年平均值

我国目前的检测技术条件可以基本上满足一些常见的污染物，如 SO_2、CO_2、NO_x、HCHO、细菌总数等的检测要求，表 3-17 为部分室内空气质量检测方法。

部分室内空气质量检测方法　　表 3-17

序号	检测项目	检测方法	来源
1	SO_2	甲醛溶液吸收—盐酸副玫瑰	GB/T 16128
		苯胺分光度法	
2	NO_2	改进的 Saltzman 法	GB 12372
3	CO	分散红外法	GB 9801
		不分光红外线气体分析法	GB/T 18204.2
		相色谱法	
		置换法	
4	CO_2	不分光红外线气体分析法	GB/T 18204.2
		气相色谱法	
		容量滴定法	
5	氨	靛酚蓝分光光度法，纳氏	GB/T 18204.2
		试剂分光光度法	GB/T 14669
		离子选择电极法	GB/T 14679
		水杨酸分光光度法	
6	臭氧	紫外光度法	GB/T 15438
		靛蓝二磺酸钠分光光度法	GB/T 18204.2
7	甲醛	AHMT 分光光度法	GB/T 16129
		酚试剂分光光度法，气相	GB/T 18204.2
		色谱法	GB/T 15516
		乙酰丙酮分光光度法	
8	苯	气相色谱法	GB 11737 GB/T 18883
9	甲苯，二甲苯	气相色谱法	GB 11737 GB/T 14677
10	苯并（a）芘	高效液相色谱法	GB/T 15439
11	可吸入颗粒	撞击式称重法	GB/T 17095
12	TVOC	气相色谱法	GB/T 18883

续表

序号	检测项目	检测方法	来源
13	细菌总数		GB/T 18883
14	温度	玻璃液体湿度计法	GB/T 18204.1
		数显示温度计法	
15	相对湿度	通风干湿表法	GB/T 18204.1
		氯化锂湿度计法	
		电容式数字湿度计法	
16	空气流速	热球式电风速计法	GB/T 18204.1
		数字风速表法	
17	新风量	示踪气体法	GB/T 18204.1
18	氡	空气中氡的闪烁瓶法	GB/T 16147
		双滤膜法	GB/T 14582
		活性炭盒法	

3.4.5　室内空气品质检测手段

目前，解决居住建筑的室内空气污染问题最主要的办法就是通风，通风是降低室内空气污染和保持良好室内空气质量的有效手段，通风方式主要可以分为通过自然力利用开窗后的风压和热压的自然通风，以及通过人工方式利用新风系统的机械通风。本节举例介绍了当下新风系统的住宅室内空气品质的一些普遍的检测方法，通过实测的方式采集了一年的包括甲醛、TVOC、CO_2、PM2.5 浓度和温湿度在内的室内空气质量数据。

在入户污染物检测密闭的工况参考了 GB/T 18883-2002 的要求，即要求住户在检测之前密闭门窗 12h 后检测室内甲醛和 VOCs 浓度。机械通风工况是在密闭工况测试结束开启新风系统 1h 后测试室内甲醛浓度和 VOCs 浓度。

在测点的选择上，采样点避开通风口和可能的污染源，离墙壁距离应大于 0.5m；采样点的高度原则上与人的呼吸带高度相一致，相对高度在 0.5～1.5m 之间，尽可能布置在房间中部。原则上小于 50m^2 的房间应设 1～3 个点；50～100m^2 的房间设 3～5 个点；在对角线上或梅花式均匀分布。居住住宅的主要功能房间基本可以分为卧室、客厅和厨房三个部分，人们最常活动的房间则是卧室和客厅，所以长期在线监测则选择卧室和客厅这 2 个测点。

甲醛入户检测采用酚试剂分光光度法。分光光度法是一种通过测定被测物质在特定的波长范围内光的吸光度或发光强度，对该物质进行定性和定量分析的测试方法。酚试剂分光光度法的原理是空气中的甲醛与酚试剂反应生成嗪，嗪与酚试剂的氧化物在酸性溶液中被高铁离子氧化形成蓝绿色化合物，颜色深浅与甲醛含量成正比，通过分光光度计进行比色定量。该实验测试所需的设备及性能参数如图 3-19 和表 3-18 所示。

(a) (b) (c)

图 3-19　甲醛测试设备

（a）分光光度计；（b）大气采样仪；（c）电子天平

甲醛测试设备参数　　表 3-18

名称	性能及参数	备注
分光光度计	波长范围：325～1000nm 波长精度：±2nm 光度范围：0～125％T －0.097～1.999A，0～1999C	上海尤尼柯 WFJ2100 型 可见光光度计
大气采样仪	流量范围：0.1～1.2L/min 流量误差：≤±5％ 流量稳定性：≤5％	北京劳保 QC-2B 型
电子天平	220g/0.0001g 万分之一	上海卓精 BSM 电子天平

该检测方法主要分为以下四个部分：

（1）配制吸收液、显色液和甲醛标准储备液（已知甲醛浓度的液体）。在采样前，用吸收液、显色液和甲醛标准储备液配制标准色列，测定标准色列中各个样品在规定波长下的吸光度，根据色列中各个吸光度和甲醛浓度绘制标准曲线图。

（2）采样前将一定量的吸收液装入规定的气泡吸收管中。

（3）现场采样：用大气采样仪在 20min 内使空气以 0.5L/min 的流速通过装有 5ml 吸收液的气泡吸收管。此时，空气中的甲醛将被吸收液吸收。

（4）实验室分析：将已吸收甲醛的吸收液移入比色管中，并滴入一定体积的吸收液，再进行一定处理，最后用分光光度计检测样品在规定波长下的吸光度，将该值与标准曲线对比，计算样品中甲醛浓度。

测试所需试剂配置可参考《公共场所卫生检验方法　第 2 部分：化学污染物》GB/T 18204.2-2014。

VOCs 的检测采用 Tenax 管主动采样＋气相色谱—质谱联用仪（GC-MS）分析室内 VOCs，所用测试仪器如图 3-20 所示。室内 VOCs 用 Tenax-TA 管采样，采样流量为 0.5L/min，采样时间为 20min，总采样体积为 10L。Tenax-TA 管在采样前后均用锡箔纸包裹，确保其不被周围空气污染。采样结束后，利用气相色谱—质谱联用仪进行分析。采用热脱附（TD）的方法将 VOCs 从 Tenax-TA 管的吸附材料中脱附出来，质谱仪在选定的离子监测（SIM）模式和扫描模式（质量范围 35～400AMU）下运行。采用质谱数据库 NIST11 进行定性分析，VOCs 分析信噪比为 3。VOC 以甲苯为当量进行定量。总挥发性有机化合物（TVOC）浓度定义为所有检测到的挥发性有机化合物（VOC）的总浓度。具体的脱附流程可见《公共场所卫生检验方法　第 2 部分：化学污染物》GB/T 18204.2-2014。

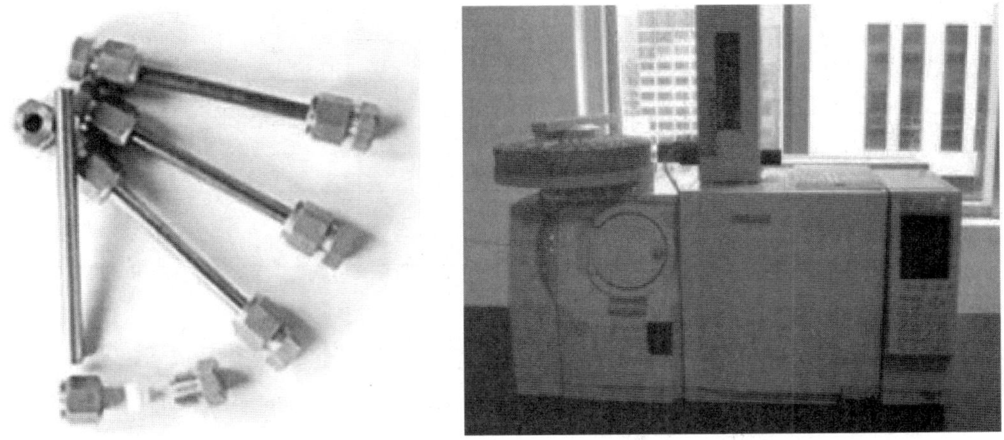

(a)　　(b)

图 3-20　VOCs 测试仪器

（a）Tenax 吸附管；（b）气相色谱-质谱联用

PM2.5 与 CO_2 采用手持式传感器进行入户测试，分别是美国 TSI 生产的 Dust Track 颗粒检测仪与型号为 Telair 70001 的 CO_2 检测仪（图 3-21）。PM2.5 与 CO_2 的入户测试主要是为了与在线传感器进行数据对比，对在线传感器进行校准。

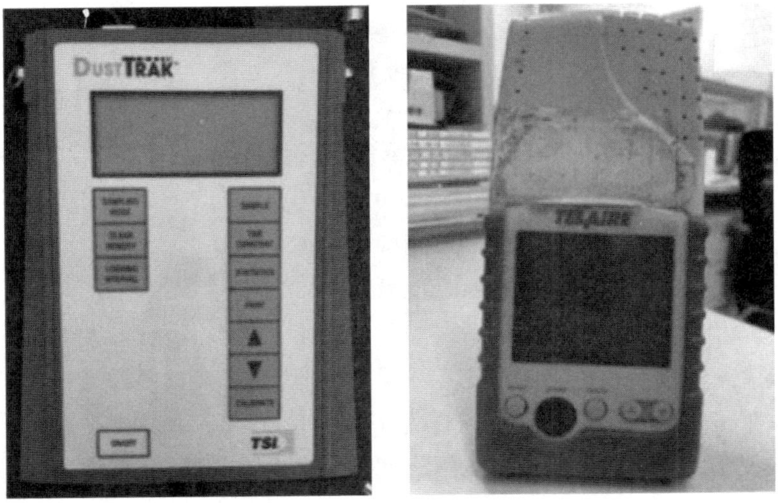

(a)　　(b)

图 3-21　PM2.5 和 CO_2 测试仪器

（a）Dust Track；（b）Telair 7001

换气次数的测试根据《公共场所卫生检验方法　第 1 部分：物理因素》GB/T 18204.1-2013 中规定的建筑室内空间新风量的测试采用以 CO_2 作为示踪气体的示踪气体浓度衰减法，利用平均法分析测试结果，并计算房间的换气次数，进而计算得到房间的自然通风量。测试所需仪器如表 3-19 所示。

换气次数测试仪器　　**表 3-19**

仪器名称	性能参数	数量	备注
Telaire7001 便携式 CO_2 测试仪	温度：−20～60℃ CO_2 浓度：0～10000ppm	12	GE 生产，用于实时测量 CO_2 浓度
尺子	普通 2m 长卷尺	1	用于测量采样点的高度
摇摆风扇	普通摇摆风扇	2	用于均匀室内气体的分布
CO_2 气罐	常规气罐，4L 容量	1	用于产生 CO_2 示踪气体
CO_2 减压器	压力控制 0～25MPa 流量控制 25L/min	1	产生气体用减压装置

换气次数测试流程如下：

(1) 关闭测试房间的窗户。

(2) 向卧室中释放二氧化碳，并开启风扇使示踪气体与室内空气混合。

(3) 当测试房间内的二氧化碳浓度达到 4000mg/L 时停止注入二氧化碳，5min 后关闭两台混合风扇。

(4) 开窗（内门）使室外空气通过自然通风进入卧室（开窗面积 30%，渗透风量测试不进行此步骤）。

(5) 在两个测点处连续测试二氧化碳浓度。

(6) 当二氧化碳浓度衰减到背景浓度水平时完成测试。

(7) 重复试验两次以确保数据质量。

换气次数 N 的计算公式如下：

$$N = \frac{\ln(c_1 - c_0) - \ln(c_\tau - c_0)}{\tau} \tag{3-7}$$

式中　N——换气次数，单位时间内由室外进入到室内空气总量与该室内空气总量之比，h^{-1}；

c_0——示踪气体的环境本底浓度，mg/m^3；

c_1——测量开始时示踪气体浓度，mg/m^3；

c_τ——时间为 t 时示踪气体浓度，mg/m^3；

τ——测定时间，h。

长期在线监测系统包括三个子系统：数据采集传感器、中央服务器和客户端。数据采集传感器主要对室内空气质量、开关窗行为、新风系统启停和新风系统能耗等进行监测。这些传感器安装在住户家中，通过无线网络连接到中央服务器。中央服务器有两个主要功能：第一个是接收和存储所有传感器传输的数据；第二个是从特定网站检索室外空气质量数据。客户端是中央服务器和用户之间的中介，通过客户端，所有用户都可以看到每户住宅的实时监控数据，并可以随时下载记录并进一步分析。

室内空气质量长期在线监测通常为期一年。选择的传感器品牌为Ikair集成在线传感器（图3-22所示）、其监测的室内空气质量参数包括甲醛、TVOC、CO_2、PM2.5及室内温度和湿度。

图3-22 空气质量传感器

对于大面积和大样本量的监测，传统的使用科学仪器进行监测的方法不再适用。传统的科学仪器尽管测量结果精确，但是价格昂贵，有的难以携带。而民用低成本传感器在价格和便携性等方面具有较大优势。因此，需要提出一种基于低成本传感器的在线监测传感器阵列。对于民用低成本传感器，其主要问题是准确度不高。天津大学室内环境质量控制重点实验室对市面上众多低成本传感器进行性能测试，选择了性能最好的Ikair集成传感器作为长期监测用传感器，传感器参数如表3-20所示。为保证传感器长期监测数据的准确度，天津大学室内环境质量控制重点实验室设置环境仓，建立低成本传感器准确度的测试和标定方法，以及在传感器阵列中，单个传感器的性能优化方法，对每一台用到的传感器进行了校验，保证其精确度。上文所述监测设备在用于长期监测之前均由天津大学室内环境质量控制重点实验室进行标定，监测期间保留一台母机检查长期使用数据的漂移情况。

空气质量传感器参数 **表3-20**

传感器类型	测量原理	测量量程	测量精度
PM2.5传感器	激光散射	1～1000μg/m^3	1μg/m^3
CO_2传感器	红外	400～10000ppm	±40ppm
甲醛传感器	电化学	0～5mg/m^3	±0.02mg/m^3
TVOC传感器	半导体原理	0～1000ppb	—
温度传感器	热电阻	−40℃～125℃	±0.3℃
湿度传感器	湿敏电阻	0～100%RH	±3%RH

3.5 空间通风适宜技术

3.5.1 夏热冬冷地区净零能耗建筑通风适宜技术

1. 通风潜力评估现状

研究表明，在无自然通风的情况下，室内仅能通过围护结构传热的方法和少量的机械新风来排出，此时室内外温差达到4℃，在有自然通风的情况下，室内外温差仅有0.5℃，且由于有空气流动，会进一步降低室内人员的体感温度，室内人员不会感觉到任何不适，无需空调介入，且一般认为室内温度低于28℃的情况下，不需要空气调节。对于夏热冬冷地区来说，春季一般从4月持续到5月中旬，秋季从9月下旬持续到11月底，春秋两季气候温和湿润，可以充分利用自然通风资源。

（1）通风舒适性相关标准

笔者梳理了零能耗建筑的相关导则标准，提炼其中对热舒适性的规定，如表 3-21 所示。

净零能耗建筑相关标准热舒适要求梳理 **表 3-21**

发布单位	标准名称	室内温度（℃）		备注
		冬季	夏季	
河北省住房和城乡建设厅	《河北省被动式低能耗居住建筑节能设计标准》	≥20	≤26	居住建筑
中华人民共和国住房和城乡建设部	《被动式超低能耗绿色建筑技术导则（试行）居住建筑》	≥20	≤26	
山东省住房和城乡建设厅	《山东省被动式超低能耗居住建筑节能设计标准》	20～24	24～26	居住建筑
青岛市城乡建设委员会	《青岛市被动式低能耗建筑节能设计导则（试行）》	20～26		
河南省住房和城乡建设厅	《河南省超低能耗居住建筑节能设计标准》	过渡季温度超出 20～28℃以外的时间比例不大于 10%		居住建筑
河北省住房和城乡建设厅	河北省《被动式超低能耗公共建筑节能设计标准》	≥20	≤26	
黑龙江住房和城乡建设厅	《黑龙江省被动式超低能耗居住建筑设计标准》	20～26		
上海市住房和城乡建设管理委员会	《上海市超低能耗建筑技术导则（试行）》	20～26		
吉林省住房和城乡建设厅	《吉林省超低能耗绿色建筑技术导则（公示稿）》	20～26		
中华人民共和国住房和城乡建设部	《近零能耗建筑技术标准》GB/T 51350-2019	20～26		
河北省住房和城乡建设厅	《河北省被动式超低能耗建筑评价标准》	20～26		
河北省住房和城乡建设厅	河北省《被动式超低能耗建筑节能检测标准》（征求意见稿）	≥20	≤26	
中华人民共和国住房和城乡建设部	《近零能耗建筑检测评价标准》（征求意见稿）	≥20	≤26	
中国建筑节能协会	《夏热冬暖地区净零能耗公共建筑技术导则》T/CABEE 004-2019	≥18	≤26	非人工冷热源 −0.5≤APMV≤0.5
中国建筑节能协会	《净零能耗建筑建造技术导则》（征求意见稿）	≥20	≤26	

（2）通风潜力评估现状

建筑的过渡季自然通风潜力是指建筑仅通过自然通风而非空调的降温形式，便可得到满足过渡季室内舒适温度区间的室内热环境。自然通风潜力的影响因素包括建筑外部因素（如气象条件、建筑朝向、周边建筑密度等）与建筑本体因素（建筑布局设计、通风面积及自然通风调控策略等）。

在建筑形态因素对自然通风效果影响研究方面，杨华等人对河北省典型建筑开展过渡季不同时段自然通风节能潜力分析。丁勇等人通过改变建筑布局及朝向研究自然通风改善室内环境的优化效果。赵福云等人利用 CFD 模拟夏热冬冷地区典型四座城市体育场馆内平均风速，分析馆内人员不同活动情况对应的年自然通风率，来研究各地区人体舒适区和自然通风潜力。对于高大空间来说，窗地比、建筑体型和建筑朝向都会极大地影响自然采光和自然通风的效果。李静采用 IES 软件研究了场馆建筑自然通风和自然通风并行系统下窗地比对能耗的影响，发现采用天窗与侧开窗的建筑不开天窗时总能耗最小，只设天窗的建筑窗地比为 0.1 时最节能。上述研究多偏向建筑设计，研究方法较为传统，研究中对设计、节能、舒适分析相对较为分散。

在通风技术节能潜力和舒适性研究方面，吕萌萌等人以可利用时间为指标，以 27.5℃作为舒适温度上限，采用 IES（多区域网络法及能耗动态分析方法）对夏热冬冷地区办公建筑的自然通风潜力展开分析，研究发现在 3 月、4 月、10 月和 11 月采用自然通风能够降低 19.1%的建筑全年空调动态能耗。王亮采用 CFD 结合当地气象数据，对夏热冬冷地区办公建筑的节能潜力展开研究，在室外温度为 12～28℃时，室内可接受的温度范围为 18～28℃，自然通风全年适用时间为 2401h，节能量为 41.5MWh/a。

在通风技术净化潜力评估方面，现有研究涉及的较少。刘魁星等人通过建立单侧通风房间模型，利用天津市气象台站 1960—2010 年逐时气象数据，以总综合压差和室内热舒适小时数两个指标，分别评估了随着气候变暖自然通风的应用潜力变化情况。上述研究部分使用气象参数来作为自然通风潜力评估参照条件，但过渡季室内环境受室外条件影响较大，自然通风条件下室内外变化关联研究深度不够，且最终的通风性能评判标准多为节能水平，较为单一。孙旭灿等人提出了一种基于热舒适性理论的智能窗控制策略，并且以 CO_2 浓度为策略指标，涉及了 PM2.5 浓度要求，但仅作为自然通风上限控制要求，且要求较为宽泛。

建筑室内空气品质与 CO_2、PM2.5、甲醛和 TVOC 等参数的浓度有关。甲醛和 TVOC 多来源于建筑内部装饰材料和家具挥发，CO_2 在建筑内主要是由人员呼吸产生，自然通风情况下，室外空气进入室内会稀释三种污染物浓度，起正向净化作用。因此暂不考虑自然通风技术对 CO_2、甲醛和 TVOC 的净化作用。

现行相关标准中对 PM2.5 浓度的要求如表 3-22 所示。

现行相关标准对 PM2.5 浓度的要求梳理　　表 3-22

标准名称	PM2.5 浓度（μg/m³）
《公共建筑室内空气质量控制设计标准》JGJ/T 461-2019	目标等级 1～4 的设计日浓度分别为 25/35/50/75
《建筑室内空气品质监测与评价标准》T/CECS6 15-2019	Ⅰ级日均值 25，年均值 15；Ⅱ级日均值 75，年均值 35
《绿色建筑评价标准》GB/T 50378-2019	年均值≤25（评分项）
《健康建筑评价标准》T/ASC 02-2016	年均值≤35（控制项），全年不保证 18 天日均值≤37.5（评分项）

（3）混合通风策略

我国对于自然通风、混合通风的研究比发达国家起步较晚。但是由于建筑通风的实用性及我国对于建筑节能的逐渐重视，建筑通风的研究在我国也有较快的发展。

重庆大学刘皓以该地区的典型住宅建筑为研究对象，以热舒适和室内空气品质的相关理论为依托展开研究，提出适宜该地区的混合通风策略。主要包括季节性策略和即时性策略，分析了不同季节的混合通风应用策略。同时，根据混合通风控制系统的即时性特征，对一天中不同的时刻，提出了即时性控制策略。孙旭灿等人提出一种基于热舒适性理论的智能窗控制策略，包括遮阳、采光模块和开关窗智能控制模块，并提出智能窗开关窗的控制优先级，形成一种智能控制兼顾舒适性热湿环境的智能节能窗。陈晓杨等人提出了自然通风型、被动预冷型、被动预热型三种紫铜通风策略，并根据建筑全年通风情况归纳了各个类型策略的适用场景。

2. 通风效果影响因素研究

(1) 通风效果影响因素研究方法

选取具有不同开窗特点的三种典型建筑，表示不同的自然通风形式。使用软件 Vent 创建物理模型，模拟的风场设置为：上海市过渡季室外风速 3.8m/s，主导风向正北。三种典型建筑的示意图如图 3-23 所示。

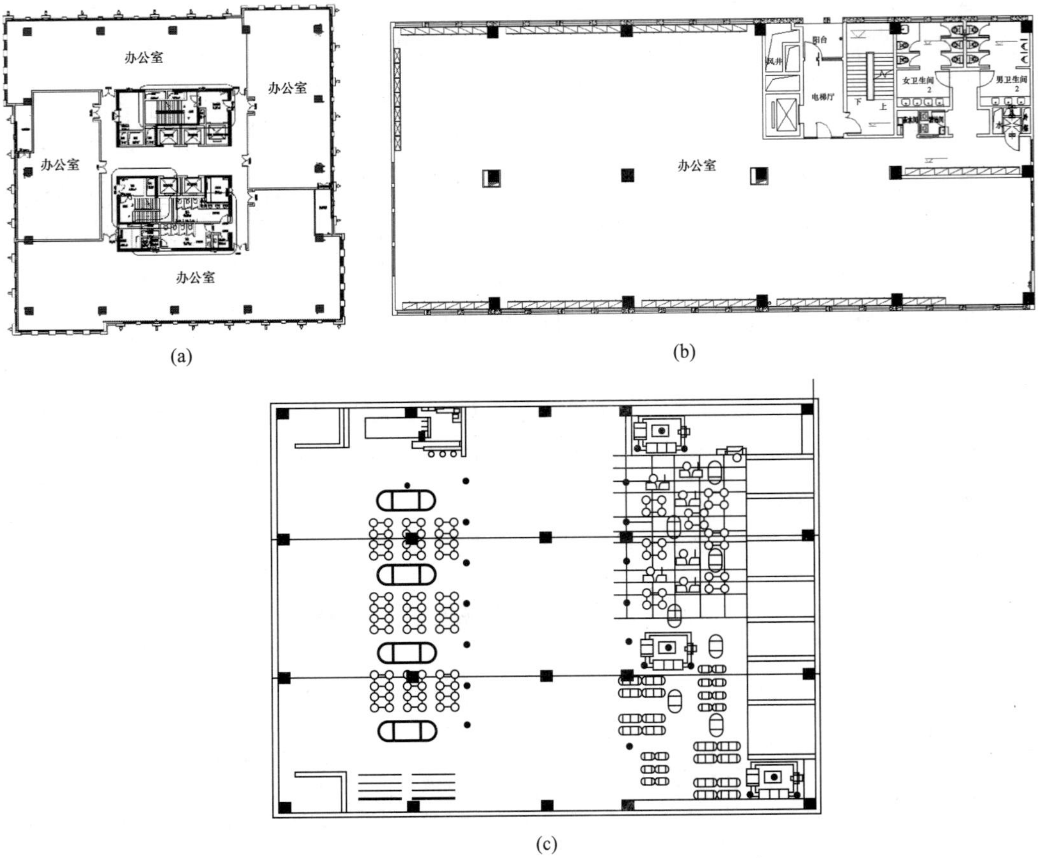

图 3-23　三种典型建筑的示意图

(a) A类：高层办公建筑（核心筒）；(b) B类：普通办公建筑（南北通透）；
(c) C类：机场车站（高大空间）的示意图

（2）窗地比与换气次数相关性研究

采用等效窗地比（Equivalent window-to-ground ratio）WGR_e 作为通风面积的控制指标。该控制指标考虑了不同建筑的空间特点，包括平面（如核心筒建筑的房间通风面积不同）及立面（如高大空间建筑的楼层高度有显著差异）特点。WGR_e 定义见式（3-8）和式（3-9）：

$$WGR_e = A/(A_r \times L_e) \tag{3-8}$$

$$L_e = h/h_0 \tag{3-9}$$

式中　WGR_e——等效窗地比，%；

A——建筑开窗面积，m^2；

A_r——房间通风面积，m^2；

L_e——等效层数，层；

h——建筑楼层高度，m；

h_0——建筑楼层标准高度，m，取 4m。

经计算，三类建筑的等效窗地比与换气次数关系如图 3-24 所示。

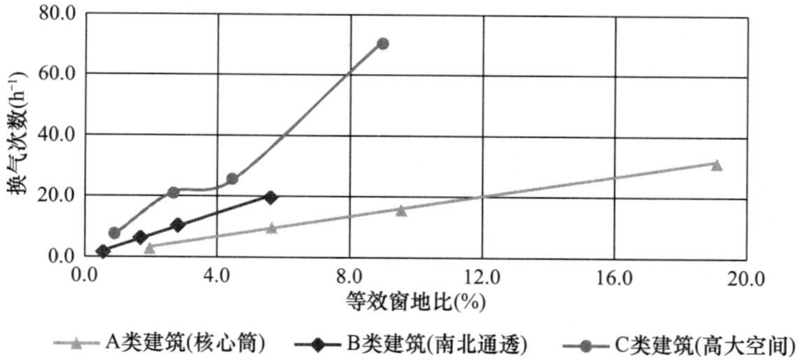

图 3-24　等效窗地比与换气次数相关性折线图

三类建筑的等效窗地比最大值分别为 19.0%、5.6%、8.9%，其对应的换气次数变化范围分别为 3.2～31.9h^{-1}、2.0～20.0h^{-1}、7.2～70.4h^{-1}。该结果揭示了三种典型建筑的换气次数均随着等效窗地比的提升而增大这一趋势。等效窗地比相同时，高大空间建筑的换气次数最大，即自然通风效果最佳；由于 B 类建筑具有核心筒结构，其房间通风面积受到影响，当换气次数要求一定时，该类建筑的等效窗地比越高，即所需开窗面积越大。

在三类典型建筑的模拟计算中，设定不同的换气次数要求，以得到各工况下的逐时室内温度结果。几种不同的通风工况设置如表 3-23 所示。

不同通风工况设置　　表 3-23

通风类型	无通风	机械通风		自然通风	
通风工况	无通风	OA 要求：1h^{-1}	《绿色建筑评价标准》要求：2h^{-1}	项目经验：18h^{-1}	较好设计：30h^{-1}
备注	—	由 30m^3/h 最小人均新风量得到	《绿色建筑评价标准》GB/T 50378-2019 第 5.2.10 条第 2 款	根据近 20 个绿色建筑项目经验取值	自然通风降温效果最大时的要求

(3) 换气次数对自然通风效果影响研究

由于国家及行业现行标准对夏热冬冷地区过渡季室内环境舒适区间设计较少，通过综合现有研究成果，以［18℃，28℃］作为过渡季的室内舒适温度区间。

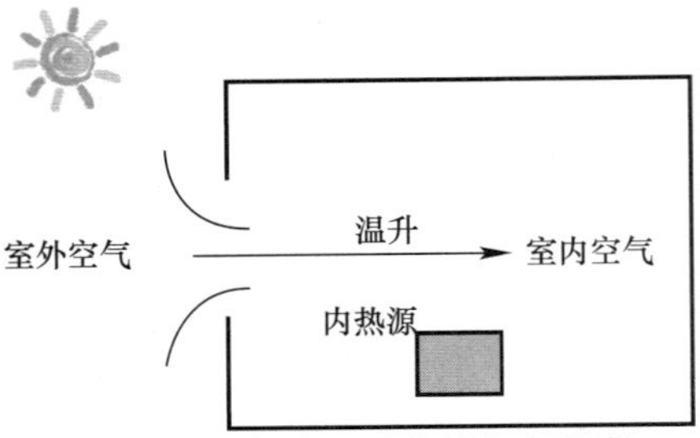

图 3-25　自然通风降低室内温度评估原理示意图

通过自然通风形式达到降低建筑室内温度的目的，则需要保障在采用自然通风方法后，室内温度仍然可以控制在 18℃以上及 28℃以下（图 3-25）。

选用清华大学和中国气象局的 CSWD 气象文件，采用 EnergyPlus 软件计算三种典型建筑的室内温度，模型的窗墙比、围护结构热工参数、工作时间及房间内扰等具体参数参照《净零能耗建筑建造技术导则》进行设置（图 3-26）。

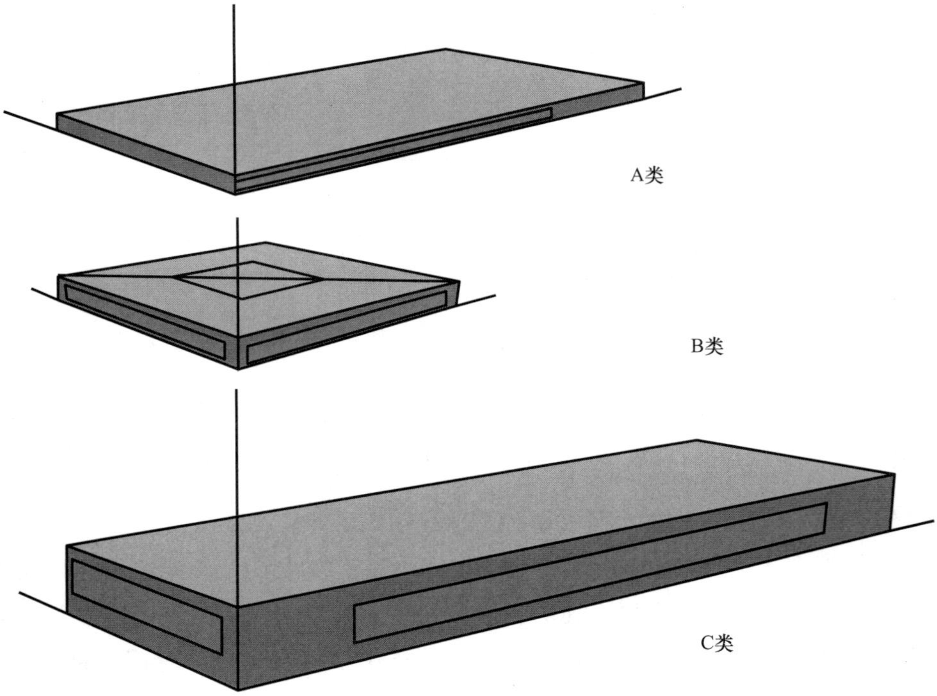

图 3-26　三种典型建筑模型图

以建筑室内温升为评价指标，评价不同换气次数下的自然通风潜力。室内温升计算见式（3-10）：

$$T_{室内,n=i}=\Delta T+T_{室外} \tag{3-10}$$

式中　$T_{室内,n=i}$——换气次数 $n=i$ 时的室内温度，℃；

ΔT——室内温升；

$T_{室外}$——室外温度，℃。

选取 6 月 15 日为典型日，分析三类建筑模型工作时间段（8：00～18：00）的室外平均温度和室内平均温度（图 3-27）。

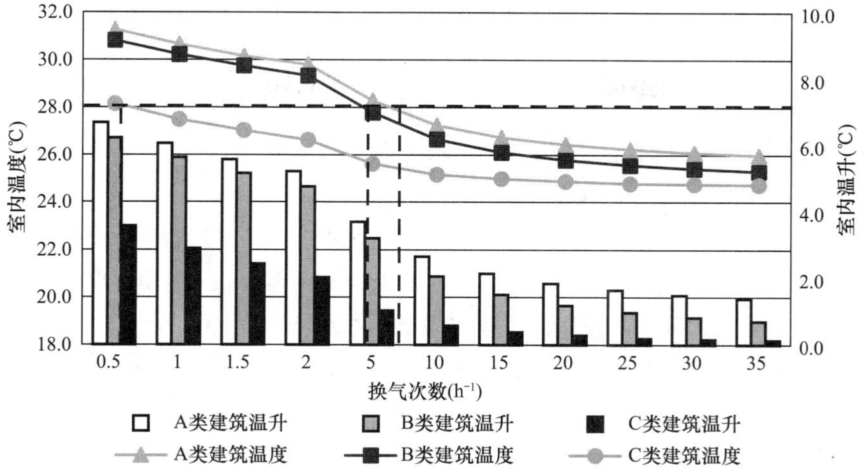

图 3-27　自然通风下三种典型建筑的室内平均温度和室内温升

由图 3-27 分析可得，三种典型建筑的室内温度均随换气次数的增加而降低，即进入建筑室内的室外空气越多，自然通风降温能力越强，越能够将室内温度维持在室外相近水平；采用自然通风方式后，若要满足室内舒适温度区间［18℃，28℃］，A、B、C 类建筑所需的最小换气次数分别为 $10h^{-1}$、$5h^{-1}$及 $1h^{-1}$，对应的室内温升分别为 2.7℃、3.2℃及 2.9℃；当换气次数达到 $30h^{-1}$后，即使继续提高换气次数，室内温度也基本保持不变，此时自然通风降温效果最好。

3. 考虑节能及净化潜力的通风潜力评估

（1）节能潜力评估

针对夏热冬冷地区净零能耗建筑的空间通风技术节能潜力评估，采用构建典型模型的方法，设定几种典型的通风工况，通过等效空调关闭小时数和等效空调能耗节约率两个评价指标，从而定量评估三类典型建筑过渡季的自然通风节能潜力大小。

1）评估指标

① 等效空调关闭小时数

对于某时刻建筑的室内温度，根据过渡季室内舒适温度区间［18℃，28℃］，可以判断该时刻建筑是否适合采用自然通风，最终叠加计算出过渡季的等效空调关闭小时数 $H_{n=i}$。该评价指标可以量化建筑过渡季的自然通风节能潜力大小。

② 等效空调能耗节约率

建筑过渡季的自然通风节能潜力还可以通过等效空调能耗节约率 ESR_e（Equivalent Energy Saving Ratio）进行评价，其定义见式（3-11）：

$$ESR_e = \frac{Q_{n=i}}{Q_0} \times 100\% \tag{3-11}$$

式中　ESR_e——等效空调能耗节约率，%；

$Q_{n=i}$——不同换气次数 $n=i$ 下，若某些时刻的建筑室内温度处于［18℃，28℃］，累计该建筑在无通风工况下，这些时刻所对应的建筑总能耗，kWh；

Q_0——无通风工况下，过渡季工作时间内的建筑总能耗，kWh。

2）节能潜力分析

节能潜力评估使用的建筑模拟模型及相关参数设置与前文中关于通风效果影响因素研究相同。在三类典型建筑的模拟计算中，设定不同的换气次数要求，以得到各工况下的逐时室内温度。

研究发现，对于三种典型建筑，过渡季的等效空调关闭小时数均随着换气次数的升高而增大，即提高建筑自然通风要求，可以有效降低空调开启率。以A类典型建筑：普通办公建筑（南北通透）为例，在无通风和较好设计（$30h^{-1}$）两种工况下，过渡季的等效空调关闭小时数分别为904h和1410h，即更好的自然通风设计可以带来约56%的自然通风潜力提升幅度。

随着换气次数的提高，建筑的等效空调关闭小时数有所提升，也就是说建筑空调能耗会减少，产生更显著的建筑节能量。对于A类及B类建筑，由于无通风工况下的ESR_e都只有15%左右，说明不采用自然通风时，这两类建筑的空调能耗需求量变化较小。而C类建筑的ESR_e可以达到43.2%，这是因为C类建筑属于高大空间，室内部分热量会堆积到空间顶部，从而使人体活动区域的温度场处于舒适温度区间的可能性更大，则对应等效空调能耗节约率也更大。

对比不同通风工况，各类建筑的ESR_e均随着换气次数的增大而提升，并且ESR_e的增幅会渐渐变缓，即当换气次数上升到一定的数值时，自然通风的节能潜力会逐渐不变。

当换气次数为$30h^{-1}$时，三类典型建筑的ESR_e均达到70%左右。这说明较好的自然通风设计，可以在满足室内舒适温度环境的前提下，有效提升自然通风的节能潜力，从而降低建筑在过渡季的空调能耗。

（2）净化潜力评估

针对夏热冬冷地区净零能耗建筑的空间通风技术净化潜力评估，基于典型城市（上海、杭州、南京、合肥、武汉、长沙）近三年室外气象参数，筛选室外PM2.5浓度逐日均值，当该值低于≤$35\mu g/m^3$时，认为该日适宜采用自然通风，计算过渡季（4～6月，9～11月）适宜自然通风天数百分比，作为净化潜力评估结果。

以上海为例，近三年室外PM2.5日均值浓度折线图如图3-28所示。

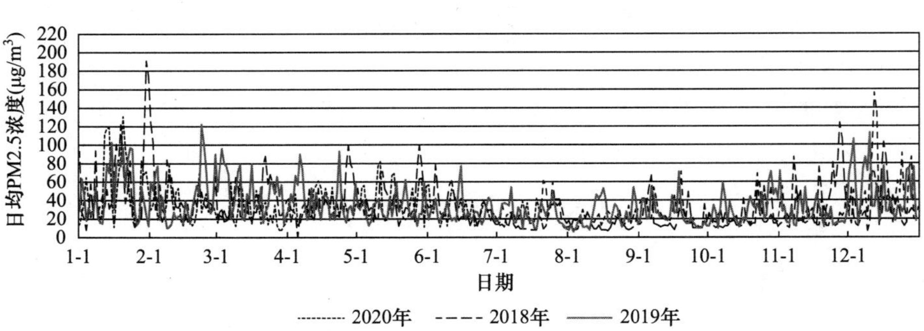

图3-28　上海市近三年室外PM2.5日均值浓度折线图

上海市全年室外 PM2.5 日均值浓度呈周期性波动，峰值出现在 1 月下旬和 12 月上旬，5 月到 6 月中旬 PM2.5 浓度与 11 月浓度相近，高于 9～10 月份。

可见，对于夏热冬冷地区的公共建筑来说，每年 4～6 月和 9～11 月的室外空气质量较适宜采用自然通风技术，在利用室外空气净化室内空气品质的同时，降低建筑空调能耗。

6 个典型城市过渡季适宜自然通风天数百分比（$P_{out,PM2.5}$）趋势如图 3-29 所示。

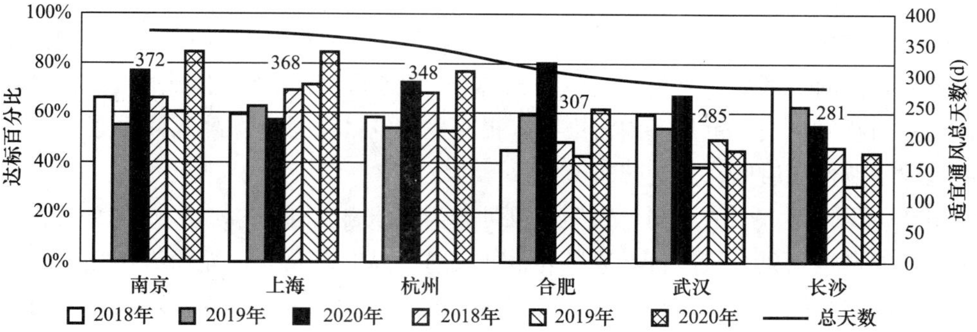

图 3-29　夏热冬冷地区典型城市近三年适宜自然通风达标百分比趋势图

整体来看，6 个典型城市近三年室外污染情况除长沙春季外，均有不同程度的改善。以近三年过渡季适宜自然通风总天数来看，南京、上海、杭州优于合肥、优于武汉、长沙；上海近三年空气质量持续变优，且秋季适宜自然通风天数更多。并且随着“碳达峰、碳中和”相关措施的实施，净化潜力会逐步增大。

（3）空间通风综合潜力评估

夏热冬冷地区公共建筑通风综合潜力评估以净化和节能评估模型为基础，综合计算得到。综合评估模型见式（3-12）。

$$CESR = P_{out,PM2.5} \cdot \frac{1820 - H_{n=i}}{1820 - H_{n=0.5}} \tag{3-12}$$

式中　$CESR$——净化及节能潜力百分比，%；

$P_{out,PM2.5}$——过渡季室外 PM2.5 浓度达标天数百分比，%；

$H_{n=i}$——换气次数为 i 时采用自然通风空调开启小时数，h；

$H_{n=0.5}$——无自然通风，考虑渗透风等效换气次数 0.5h^{-1}的空调开启小时数，h。

在换气次数不同的工况下，三类典型净零能耗建筑的自然通风节能净化综合评估结果最小为 28.2%，最大为 48.4%，降低空调可开启时间最小在 28%以上。

3.5.2　夏热冬暖地区净零能耗建筑通风适宜技术

被动优先、主动优化、使用可再生能源是实现净零能耗建筑的基本路线，它并不是高科技的堆砌，更重要的内涵是回归建筑的根本。适宜的通风技术能够形成合理的气流组织，从而保证舒适的室内热环境。

建筑通风一般可分为两种方式：被动式（自然通风）和主动式（机械通风），是指把建筑物室内污浊的空气直接或净化后排至室外，再把新鲜的空气补充进去，从而保持室内的空气环境符合卫生标准。其作用是保证排除室内污染物、保证室内人员的热舒适和满足室内人员对新鲜空气的需要。

1. 自然通风适宜技术

自然通风技术是一种可再生适宜生态技术，它是湿热地区建筑设计的“法宝”，在传统建筑中得到了广泛关注和应用。通过调整建筑平面布局、通风开口的位置及大小等方面，以达到加强室内空气流通、提高人体舒适性的效果。适时、恰当的自然通风，可以起到以下几方面的作用：一是可以带走室内热量和湿气，解决室内潮湿问题，为建筑降温，同时改善夏季室内热环境；二是促进夏季人体表面散热，有利于人体热舒适和正常工作；三是补充室内新鲜空气，带走室内污染物，提高室内空气质量，保障人体健康；四是可最大限度减少空调使用时间，实现建筑节能。

按照产生压力差方式的不同，自然通风可分为风压自然通风、热压自然通风、风压与热压相结合的自然通风。风压自然通风与室外风速、风向以及风口面积直接相关，具有很大的变化性和不可控性；热压自然通风与室内外温差、进出风口高度差以及风口面积直接相关，相对来说稳定性更强。

实际建筑中的自然通风是风压和热压共同作用的结果，只是各自的作用有强有弱。但对于某一特定建筑物而言，环境中风力与风向是动态变化的，所以风压与热压共同作用下的自然通风不能简单叠加。因此，建筑师要充分考虑各种因素，使风压和热压的作用相互补充，密切配合，实现建筑物的有效自然通风。

自然通风是一种改善人体舒适度和环境宜居度的重要技术手段。其主要缺陷在于受季节和当地主要风向、风速影响较大，同时在进深较大的建筑中通风路径较长，如果平面布局较复杂，风在运动过程中阻力加大，风压与热压都没有足够的动力形成理想的自然通风。在满足自然通风比较困难的条件下，就需要采用机械辅助通风或者机械通风的方式来满足室内通风需要。

2. 机械通风适宜技术

机械通风是针对不便于开窗等场所采用风机、风扇等机械设备加强室内与外界的空气交换，以保证室内足够的新风量的技术手段。与自然通风相比，机械通风的优点在于可控制性强，可以通过调整风口大小、风量等因素，调节室内的气流分布，达到满意的室内热舒适。

根据通风形式不同，机械通风可分为混合通风、置换通风和个性化通风。其中，混合通风分为以下三类：

（1）自然通风和机械通风交替运行：室外条件可满足自然通风的情况下，机械通风和空调关闭；当室外环境温度升高或降低至某一限度时，自然通风系统关闭而机械通风和空调开启。这种通风模式适用于不同的运行时间，在过渡季节进行自然通风，在炎热的夏季和寒冷的冬季进行机械通风与空调制冷供热。

（2）机械通风辅助自然通风：以自然通风为主，但当自然驱动力不足的情况下，开启风机或者风扇维持室内气流流动和保证气流流速要求。比如采用电风扇促进自然通风，如何根据自然驱动力的强弱来控制风扇的开停是该系统设计的关键问题，相对来说控制较为简单。

(3) 机械通风辅助空调运行：在炎热夏季自然通风和机械通风都不能满足室内热环境舒适度的条件下使用空调制冷，在纯空调的状态下如果室内舒适温度为26℃，设定空调控制温度为28℃时室内热舒适度会下降。但如果在开启空调的同时，室内开启单独的风扇加大人员附近的空气流速，在这种状态下室内温度为28℃时室内人员热舒适满意度甚至可能超过单独空调状态下26℃的设定温度，通过引入机械辅助通风（电风扇调风）达到既节能又提升了室内人员热舒适度的效果。

3. 夏热冬暖地区电风扇辅助空调通风技术研究

(1) 电风扇辅助空调通风技术

电风扇辅助空调通风是机械通风辅助空调运行的一种方式，通过采用电风扇辅助空调运行，在满足室内热舒适情况下，降低空调能耗。电风扇作为最常见、最简单的住宅机械通风，是夏季纳凉用的传统家用电器，曾一度有人认为，随着人们生活水平的提高和空调的普及，电风扇必将退出历史舞台。但一个不容忽视的事实是：电风扇在某些条件下，能够保障一定的热舒适性，而且与空调相比，电风扇显然更加节能。尤其是在空调状态下，辅以风扇调风措施后，其热舒适性及节能潜力是值得研究的问题。

(2) 电风扇调风辅助空调装置及控制方法

当前通风空调系统对室内热环境的控制，主要以空调回风口温度为目标，而忽略了回风口温度与实际室内人员工作区温度存在偏差，且不同相对湿度环境下的空气流速等其他室内空气参数对人体热舒适也存在影响。若想同时满足舒适度和节能要求，常常需要人为手动分别调节空调设置温度与电风扇转速。这种调节方式需要靠个人反复感受不同空气温度与空气流速间的组合搭配来寻找舒适的设定值，过程繁琐且不准确，难以在保障热舒适的前提下，达到最佳的节能效果。

为实现室内空气流速与室内温度的精准控制，合理利用电风扇与空调快速实现工作区的舒适性，研究提出了一种室内热环境全自动节能控制装置及其控制方法，克服了空调运行能耗较高与电风扇在温度较高室内状态点下无法实现人体热舒适的问题，以及当前主要通过空调设备对室内热环境的控制通常仅以空气温度为控制目标的不足。该装置用于联动控制空调和风扇，在保障舒适度的前提下，通过风扇调风辅助空调的形式，提高空调设置温度，降低空调能耗。控制装置布置如图3-30所示。

1) 装置结构与部件

装置由空气参数检测单元1、操作输入模块2、主控模块3、空调控制模块4、风扇控制模块5、显示模块6组成，控制装置大样图如图3-31所示。

其中，空气参数检测单元1用于检测室内温度 T_s、空气流速 v_s、相对湿度 φ 等各项室内空气参数，具体包括温湿度传感器11和风速传感器12。操作输入模块2用于设置风扇启动温度 T_f、空调启动温度 T_0 等参数，以及保存自定义模式、设置空调控制模块与风扇控制模块进入学习模式、选择是否启用节能模式等。主控模块3用于接收检测到的空气参数和操作输入等输入信号，以人体热舒适度为控制目标，从而输出控制信号给空调控制

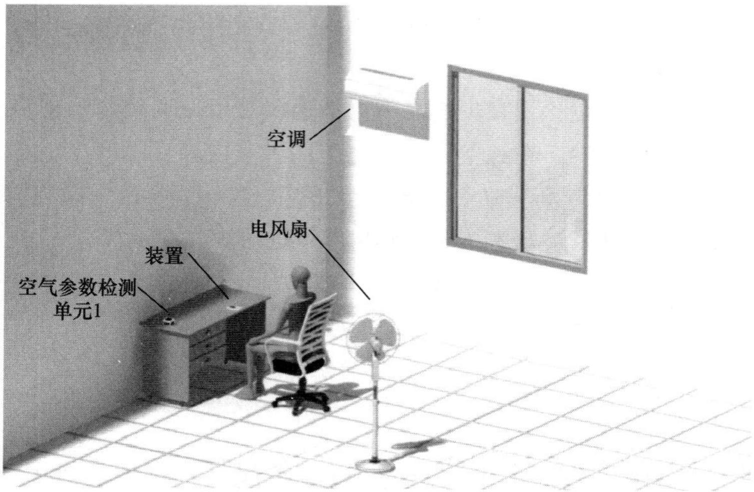

图 3-30　室内热环境全自动节能控制装置的布置图

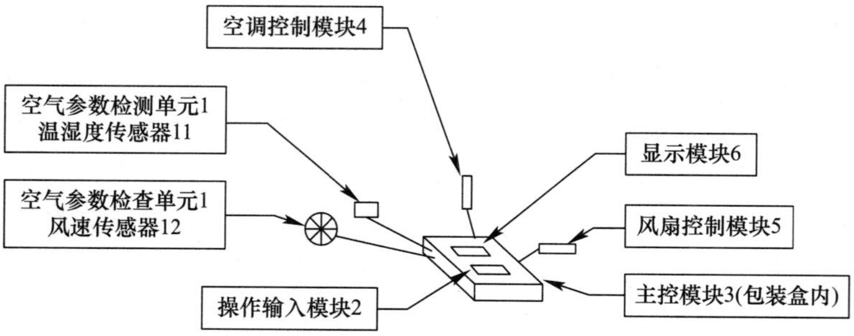

图 3-31　室内热环境全自动节能控制装置的大样图

模块 4 和风扇控制模块 5，进而控制空调与风扇。空调控制模块 4 和风扇控制模块 5 用于控制空调和风扇的运行模式，如空调和风扇的启停、空调温度设置、风扇转速挡位调节等。模块预存有市面上大部分主流品牌的空调和风扇遥控器红外编码，若预存型号无法适配空调或风扇，可以通过操作输入模块 2 进入学习模式，将原配空调或风扇遥控器对准相应的控制模块，按下“启动”“停止”等按键进行学习，该模块会将这些按键的红外编码依次保存，最后归类保存在“自定义遥控”中。显示模块 6 用于显示室内温度 T_s、空气流速 v_s、相对湿度 φ、风扇启动温度 T_f、空调启动温度 T_0 等信息。

2）装置控制原理

室内热环境全自动节能控制装置示意如图 3-32 所示。该装置开启后，通过操作输入模块 2 选择进入全自动节能控制模式，装置依据主控模块 3 计算出来的人体热舒适定量指标来联动控制空调与风扇。控制逻辑是依据在热舒适评价方法的相关研究中，最具代表性的 *PMV* 热舒适评价指标进行控制。*PMV* 指标综合考虑了空气温度、空气流速、相对湿度和平均辐射温度等在内的室内环境因素和人体代谢率、服装热阻等人体指标等因素，反映了对同一环境下绝大多数人的舒适感觉。当 $|PMV| \leqslant 0.5$ 时，人体处于一级热舒适等级。通过使用电风扇增加空气流速的形式，提高空调设置温度，使 *PMV* 越接近 0.5，则对节能越有利。

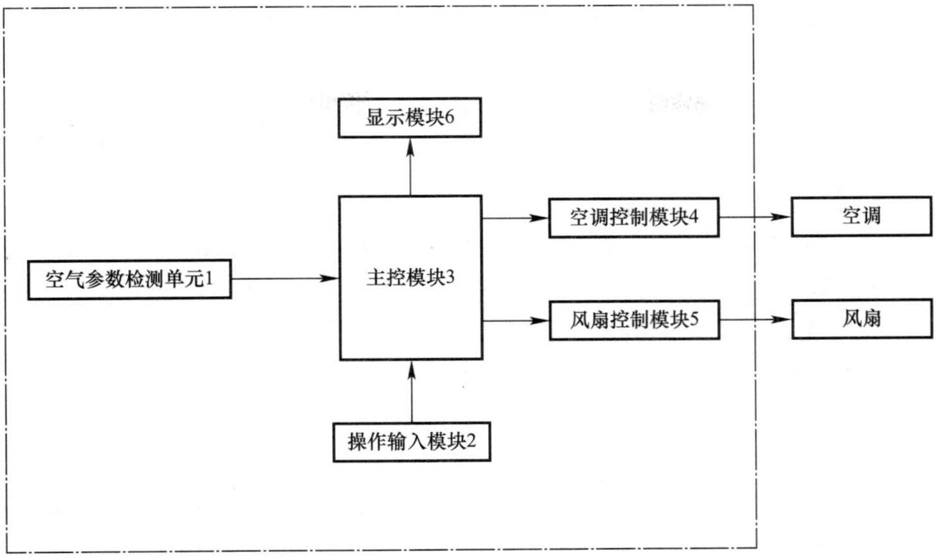

图 3-32　室内热环境全自动节能控制装置的示意图

PMV 计算过程参考《民用建筑室内热湿环境评价标准》GB 50785-2012，在计算过程中所需的室内环境参数通过空气参数监测单元获得，考虑夏季围护结构内表面温度将平均辐射温度近似简化为室内空气温度＋2℃。所需的人体指标根据不同场合下对人体活动情况、着衣情况做近似处理，以常见办公环境中坐着活动（站着休息）的人为例，人体代谢率为 70W/m^2，外部做功消耗 W＝0，夏季常规着装的服装热阻为 0.5clo。

将温度 T、空气流速 v、相对湿度 φ 作为输入参数与控制量，进行热舒适的控制逻辑设计。开启节能控制模式后，当空气参数检测单元 1 检测到室内温度 T_s 低于操作输入模块 2 所设的风扇启动温度 T_f（例如 26℃）时，装置向空调控制模块 4、风扇控制模块 5 发出控制信号，关闭空调与风扇。装置进入监测状态，实时监测室内空气参数，若室内热环境发生改变则及时做出相应控制动作。

当空气参数检测单元 1 检测到室内温度 T_s 低于操作输入模块 2 所设的空调启动温度 T_a（例如 28℃）而高于风扇启动温度 T_f（例如 26℃）时，装置通过风扇控制模块 5 开启风扇。主控模块 3 根据空气参数检测单元 1 实时检测到的室内温度 T_s、室内相对湿度 φ，通过 *PMV* 指标计算得出当下最符合舒适度的目标空气流速 v_m，从而输出控制信号给风扇控制模块 5，进而控制风扇达到相应转速挡位使工作区空气流速 v_s 接近目标空气流速 v_m 并实时矫正。通过检测工作区的空气流速作为反馈能更好地使风扇保持在最佳的转速或转速挡位上，最终使得控制结果更加符合人体热舒适度要求；空气参数检测单元 1 实时监测室内热环境是否发生变化，若发生变化则及时做出相应调整，以保障热舒适度的稳定。

当空气参数检测单元 1 检测到室内温度 T_s 高于操作输入模块 2 所设的空调开启温度 T_a（例如 28℃）时，装置开启空调与风扇。空调使室内温度下降并保持在 T_a（28℃），同时实时控制风扇转速，使工作区空气流速 v_s 接近最符合舒适度的目标空气流速 v_m。在空调降低室内温度的过程中，需要一段冷空气扩散的时间，装置会实时检测室内温度 T_s 和

相对湿度 φ，在保障环境舒适的前提下控制相应的风扇转速加速室内空气流动强化换热。随着室内温度的下降，风扇的转速也逐步降低，保证调节过程也尽量避免短暂的、局部过大的吹风感。空气参数检测单元 1 实时监测室内热环境是否发生变化，若发生变化则及时做出相应调整，以保障热舒适度的稳定

3）装置的个性化优势

① 该装置实时检测室内温度、空气流速和相对湿度，以人体舒适度为控制目标，合理地联动控制空调与风扇，通过风扇调风辅助空调的形式，强化电风扇在控制室内热环境舒适度方面的作用，适当将室内空调设置温度调高，有效降低空调能源消耗，实现建筑节能，减少碳排放。同时，在主控模块微秒级的逻辑运算速度下，能迅速寻找到空调温度与风扇转速的最优组合，快速满足人们对室内热环境舒适度的要求。

② 该装置体积较小，移动便捷，可放置于不同场所下靠近人体的工作区，如办公室的办公桌上、住宅客厅的茶几上、卧室的床头、工厂操作台附近的安全位置，实时检测工作区内空气参数，其控制结果更加贴近人体热舒适度。

③ 该装置具有记忆功能，用户通过操作输入模块 2 可以一键保存当前舒适的空调启动温度 T_a、风扇启动温度 T_f、最终温度、最终风速等参数，参数将被保存在“自定义模式”中，下次使用时可直接调用相应的“自定义模式”，从而满足不同场合不同用户对室内热环境的不同要求。

（3）电风扇调风对热舒适条件的补偿作用

Fanger 等人提出，当室内实际温度较高时，可以通过提高空气流动速度来抵消较高室温所带来的不舒适感。即风速对室内较高的温度具有补偿作用，通过提高风速可以达到同等热环境。

当 $-0.5 \leqslant PMV \leqslant +0.5$ 时，认为达到一级热舒适水平。对于夏季工况，通过使用电风扇增加空气流速的形式提高空调设置温度，使 PMV 越接近 0.5，对节能越有利。由于 PMV 指标参量的计算较为复杂，为保证舒适度控制精度以及控制算法更加便于实施，因此对人体指标、环境因素等做近似处理，如取常见办公、居家环境中坐着活动（站着休息）的人体代谢率 70W/m^2，夏季常规着装的服装热阻 0.5clo，且无外部做功消耗。考虑夏季围护结构内表面温度比室内温度高 1～3℃，因此将平均辐射温度近似为室内空气温度+2℃。夏热冬暖地区夏季不同相对湿度下 PMV 随空气流速的变化如图 3-33 所示。

研究表明：

1）在相同的相对湿度下，室内温度越高，达到一级热舒适水平所需的风速越大，超过 30℃时，超出了风扇对舒适度的补偿范围，无论风扇风速多高均无法达到适宜的人体热舒适状态。以相对湿度 60％为例，当室内空气温度≤25℃时，无需多余的室内空气强化流动；当室内空气温度超过 26℃时，仅需提供轻微扰动即可实现室内热舒适；当室内空气温度为 27℃、28℃时，风速需要分别达到 0.29m/s、0.46m/s 时才能达到一级热舒适水平；而能使用风扇达到一级热舒适的上限温度则是 30℃，此时所需风速为 1.44m/s。

2）在相同的温度下，相对湿度越高，与 $PMV=0.5$ 交线处所对应的速度值越大，即相对湿度越高，达到同等热舒适水平所需的风速越大。在相对湿度小于 65％时，30℃曲线与 $PMV=0.5$ 处存在交点，相对湿度超过这个范围时，该曲线与 $PMV=0.5$ 无交点，可

以将相对湿度 65%、温度 30℃作为风扇能否实现补偿作用的临界点。

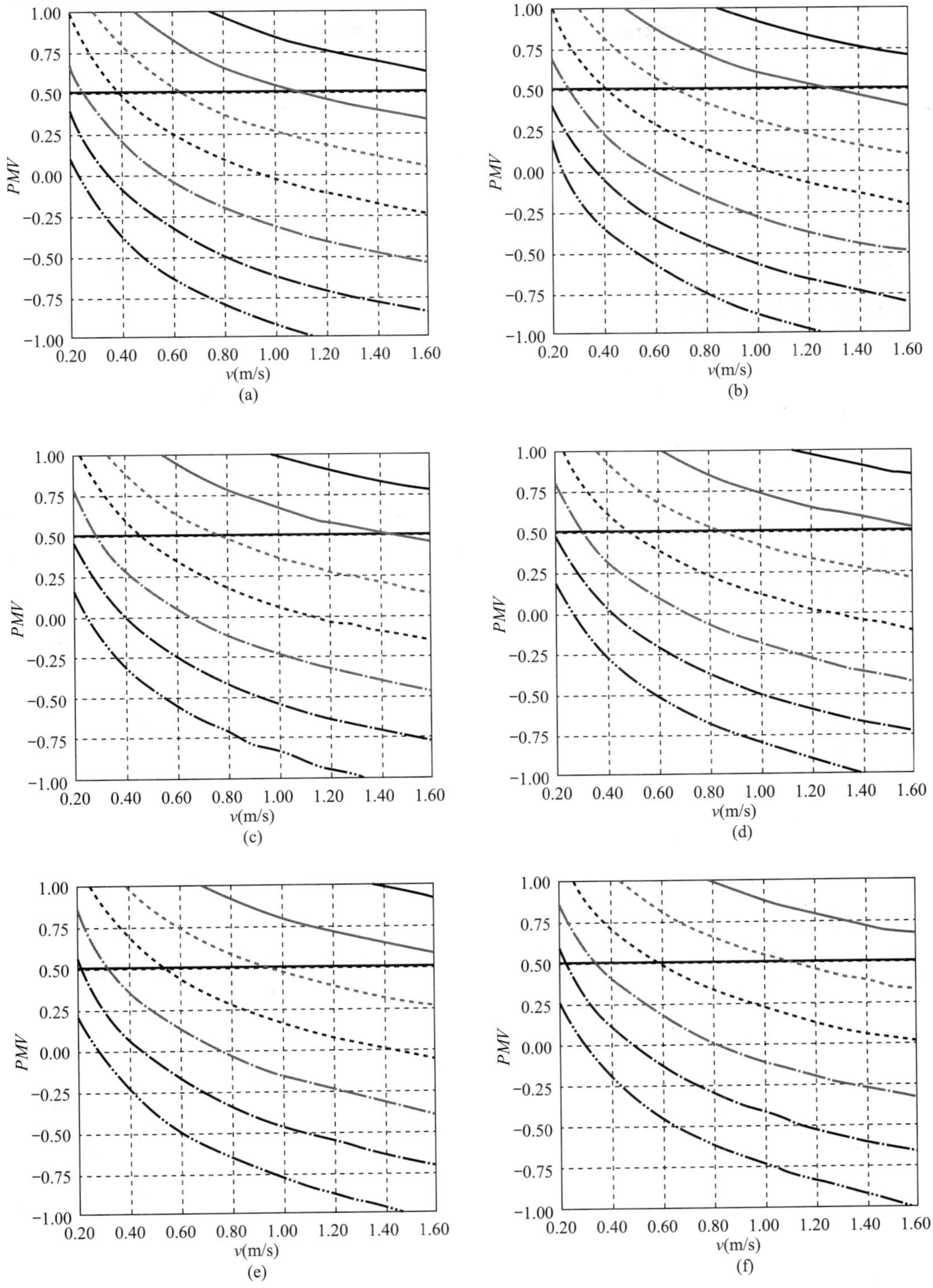

图 3-33 不同相对湿度下 *PMV* 随空气流速的变化

(a) φ=50%；(b) φ=55%；(c) φ=60%；(d) φ=65%；(e) φ=70%；(f) φ=75%

(4) 电风扇调风辅助空调运行室内热舒适

为验证电风扇调风对房间室内热舒适的影响，采用计算机流体动力学 CFD 模拟电风扇调风辅助空调运行室内热舒适情况。以厦门地区一间会议室为研究对象，房间尺寸为 9m×9m×4m，风机盘管送风，采用上送上回的送风方式，共设置 4 个送风口，每个送风口的风速为 1.5m/s，开口尺寸为 200mm×600mm，在房间的边角处设置 4 个回风口，尺寸为 200mm×600mm。房间共 6 盏日光灯，功率为 16W/盏；3 台电脑，功率为 150W/台；一台投影仪，功率为 180W/台；随机布置 7 人，每个人的发热功率为 80W，具体布置如图 3-34 所示。

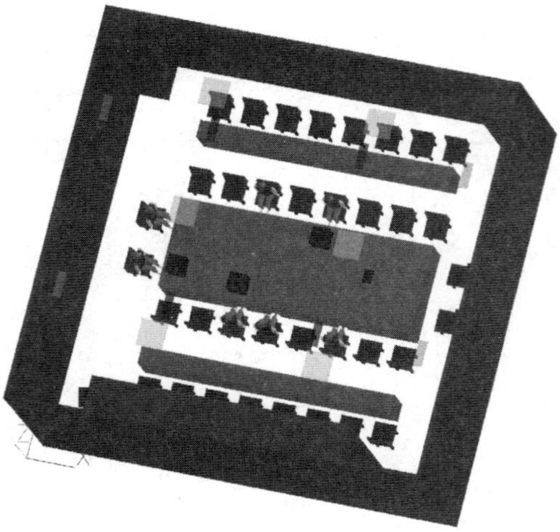

图 3-34 大开间会议室几何模型

模型计算区域定义为考虑重力影响的流体，空调出风口定义为气流入口边界，回风口定义为自由流出边界，室内风扇为吊扇，定义为风扇边界。夏季室外温度高于室内温度，热量通过围护结构传入室内，房间之间为绝热状态。采用 κ-ε 湍流模型对室内流场进行稳态模拟。

CFD 模拟共分两种工况，工况 1：仅开启空调，房间温度设定为 26℃，其他用电设备正常开启；工况 2：空调与风扇联动开启，调节室内温度至 *PMV—PPD* 指标接近工况 1，其他设置同工况 1。

室内外热环境边界参数设置如表 3-24 所示。

不同下垫面的边界参数设置　　表 3-24

参数名称	设定值	备注
室外温度（℃）	36.2	按标准中厦门地区累年日平气温最高温度取值
内壁面换热系数 [W/(m^2·K)]	8.7	—
房间相对湿度（%）	50	设计值
进风口风速（m/s）	1.5	按房间新风量 30m^3/h 换算
风扇风速（m/s）	3.4	距风扇中心 0.5m 处实测值
送风口温度（℃）	20	本次取送风温差 5～10℃，房间温度设计值 26℃，试算后取送风温差 6℃
人体代谢率（met）	1.2	—
服装热阻（clo）	0.6	按夏季日常着装

考虑到会议室主要为人员坐着的状态，在室内热环境参数截取高度上取距地面

0.9m 高处，图 3-35～图 3-38 为两种工况下参照高度处风速、温度以及 *PMV-PPD* 的计算结果。

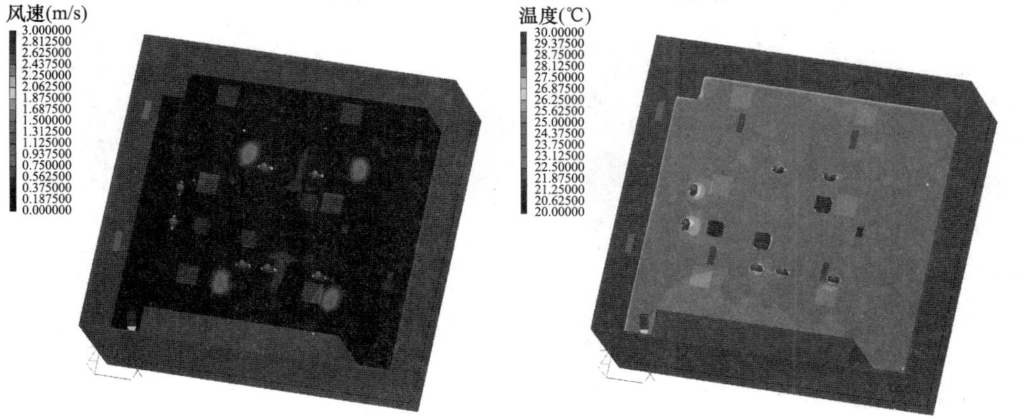

图 3-35　工况 1 的风速（左）温度（右）分布

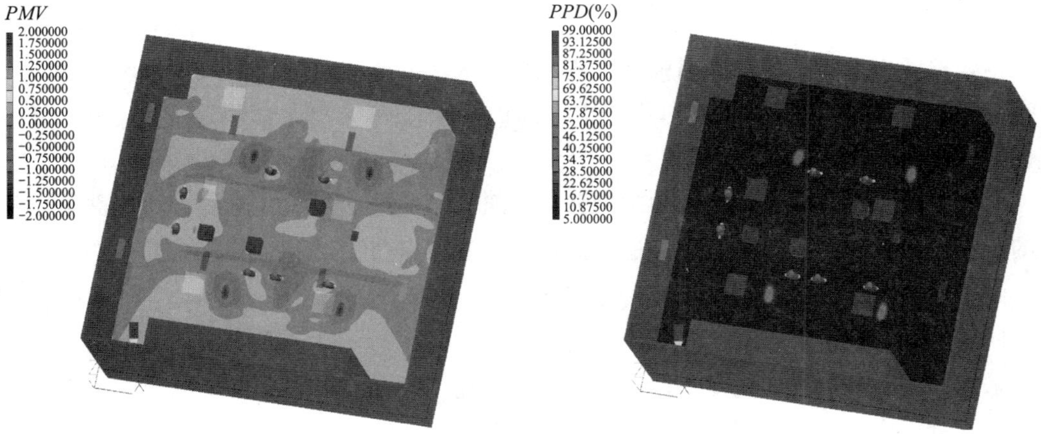

图 3-36　工况 1 的 *PMV*（左）*PPD*（右）分布

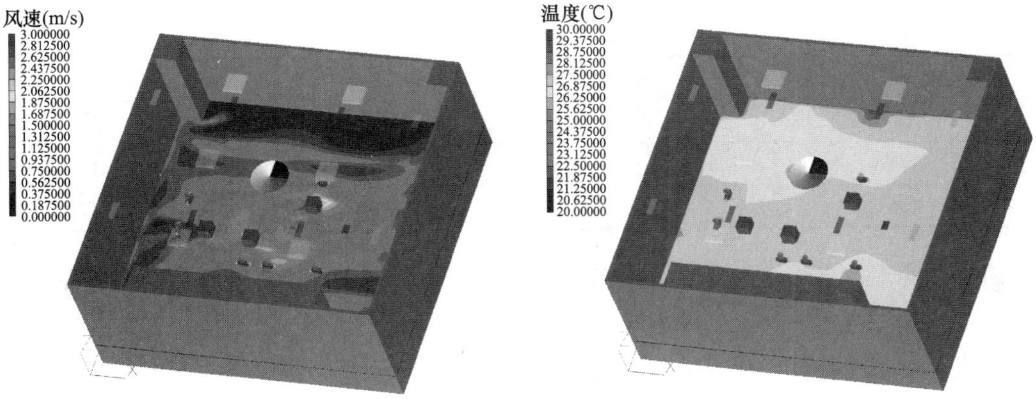

图 3-37　工况 2 的风速（左）温度（右）分布

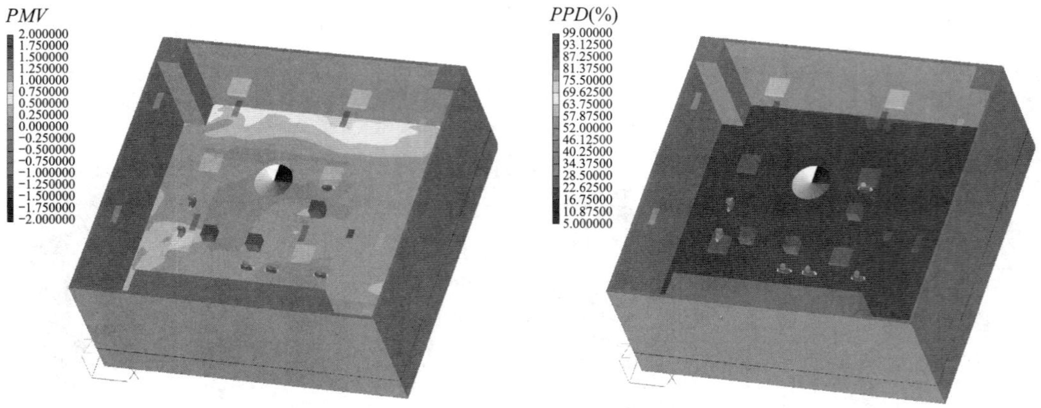

图 3-38　工况 2 的 *PMV*（左）*PPD*（右）分布

由模拟结果可知：1）工况 1 室内温度基本保持在 26℃，室内风速较低，大部分区域风速低于 0.3m/s，但出风口对应位置风速较高，能达到 1m/s，该区域空气温度较低，基本保持在 23℃左右，这也直接导致出风口对应区域的 $PMV<-1$，而室内大部分区域基本能保证 $-0.5<PMV<0.5$，且 $PPD<10\%$，即处于舒适区间。2）开启风扇后，风场紊流加剧，房间内空气的热交换增强，室内大部分区域的风速保持在 0.5～1.5m/s 之间，房间空调温度提高至 28℃，但室内热舒适指标仍能保持在 $-0.5<PMV<0.5$，且 $PPD<10\%$，即 *PMV-PPD* 指标与工况 1 相同。

研究表明：对于以主动降温为主的公共建筑，尤其是大开间的功能房间，夏季空调开启的同时使用电风扇可在满足热舒适的前提下，实现室内空气温度至少可提高 2℃。

4. 电风扇调风辅助空调运行策略及节能效益

（1）单一房间全年能耗

采用计算机模拟房间的夏季通风空调设备能耗，以设计温度为 26℃的单一空调工况为基准，计算风扇辅助下不同程度提高空调设计温度的节能率，如表 3-25 所示。

房间不同工况夏季能耗对比　　表 3-25

参数	工况 1	工况 2	工况 3	工况 4	工况 5
空调温度（℃）	26	27	28	29	30
是否风扇辅助	否	是	是	是	是
夏季能耗（kWh）	749	635	530	437	353
节能率（%）	—	15.20%	29.19%	41.71%	52.85%

研究表明：在环境和人体对吹风感要求允许的情况下，空气流速越大，空调设计温度越高，节能效果越显著。采用风扇辅助并提高空调设计温度的运行策略，与单一空调运行模式相比，其节能特性不仅仅体现在风扇与空调设备自身运行过程中的巨大用能差异，更体现在夏季初、末阶段单一使用风扇模式仍能达到热舒适水平的运行时间差异。

对于相对湿度不同的场合，可以采用不同的风扇辅助空调的节能运行策略。如日常的办公、居家环境中建议在风扇的作用下仅将空调设计温度提高 1～2℃，而对于相对湿度较高，或人体活动量较大，或过渡性舒适需求的环境中，对空气流速不敏感甚至期望有更多吹风感的场合中，则可以考虑将空调设计温度提高更多。

（2）办公楼全年能耗

通过 *PMV—PPD* 指标分析，空调与风扇联动运行时，在保证室内达到同样热舒适的情况下，室内温度可至少提高 2℃。为更直观地表征工况 1、工况 2 建筑能耗的降低幅度，采用由清华大学研发的能耗模拟软件 DEST-C 对这两种工况进行能耗模拟。

选取夏热冬暖地区典型城市厦门、福州、广州、南宁为代表城市，以一栋 30 层办公楼为分析对象，其中人员、设备、照明、空调等作息及相关参数均按照《福建省公共建筑节能设计标准》DBJ 13-305-2019 进行设置，围护结构热工参数及做法如表 3-26 所示。

围护结构热工参数及做法　　表 3-26

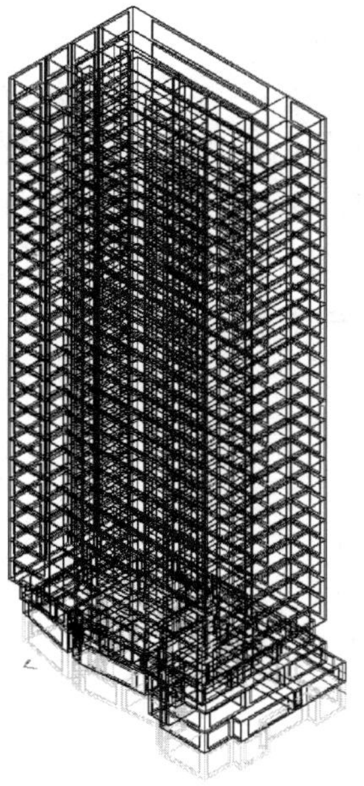

三维模型

<table>
<tr><th colspan="2">围护结构</th><th colspan="3">热工参数</th><th>节能做法</th></tr>
<tr><td colspan="2">屋顶</td><td colspan="3">传热系数 $K=0.70\text{W}/(\text{m}^2\cdot\text{K})$
热惰性指标 $D=2.53$</td><td>水泥砂浆 25mm＋防水层＋水泥砂浆 20mm＋轻集料混凝土浇捣 30mm＋挤塑聚苯板 40mm＋钢筋混凝土 120mm</td></tr>
<tr><td colspan="2">外墙</td><td colspan="3">传热系数 $K=1.50\text{W}/(\text{m}^2\cdot\text{K})$
热惰性指标 $D=3.79$</td><td>水泥砂浆 5mm＋无机保温砂浆 20mm＋加气混凝土砌块 200mm＋水泥砂浆 10mm</td></tr>
<tr><td colspan="2">架空楼板</td><td colspan="3">传热系数 $K=3.86\text{W}/(\text{m}^2\cdot\text{K})$</td><td>水泥砂浆 20mm＋钢筋混凝土 120mm＋水泥砂浆 10mm</td></tr>
<tr><td colspan="2">外窗朝向</td><td>窗墙比</td><td>传热系数 K</td><td>太阳得热系数</td><td rowspan="5">断热铝合金平开窗（6mm 中透光双银 Low-E＋12mm 空气＋6mm 透明玻璃）</td></tr>
<tr><td rowspan="4">单一朝向</td><td>东</td><td>0.57</td><td>2.22</td><td>0.17</td></tr>
<tr><td>南</td><td>—</td><td>—</td><td>—</td></tr>
<tr><td>西</td><td>0.57</td><td>2.22</td><td>0.17</td></tr>
<tr><td>北</td><td>—</td><td>—</td><td>—</td></tr>
</table>

工况 2 在计算风扇能耗时，按每 80m^2 设置一台额定功率为 80W 的吊扇计，吊扇的工作时间按空调运行周期内（按 5 月 1 日～10 月 1 日计）室内基础温度（非空调工况下关闭门窗利用围护结构传热引起的室内温度）超过 26℃小时数计算。经软件测算，四个代表城市室内基础温度超过 26℃的小时数均接近空调周期的小时数，因此认为夏热冬暖地区在空调运行周期内，吊扇全天运行，按一天 11h、一周 5 天计，吊扇一年的耗电量为 1.1kWh/m^2。

由表 3-27 可知，工况 2 的空调能耗降低了 18%左右，效果显著。这主要是因为夏热冬暖地区的全年空调使用时间长，空调能耗占比较大，室内设定温度的提高对建筑空调能耗降低效果显著。

夏热冬暖地区典型城市两种工况空调能耗对比　　表 3-27

工况名称	空调能耗（kWh/m²）				空调能耗降低幅度（%）			
	厦门	福州	广州	南宁	厦门	福州	广州	南宁
工况 1	29.21	27.31	33.66	34.07	18.2	18.1	17.8	17.9
工况 2	23.88	22.38	27.66	27.98				

注：空调系统 *COP* 取 3.0。

研究表明：对于夏热冬暖地区的办公建筑，在保证热舒适的前提下，夏季空调开启的同时打开电风扇的空调应用策略可实现空调能耗的大幅度降低，降低约 18%的电量。

3.5.3　严寒、寒冷地区净零能耗住宅建筑通风技术

1. 住宅建筑通风技术概况

住宅建筑通风技术从实现机理上可分为两种，由空调通风系统通过布置送风口、排风口组成的机械通风，建筑门窗开启或缝隙渗透不借助外界设备调节的自然通风；从而将室外新鲜的空气送入到建筑中，营造室内热湿环境。自然通风与机械通风分别在舒适性与节能性方面有各自的优势与弊端，而两者的最大区别是是否有组织性。对于住宅建筑全空间通风技术，除了中央新风系统，国外多采用按需控制机械通风系统，国内自然通风较多。对于不同功能区域通风技术，由于污染源散发位置和强度的区别，多从温湿度控制、颗粒物控制和室内环境评价方法等角度采用不同的送风方式。

目前对于住宅建筑通风技术的标准较多，主要分为设计和评价两类，标准中对住宅建筑通风规定的内容主要包括通风模式、通风开口面积、通风换气次数、最小新风量、气流组织、室内空气质量等（图 3-39）。

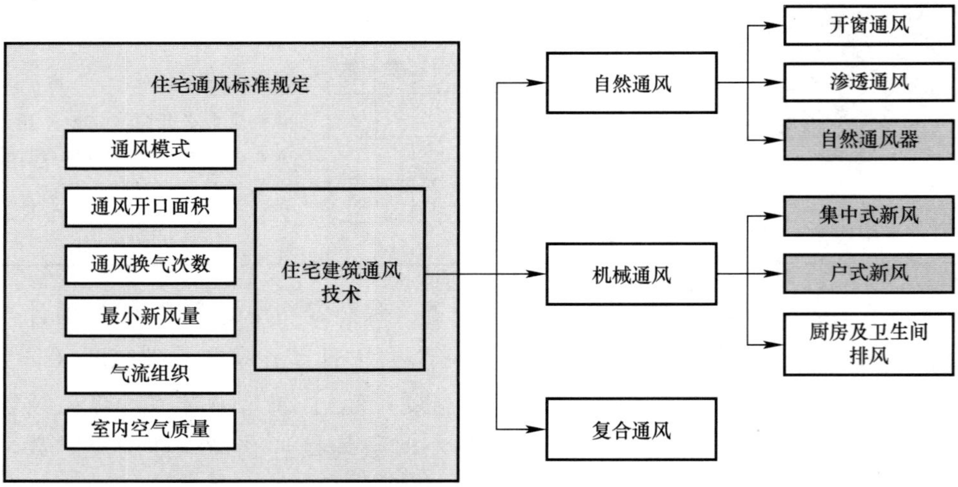

图 3-39　住宅建筑通风技术

（1）通风方案

住宅建筑通风方案有自然通风、间歇机械通风、集中式通风、混合通风等不同方式。针对严寒地区住宅提出集中式通风和分散式通风两种机械通风方案（图 3-40、图 3-41），

集中式通风空气流向合理，降低噪声对卧室的影响；分散式通风各方面自成体系，但需注意通风气流与室内热气流的流向组织协调。采用二氧化碳示踪气体法对我国6个城市130个自然通风住宅房间的通风换气次数测试调查后发现，我国自然通风住宅房间的通风换气次数集中分布在0.3h^{-1}左右，自然通风不是改善室内空气品质的有效手段，自然进、机械排的独立机械通风方式更符合我国国情。

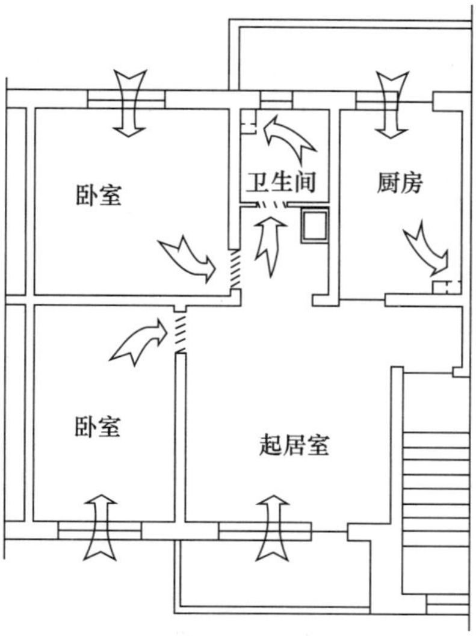

图3-40 集中式通风示意图

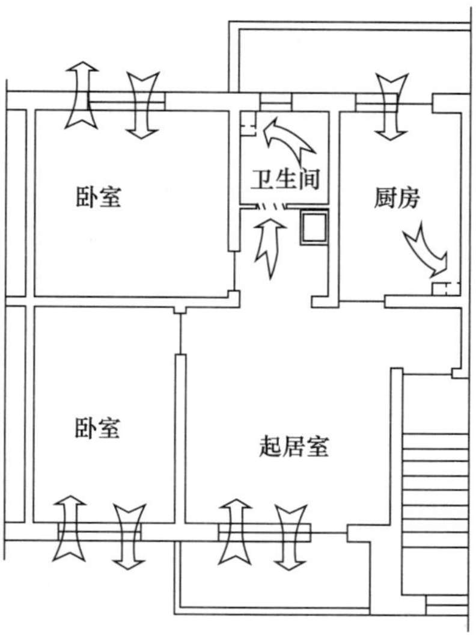

图3-41 分散式通风示意图

(2) 通风降温节能

“碳达峰、碳中和”目标的提出推动了低能耗等高性能建筑的发展，其保持高气密性特点的同时对室内环境质量提出了更高要求。利用通风方式不仅可以改善住宅建筑热环境，也能达到通风降温节能的目的。在严寒、寒冷地区，冬季热负荷新风量影响最显著，而新风是保证人员舒适的必要条件，哈尔滨地区居住建筑新风负荷占总热负荷的61%，采用新风热回收是减小建筑冬季热负荷的最佳节能策略。

采用自然通风系统和建筑热过程系统的耦合影响模型，动态计算自然通风节能时数（表3-28），指出北京和西安在3个月的降温季节中自然通风有效率分别为70.5%、59.1%，而严寒气候区的大连有效时数为95.7%，大连地区在优良的自然通风条件下，在室内较小发热量时室内温度基本上可以保证满足热舒适的要求，良好的通风可以完全避免夏季空调的能耗，无需其他降温措施。对于不同功能房间的最佳换气次数，研究发现主卧和次卧为12h^{-1}，客厅为8h^{-1}时通风降温节能效果比较显著。因此，通过合理的最小新风量设计和通风气流组织，可以及时排除污染物，改善空气品质，还可以降低空调能耗，对建筑节能有重要意义。

北京、西安、大连自然通风有效时数及比率 **表3-28**

	北京	西安	大连
有效时数（h）	1556	1304	2112
有效百分率（%）	70.5	59.1	95.7

(3) 通风控制策略

住宅建筑空气品质影响人员安全、舒适、健康和工作效率，但是住宅建筑通风能耗也是非常大的，因此需要不断优化与改进住宅建筑通风控制策略，将节能设计措施应用到通风控制策略之中。目前常采用利用可再生能源的按需控制或联动控制机械通风系统。分析开窗通风、连续机械通风和以 CO_2 浓度为控制指标的机械通风方式的特点，与连续机械通风相比，以 CO_2 浓度为控制指标的机械通风可有效解决室内空气污染问题，最大限度降低新风加热负荷，降低建筑能耗。通过对雾霾天气下住宅开窗通风与空气净化联合策略的可行性研究，得出室外在中度污染以下时，可采取全时开窗与空气净化联合策略；当室外污染严重时，可以采取短时开窗与空气净化联合策略。

由以上分析可知，住宅建筑室内通风技术研究主要集中在以下几个方面：(1) 适用于不同气候区、不同季节的通风方案研究。如间歇机械通风、独立机械通风等方案。(2) 不同通风模式下通风效果评价研究。如降温、节能、热舒适、换气次数等。(3) 用于通风优化策略的研究（图 3-42）。

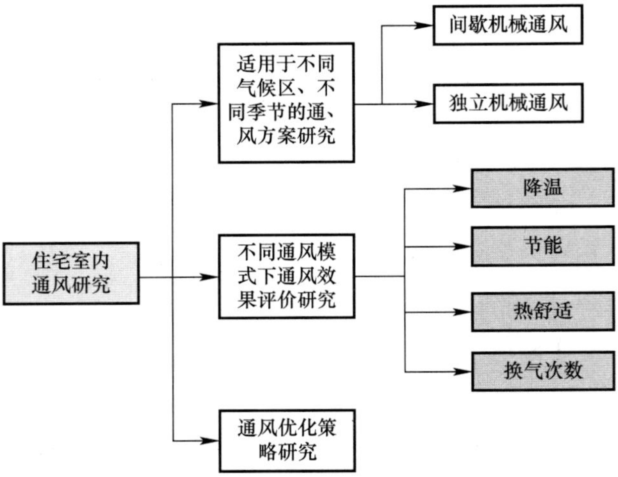

图 3-42　国内住宅室内通风研究成果

2. 住宅建筑全空间通风技术

住宅建筑全空间通风技术是指在整个住宅建筑内部进行气流组织设计，达到建筑内部规定允许浓度，目前主要是机械进风、机械排风，机械进风、自然排风及自然进风、机械排风这三种强制通风方式。现有的住宅新风系统的“房屋呼吸”概念，就是目前常见的住宅建筑全空间强制通风技术，通过对通风量的控制，形成室内外正负压差，让新鲜空气先进入主要居室，然后经过卫生间和厨房，将污浊空气排出室外。住宅建筑全空间通风技术主要有中央新风系统、按需控制通风、联动控制混合通风系统等。

随着建筑密闭性的提高，室内难以满足对空气品质的要求，国外多采用按需控制机械通风系统，国内自然通风较多，北京、上海、深圳新建住宅加入新风系统，但多为引入国外技术成果。表 3-29 列举了国内外住宅建筑全空间通风技术。

国内外住宅建筑全空间通风技术 表 3-29

通风系统	研究者	研究内容
按需控制通风	Fisk W. J.	多种污染物控制；大型建筑和室内人数、污染物变化的房间、不同气候条件下的通风系统
利用可再生能源的按需控制通风	欧盟 EURESHYVENT 项目研究组	包括寒冷、温和、严寒地区建立住宅混合通风系统
混合式湿度感应通风系统	欧盟项目 PHOTOVENT 和 RESHYVENT 共同开发	对热压通风与机械辅助装置联动控制，机械式辅助通风仅在自然力不足以保证必要的通风量时启动。卧室和客厅空气由湿度感应式空气入口进入，室内不新鲜的空气从卫生间和厨房排出，系统可以根据不同房间的需求控制通风量
低压式混合通风按需控制系统	David Jreijiry	卧室、客厅设进风口，浴室、厨房和厕所装可调风速的排风扇，通过排风扇的运行使得室内压力降低，促进空气的流动。建立监测室内人数、CO_2 浓度两种通风系统的模拟计算方法，分别可使室内 CO_2 浓度降低 40%～50%、60%～80%
无管道通风系统	谢锡满	房间和客厅送风机，卫生间厨房排风机，室内空气质量 IAQ 智能监控器控制
混合通风换气装置	中国建筑科学研究院	具有无线终端和变频控制器，监测室内 CO_2 浓度、湿度，利用无线传输控制排风机运行情况，达到自然通风与机械通风相互转换
可再生能源	翟晓强	太阳能与混合通风负荷能量系统
联动控制混合通风系统	粟烨岭	舒适性指标 SET 为控制信号，联动控制电扇和空调，并作出是否开窗引入自然通风的指令

3. 住宅建筑不同功能区域通风技术

建筑与通风从分离逐步走向结合，通风方式逐渐由传统的自然通风转变为机械通风为主，通风对象也从整个建筑空间转变为以室内人员的主要呼吸区为主。住宅建筑不同功能区域的通风技术即有针对性的控制通风，研究不同污染源位置所对应的不同通风策略。因此，区域通风技术对提高室内空气品质、节约能源具有重要意义。

(1) 厨房区域通风技术

厨房作为建筑中烹饪活动的主要场所，其环境质量关系到建筑整体环境与人员身体健康。烹饪过程产生的废热与污染物给低能耗建筑环境带来了挑战。在厨房中进行的烹饪活动是导致室内空气污染的重要原因。通风可有效降低室内空气污染物的质量浓度。通过门窗开闭、油烟机启闭、补风方式等工况对通风换气次数、污染物浓度、综合暴露水平进行研究，改善厨房环境，营造舒适健康住宅建筑（图 3-43）。

严寒地区冬季室外气候恶劣，居民习惯紧闭厨房门窗仅开启油烟机。在油烟机排风作用下，厨房处于较大负压状态，为了防止厨房油烟气串味到其他房间，厨房应保持负压。一般情况下，厨房的负压值不得大于 5Pa。送风量应为排风量的 85%～95%。无论是从排除污染物方面还是居民热舒适方面来说，渗透作用下的厨房气流组织较差，热环境不理

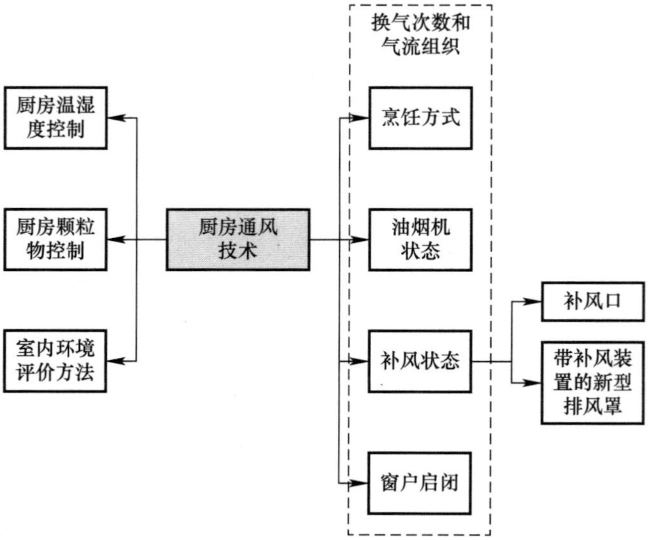

图 3-43　厨房通风技术

想。厨房的排油烟机通过以下两种方式减少烹饪排放：（1）通过在炉灶混合到周围空气之前直接在炉灶上清除烹饪产生的污染物；（2）通过增加住宅厨房中的整体换气次数来清除厨房环境中的污染物。对于严寒地区来说，如何去除污染是值得深思的，设置合理的补风方式，改善厨房环境，成为研究热点。

首先，对严寒地区低能耗住宅厨房环境影响因素进行分析，图 3-44、图 3-45 表示炒制、补风开启、窗户关闭情况下不同油烟机工作状态对严寒地区低能耗住宅厨房平均温度与相对湿度的影响。可知，在油烟机的介入下，厨房环境平均温度与相对湿度增加值变小；油烟机运行挡位越高，其排风量越大，对厨房热湿环境的控制效果越好。关闭油烟机、开启一挡、开启二挡情况下，厨房环境温升分别为 4.49℃、2.5℃与 1.5℃；相对湿度变化值分别为 21.5％、13.2％与 4.5％。油烟机的开启可以及时将烹饪过程产生的油烟及废热排出室外，维持厨房环境的相对稳定。

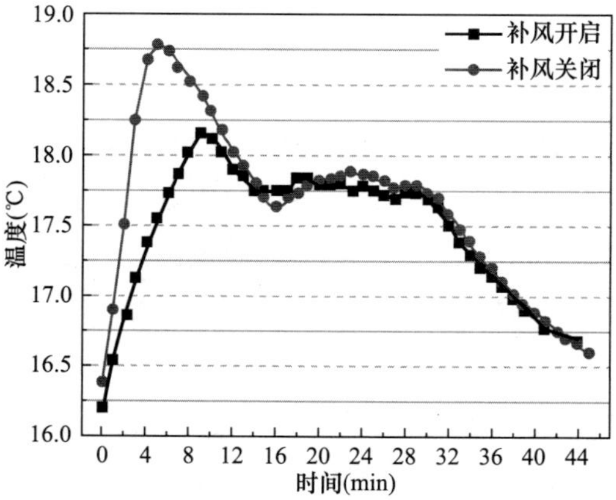

图 3-44　补风状态对厨房平均温度的影响

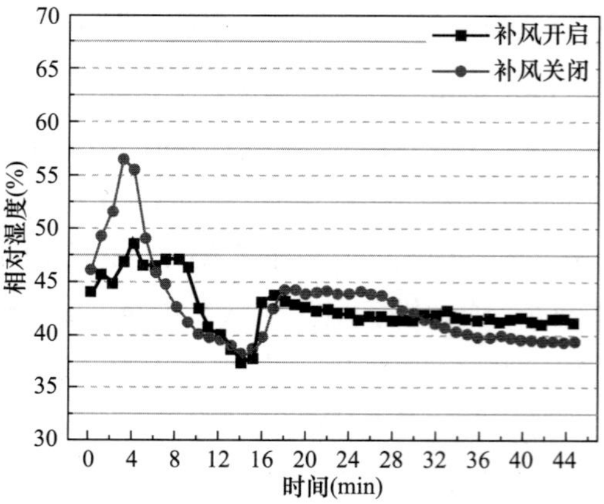

图 3-45　补风状态对厨房相对湿度的影响

图 3-46、图 3-47 表示水煮、油烟机开启一挡、窗户开启情况下不同补风系统工作状态对严寒地区低能耗住宅厨房平均温度与相对湿度的影响。补风开启与关闭状态下厨房环境最大温升分别为 1.9℃与 2.49℃，厨房环境相对湿度最大增加值分别为 11.3%与 18.3%。可知，补风开启条件下厨房热湿条件较好，其主要原因为补风的涌入使得油烟机工作在较好的运行状态，对室内污染物及废热的捕集效果较高，降低废热及水蒸气向厨房的扩散。

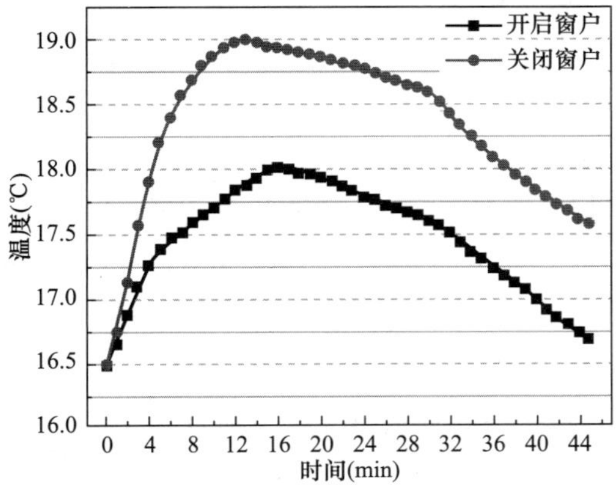

图 3-46 窗户启闭对厨房平均温度的影响

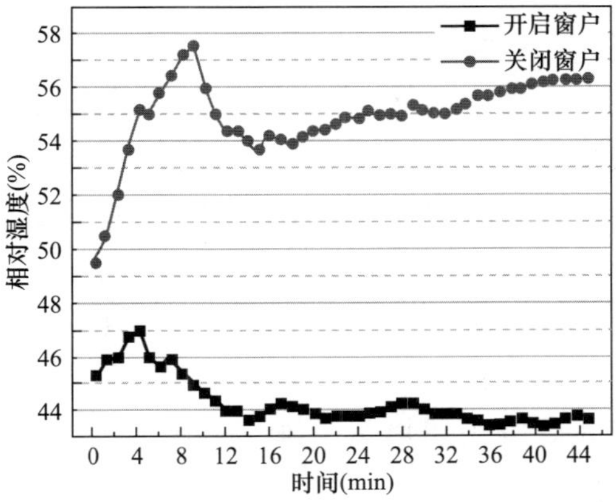

图 3-47 窗户启闭对厨房相对湿度的影响

通过对严寒地区低能耗住宅厨房颗粒物浓度主要因素分析，补风与窗户开启条件下厨房热湿环境较好。

在调查了我国住宅建筑厨房通风状况和个人暴露情况下，发现进行厨房补风能够减少人员污染物暴露，目前常用的补风技术包括自然补新风、引入局部排风罩、狭缝风幕和排气罩排气、顶板通风（图 3-48）。

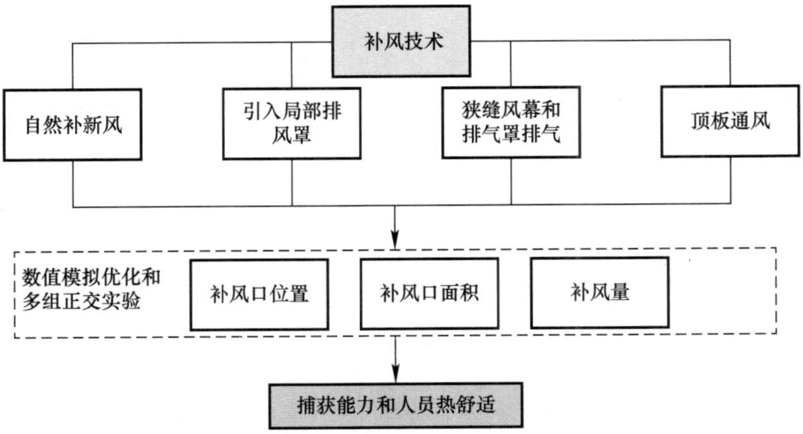

图 3-48 厨房补风技术

针对补风口位置的研究：通过对八种厨房污染物控制方案进行可持续分析，得出厨房灶台和油烟机摆放在无门、窗的墙壁侧，且厨房内设有自然补新风系统，为最佳控制方案。增加补新风系统后的厨房环境能得到一定的改善。

针对补风口面积和补风量的研究：基于实验和数值模拟，厨房变尺度开窗通风时的换气次数远大于仅靠门窗渗透通风时的换气次数，通风可提高污染物和热量的排放，开窗30°时即可满足严寒地区冬季厨房的补风需求。

针对补风方式的研究：局部补风位置可能使得厨房操作人员有吹冷风的感觉，通过模拟验证，认为采用排风罩后补风方式室内温度分布均匀，效果较好。同时有狭缝风幕和排气罩排气的厨房补风方案，即吹吸式通风系统。通过数值模拟和现场实验以研究空气流速、温度和污染物分布。经过多组正交实验证明利用吹吸式通风系统来控制厨房环境是合理的。同时，通过实验测试厨房内 CO_2 浓度分布情况，发现当油烟机单独工作而厨房窗户打开时，厨房内 CO_2 浓度分布不均匀，油烟机未捕获的热流会上升并转移到顶棚上，提出了吹吸式通风系统的最佳工作条件是抽油烟机中间档位，厨房窗户关闭，风幕速度为 0.5m/s。另外还有顶板通风为厨房通风提供了一种灵活的解决方法，可用于热负荷相对较低的情况和要求美观的场合。并通过 CFD 模拟手段可知，厨房工作区风速是影响热舒适的一个重要因素，送风气流分布对除污效能和厨房热环境具有很大的影响。合理的换气量是保证工作区达到良好热舒适的条件。

本小节在厨房污染物分布特征的基础上首先研究了研究补风状态及窗户启闭对严寒地区低能耗住宅厨房热湿环境的影响，其次对现有补风技术进行总结，以期望创造良好室内环境，满足人员热舒适和节能的需求。

（2）其他功能区域通风技术

1）卧室通风技术。随着绿色建筑的发展，建筑密闭性增强，室内空气品质问题日益严峻，居住建筑的室内环境并不乐观，卧室房间的通风与人体健康及睡眠质量息息相关，合理的通风有利于改善空气品质，满足健康建筑的要求。同时也可避免不必要的能源浪费，从而满足绿色建筑的要求。

目前针对卧室通风技术，一般通过控制送风温度、新风量大小、风口个数及位置，测量不同送风状况下室内温湿度和 CO_2 浓度，从而初步分析送风参数对室内空气品质的影响（图 3-49）。在新风量相同的前提下，风口的个数和位置都会影响 CO_2 浓度的变化。对北京市某小区 4 户住宅进行为期 2 个月的测试，持续监测自然通风条件下卧室温湿度、CO_2 浓度等环境参数，有 58.6％的时间未达到国家标准中 $n=0.7h^{-1}$ 的换气要求。使用 Fluent 数值模拟软件，模拟影响上送上回、上送下回、置换通风和层式通风四种送风方式的重要影响因素，以及与地暖耦合时的气流参数分布，研究了不同房间参数耦合对 CO_2 扩散的影响规律。通过分析速度场、DR、CO_2 浓度场、空气龄和 *PMV-PPD* 指标，评价不同工况下所营造的气流组织。结果表明，在相同换气次数下，送风方式表现最好的是置换通风；送风速度为 0.7m/s 和 0.5m/s 的空气品质优于 0.9m/s 时，因此并不是送风速度越大越好：送风角度为 45°，气流分布最好，其次是 30°；室内相对湿度的增加会抑制污染物的扩散；两种污染物同时释放时，甲醛的释放会抑制 CO_2 向外扩散。

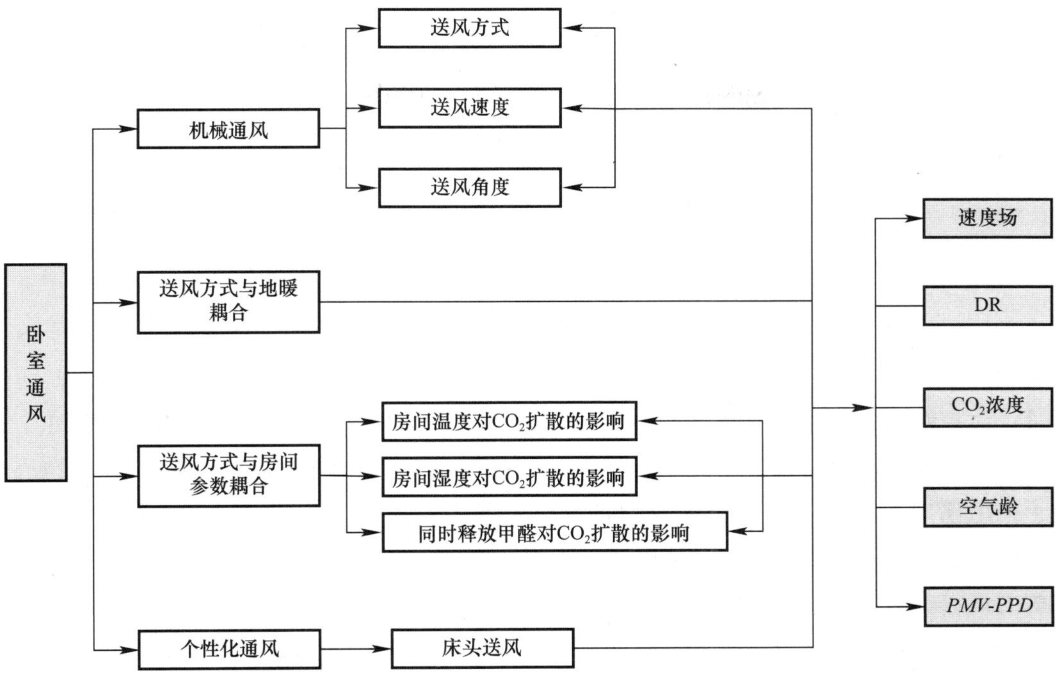

图 3-49 卧室通风技术

图 3-50 睡眠状态的呼吸微环境

探讨了卧室常见的机械通风送风方式后，还有局部保障法的个性化通风方式，个性化通风具有提高睡眠质量的潜力，能改善热舒适水平，对身体各系统特别是呼吸系统具有积极作用（图 3-50），下文对常见的床头送风进行介绍。

对 2 种床头送风方式的三维速度流场、CO_2 暴露强度及 MAA 进行分析，结果表明床头送风方式营造的局部气流分布优于其他常见全局通风方式，不但能够满足舒适性的要求，而且具有较高的能源利用率和节能效率。

2）卫生间通风技术。西方国家把卫生间当作舒适的休息空间来设计，从他们对卫生间的称呼为“restroom”就可以看出对卫生间设计的定位。在联邦德国 VDI 标准中明确规定，在一般住宅和别墅的卧室、厨房和卫生间均设有机械通风系统，例如德国 VDI 标准中要求卫生间通风换气次数为 $10h^{-1}$。住宅内卫生间排气效果不佳，会造成室内空气品质不良，主要存在的问题如下：

现代室内卫生间机械排风大多在卫生间顶部设置排风口，虽然能够将污染物排出，但气流组织分布却不理想，污染物的扩散范围较大，几乎覆盖整个卫生间的内部，严重影响了人体的舒适度和身心健康，而且还需要较长的排风工作时间，浪费能耗（图 3-51）。卫生间排风系统中大多没有考虑热压对排风系统的影响，在不同季节热压对不同楼层的影响各不相同。

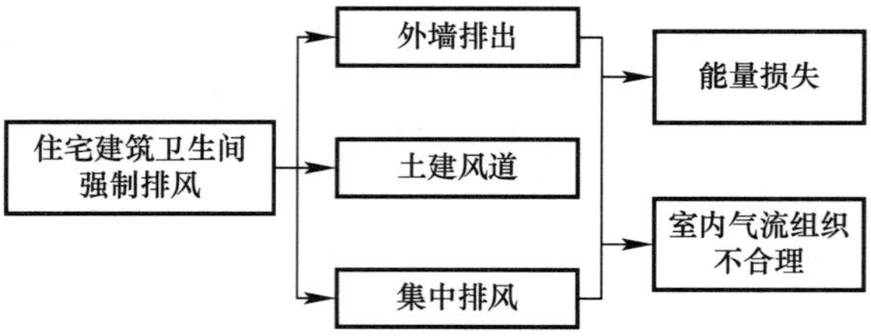

图 3-51　卫生间通风技术

对于卫生间内污染物浓度分布：当卫生间不设置机械排风时，通过模拟得到 H_2S 和 NH_3 的浓度分布呈相反趋势，即重质量气体浓度值在越接近污染源处浓度值越高；而轻质量气体扩散方式则相反。采用机械排风的卫生间内污染物浓度远低于无排风卫生间。

对于不同的卫生间通风方案：同等条件下采用坐便器侧排方式的卫生间内污染物浓度低于采用顶排方式的浓度，且污染物的扩散范围明显减小。卫生间通风方式采用坐便器侧排风室内新风渗入为最佳方案，可以将污染物在刚散发时及时排出，不仅极大地缩短了污染物的扩散路径，优化了气流组织形式，降低了污染物对人体健康的影响，而且减少了污染物的扩散时间和排风扇的排风工作时间，有利于提高人体的舒适度和卫生间的室内空气品质，还可以节约排风系统的能耗。

3）污染源辨识理论通风系统。将污染源辨识理论应用于通风策略的研究中，设计针对不同位置污染源所对应的不同通风策略，对改善严寒及寒冷地区住宅建筑的现状，提高住宅建筑室内环境的空气品质有一定的现实意义。

首先假定可能出现的污染源位置，进而根据不同污染物浓度范围计算不同送风量，如表 3-30 所示。其次制定不同污染物位置所对应不同通风形式，不同送风量与通风形式的结合得到系统通风策略。通过 CFD 模拟对比分析不同送风量、不同送风形式下的通风效果，最后确定最优通风策略。当污染源位于客卧区时，由客厅区与客卧区送风口共同送风，客厅区送风口风量维持污染物浓度未超标时的送风量，客卧区送风口承担新增加的送风量；当污染源位于客厅区时，由客厅区送风口送风；当污染源位于主卧区时，主卧区送风口与客厅区送风口同时送风，客厅区送风口风量维持室内污染物浓度未超标时的送风量，主卧区风口承担新增加的送风量。

送风量与污染物浓度关系　　**表 3-30**

序号	送风量（m^3/h）	污染物浓度范围
1	130	污染物浓度未超标
2	130～156	污染物浓度超标范围为 0～30%
3	156～180	污染物浓度超标范围为 30%～50%
4	180～240	污染物浓度超标 50%以上

4．严寒、寒冷地区净零能耗住宅建筑通风适宜技术建议

对于住宅建筑自然通风，冬季开窗通风的换气次数随开窗时间的延长，总体呈现下降的趋势，下降趋势渐变平缓。一般情况下，2～4min 的开窗时间即可满足 1h 的

换气次数要求，超过 6min 会造成不必要的热能浪费。因此，建议减少单次开窗时间，并尽可能增加开窗通风的频次。严寒地区的住宅建筑气密性整体良好，自然换气次数的平均值为 $0.14h^{-1}$，新建住宅的气密性基本上好于老旧住宅。在没有安装机械新风系统且不开窗的情况下，仅靠自然渗透很难满足 $0.5 \sim 1h^{-1}$ 的新风标准，应考虑机械通风。

对于住宅建筑机械通风，由于严寒、寒冷地区净零能耗住宅建筑密闭性好，为了满足人员新风要求，必须采用机械通风系统引入新风。严寒地区冬季室内外温差大，冬季室外新风负荷占热负荷大概 2/3，根据严寒和寒冷地区居住建筑节能设计标准，当采用双向换气的新风系统时，宜设置新风热回收装置，并应具备旁通功能。新风系统设置具备旁通功能的热回收段时，应采用变频风机。应进行新风热回收装置的冬季防结露校核计算；新风热回收系统应具备防冻保护功能。对严寒地区某被动式超低能耗住宅的新风系统冬季的换热效率进行了测试，结果表明：换热效率随风量的增大呈下降趋势。建议按照人均最小新风量 $30m^3/h$ 的计算值作为设计新风量。

进一步，应提高现有机械通风系统的颗粒物计重过滤效率到 80%以上，并且在室内增加辅助加湿手段来满足室内人员健康舒适需求。

另外，可以考虑采用太阳能新风系统。在严寒地区的冬季，与电辅助加热新风系统相比，太阳能新风系统的回收期为 4.9～8.0 年，热回收新风系统的回收期为 8.3～10.6 年，从经济性角度来看太阳能新风系统占优势。

对于住宅建筑全空间通风技术，采用置换通风对送风进行加热处理并不影响室内温度。室内空气温度可达 26℃以上，而空气速度不足 0.1m/s，小于规范规定的冬季室内最大风速，能够满足热舒适度要求。新风量满足标准中规定的每人 $30m^3/h$ 的要求，住宅的通风换气次数在 $1.0h^{-1}$ 左右，大于设计规范推荐的 $0.5h^{-1}$。室内 CO_2 含量基本处于 600～800ppm，远低于相关标准要求的 4000ppm，室内空气品质良好，能够较好地排除室内污染物，同时可减小新风量，降低空气输送、处理能耗。

对于住宅建筑不同功能区域通风技术，在厨房通风设计时应主要考虑以下几点：一是厨房通风量的合理确定，排风量和补风量需合理匹配；二是针对严寒和寒冷地区应合理选用罩边带补风口的排油烟罩，在冬季补风时，可以将 50%～60%的室外空气直接补到排油烟罩内，20%～30%经加热处理后岗位送风，这样既改善了炊事人员的工作环境，也节省加热能耗。

卧室通风设计时应注意卧室房间的通风与人体健康及睡眠质量息息相关，对送风方式、送风速度、送风角度进行设计，创造舒适健康的环境，分析各工况的速度流线场、DR、污染物浓度和 *PMV-PPD* 值的分布情况，选择合适的通风方案。

卫生间通风设计应考虑以下两点：一是针对不同地区、不同户型净零能耗居住建筑，卫生间排风热回收新风系统的全年通风耗电量，与卫生间直排新风系统的节能效果进行比较。随着城市的位置由北向南（室内外温差减小），卫生间直排新风系统的节能效果逐渐凸显。二是针对污染物浓度分布选择合适的通风方案。

3.5.4 严寒、寒冷地区净零能耗住宅建筑室内通风策略

1. 严寒地区室内空气品质及通风需求

近三十年来，室内空气质量的定义经历了许多变化，从人们的主观感受变成客观评价与主观感受相结合。通常情况下，室内人的行为和室内环境参数有着直接或间接的关系。对绿色建筑而言，优良的空气质量是一个重要的体现，但目前，我国的室内空气污染状况十分严重。众所周知，室内空气污染物主要有建材家具散发的化学污染物以及烹饪油烟和抽烟导致的颗粒物，其中各类板材、壁纸和涂料等都是甲醛及 TVOC 等污染物主要的散发源。南加州大学环境科学实验室 Kilbum 研究了甲醛对神经行为功能的影响，结果表明，如果长期接触甲醛污染可能导致神经系统功能的丧失。在我国严寒地区，雾霾最频发的季节就是冬季，受供暖的影响，燃煤所产生的废气是造成室外空气质量问题的原因之一。作为老工业基地，辽宁地区的工业排放、交通排放以及煤燃烧等过程排放的气溶胶粒子成为城市空气环境的主要污染源，而室外的可吸入颗粒物又是室内颗粒物的一个重要来源。PM2.5 中可能包括细菌、真菌、病毒 DNA 以及多种呼吸系统的微生物过敏源和病原体，并增加对污染的影响。俄亥俄州立大学环境卫生科学部 Liang 等人的最新研究表明，PM2.5 浓度峰值与人类流感病例的延迟增加效应有着极其重要的关联，PM2.5 每增加 $20\mu g/m^3$，人类死亡风险就增加 1.4～1.5 倍。

我国作为发展中国家，社会经济发展开始于 1978 年改革开放后，因此我国的室内空气环境问题出现的时间比发达国家晚了约 20 年。根据众多相关文献研究，影响室内空气质量的因素主要可以归结为室内挥发性污染物、室外空气质量及建筑物通风状况。继工业革命带来的“煤烟型”污染和“光化学烟雾型”污染之后，目前我国的室内空气污染成为第三代空气污染问题。在现代社会中，人们大部分的时间是在室内度过的，无论是居住场所还是工作场所，暴露在室内污染物中的时间远远大于室外。长期生活在恶劣室内空气环境中的人们越来越多地出现疾病问题，随后病态建筑综合征（SickBuildingSyndrome）、与建筑有关的疾病（BuildingRelatedIllness）和多种化学污染物过敏症（MultipleChemical-Sensitivity）的概念被提出。2003 年的“非典”暴发后，人们开始关注空气质量对于人体健康的重要作用。2012 年以来，由于雾霾情况的逐渐加重，人们对空气质量的关注达到顶峰。面对由装饰装修导致的室内空气污染、室外工业废气和雾霾这种“内忧外患”的局面，我国住宅的室内空气质量迫切需要高效、节能、经济和适用的保障技术。

目前来讲，绿色建筑在我国东北地区仍然存在较大挑战。寒冷地区的气候特征以冬季寒冷夏季炎热为主要特点。各个季节对室内环境的要求不同，在冬季和夏季对通风的要求是矛盾的。

冬季，由于寒冷地区的部分建筑需要大面积供暖以及增加围护结构的气密性，更规整的形式有利于防风和保温。由于建筑气密性较好，受室外噪声以及冬季室外温度较低等因素的影响，居民开窗意愿相对不高，开窗时间较短，而新风不足会带来更严重的室内污染问题。

在夏季及过渡季节则需要空调降温。为了将室内温度维持在舒适水平，使得建筑运

行能耗相对增加。为了降低能耗，充分利用寒冷地区季风的特点，在夏季和过渡季用自然通风降温的方式就体现了对建筑节能的巨大潜力。而更好的应用自然通风就需要通过对建筑规划布局和单体的设计，适应环境的建筑。建筑高度越高，迎风面长度越大，对自身通风越有利。建筑物前后间距与当地日照有关，一般来说，冬季高度角较小，对日照不利。应满足冬季大寒日最小日照时数，控制前后建筑物的间距大小。在寒冷、严寒地区，一般为了建筑保温，往往采用南北朝向布置，部分会随建设地块和当地风向与正南正北形成一定的角度。建筑体型对自然通风的影响主要表现在建筑物体量、外轮廓的形状与尺寸上。为了保证顺畅的穿堂风，即使是对于南北贯通的户型来说，房间的进深也不宜过大，最好不超过 14m。并且建筑的进深越大，气流路线越长，容易导致空气动力不足而室内无法通风的情况。因此，控制建筑物体型是自然通风组织设计的一个重要方面。但这种方法一方面会破坏室内热舒适性，另一方面，若在恶劣天气条件下，开窗通风往往无法达到卫生要求。因此，降低建筑能耗并提高室内空气品质成为北方地区建筑待解决的重要问题。

2. 室内通风策略

目前改善室内空气质量，对室内空气污染进行控制的技术手段有很多，总体来说分为如下三种：从污染的源头进行治理、对污染的空气进行净化处理、利用新风进行稀释或者采用合理的气流组织形式。

从污染物的源头进行治理是一种行之有效的室内空气质量控制手段，主要措施是从污染物的散发源头采取措施去除或者减少污染物的产生，包括：(1) 清除如壁纸、地毯等室内污染源；(2) 减弱污染源的散发强度；(3) 在厨房或者卫生间等污染源附近设置例如油烟机或排风扇等局部排风装置。

空气净化同样是创造健康舒适的室内环境、改善室内空气质量的一种行之有效的手段。空气净化是当污染物源头治理和通风稀释不能解决问题时必不可少的一种补充方法。空气净化的主要方法有过滤器过滤法、吸附净化法、抽样法、紫外线照射法、纳米光催化降解法以及等离子体净化法。

利用加大换气次数引进更多的新风对室内空气中的污染物浓度进行稀释，以此降低室内空气中的污染物对居民的身心健康造成的威胁。通风的本质就是为室内的居民提供维持正常生理活动所必需的新鲜氧气，并且利用室外含有低污染物浓度的空气对室内含有高污染物浓度的空气进行稀释。新风量的增大可以降低居民对空气质量的不满意率，但会增大建筑能耗。

前文对现阶段我国严寒、寒冷地区室内空气质量现状进行了分析，目的就是为了根据现阶段的室内空气质量现状提出适宜当地居民的通风策略。本小节对适宜我国严寒、寒冷地区各个季节的开窗通风策略、机械通风策略，以及基于绿色建筑下节能的空气式相变储能集成新风系统进行介绍，并对各种通风模式此进行讨论与分析。

(1) 室内开窗通风策略

从目前技术经济水平来看，开窗通风依然是引入新风和改善室内空气品质的重要措施。室外环境是影响居民开窗习惯的重要驱动因素之一，例如：冬季室外环境恶劣，室外温度很低且存在雾霾频发的状况。根据适宜性热舒适的理论，短时间的开窗通风不会产生强烈的不舒适感；由于外界雾霾带来的室内 PM2.5 超标问题也有望通过空气净化器去除。开窗通风关乎健康、热损失、室内外环境以及个体认知，是一个比较复杂并且值得关注的问题。

1）夏季开窗通风策略

在夏季，严寒、寒冷地区的居民所面对的室内空气主要污染物是甲醛与 TVOC，在高温高湿的密闭工况下污染物的散发率会加快，如果不进行及时的通风换气，很容易出现室内污染物浓度超标现象，尤其是家中使用了壁纸装饰的住户以及在夏季经常使用空调的住户。夏季多开窗对污染物的排除有很明显的作用，所以在夏季尽可能多开窗是非常有必要的。

由于严寒地区正常情况下的夏季只靠开窗与电扇还是可以保证室内热舒适的，所以这时要得到的最低开窗时长要考虑的因素就只有甲醛与 TVOC 的浓度。以集成传感器长期监测的数据以及门窗传感器采集的开窗行为数据作为参考，以甲醛为例对最短开窗时长进行讨论。选取了在夏季最容易造成甲醛堆积的使用壁纸装饰并且在夏季经常使用空调的住户进行分析，目的是为了更好地得到适合严寒地区居民的夏季最低开窗时长。

首先，将该住户夏季实时的甲醛浓度的变化趋势与开窗情况展示在图 3-52 中，从图中可以看出，在夏季甲醛的变化较为规律，在不开窗的情况下甲醛通过一天的高温高湿与日照影响在傍晚达到极大值，到了夜间开始回落直至第二天早晨，所以在夏季的傍晚时分甲醛超标现象严重，建议居民晚饭时分进行开窗通风。

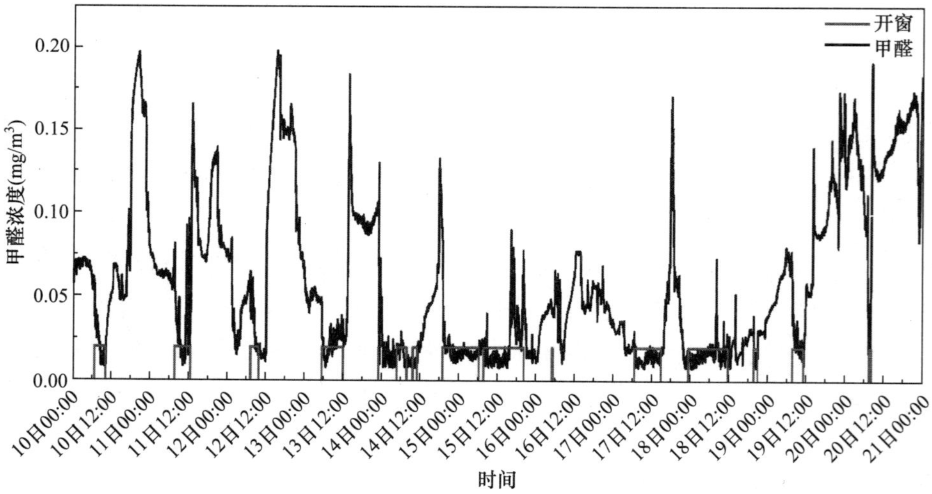

图 3-52　夏季（8 月 10～21 日）甲醛变化曲线

从图 3-53 可以看出，该住户在密闭时，经过日间高温与日照影响后，甲醛浓度升高达到平稳的水平，开窗后经过了 15min 甲醛浓度降到了芬兰 S1 级的标准（$0.03mg/m^3$ 以下）。为了保证夏季室内尽可能不受到污染物的威胁，最少要利用穿堂通风的形式，进行 15min 的通风，如果采用单开口的形式则需要更长的时间。因此，如若条件允许，在夏季还是应该尽可能地多开窗户。

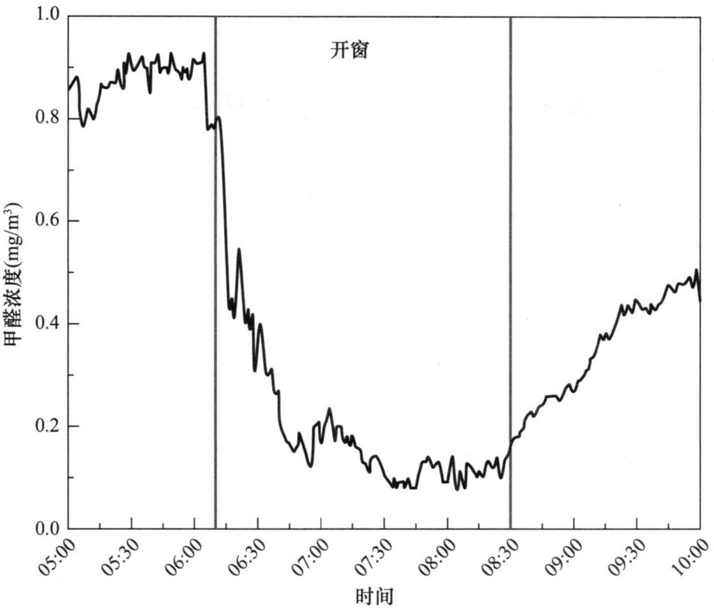

图 3-53　夏季（7 月 26 日）开窗前后甲醛浓度变化曲线

2）过渡季开窗通风策略

在过渡季节自然通风住宅的居民所面临的主要污染物分为在邻近供暖期开始和结束时的 CO_2 浓度和 PM2.5 浓度，以及过渡季中期气温较暖时室内甲醛浓度和 TVOC 浓度的问题。所以过渡季节分两个阶段来讨论开窗通风策略。过渡季初期及末期的开窗通风策略首先是刚刚结束集中供暖的初春和邻近集中供暖的晚秋（4 月初以及 10 月末），在这段时间里开窗主要需要考虑的因素是室内的甲醛浓度、TVOC 浓度与温度，在这个阶段会有 CO_2 超标的问题发生在卧室，这是由于夜间人员呼吸导致，这个阶段室内外温差不如供暖季大，因此热压驱动的换气次数小，渗透换气次数也小，从而容易造成 CO_2 超标的现象。对于自然通风住户来说，想要降低室内 CO_2 的浓度，只有开窗通风这一种手段，然而 CO_2 浓度超标现象主要发生在夜间，由于本来夜间室内温度就不高，如果此时再开窗会更加影响室内的热舒适环境，所以无论是从居民生活习惯的角度出发，还是从理论角度出发，降低室内 CO_2 浓度的首选时间还是在早晨起床以后这段时间。图 3-54 为早晨开窗前后 CO_2 浓度的变化。从图中可以看出，只要开窗 30min 进行通风，CO_2 浓度就会降低至环境浓度，而且如果家中成员出门或者转移到其他房间不继续留在卧室，则可以不用必须考虑对 CO_2 浓度进行处理，因为随着时间的推移，伴随着渗透换气的现象，室内没有释放源，室内 CO_2 浓度会逐渐趋向于室外 CO_2 浓度。

密闭工况下过渡季的污染十分严重，主要原因是这个阶段的渗透换气次数小，室内外温度低，住户开窗的意愿也较低。图 3-55 展示了住户在这个阶段的甲醛浓度变化曲线与开窗情况，甲醛浓度整体变化趋势与夏季的情况较为接近，虽然测试的时间段并没有出现超标的现象，但几乎每天傍晚时分都会接近超标的临界值，做饭开启的油烟机也会导致傍晚时甲醛浓度开始下降。

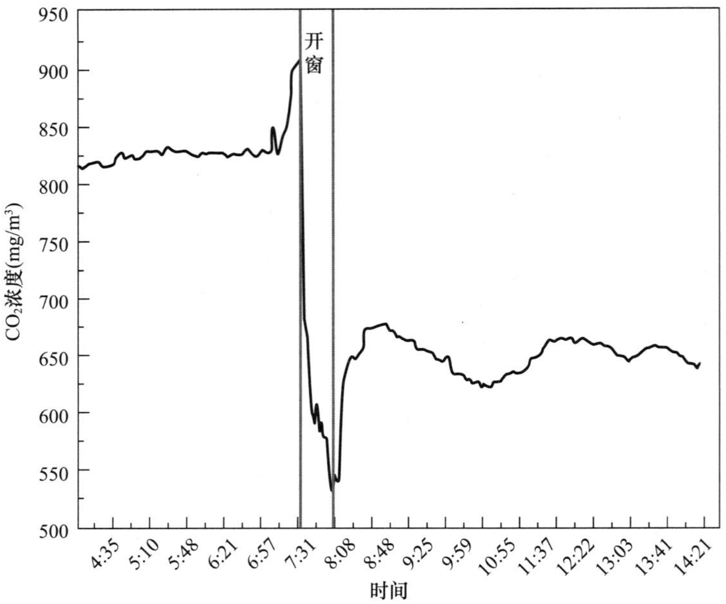

图 3-54　早晨开窗前后 CO_2 浓度的变化曲线

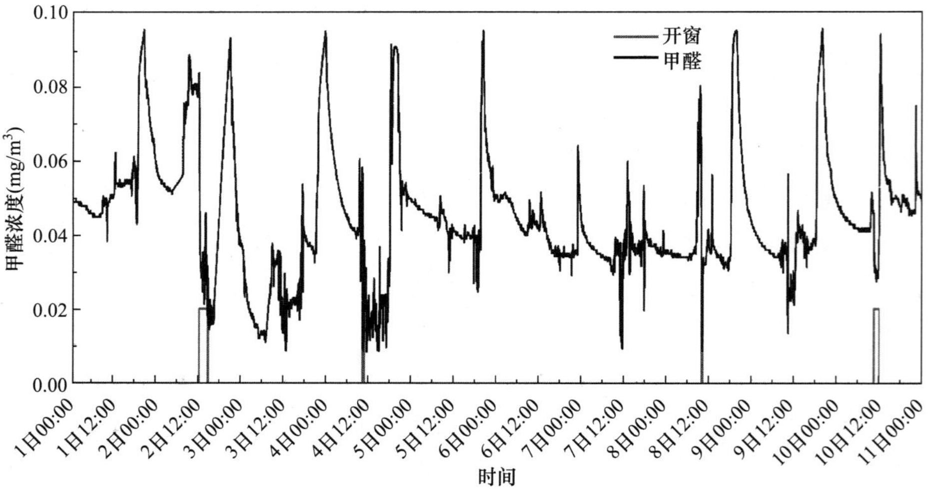

图 3-55　过渡季初期（4 月 1～11 日）甲醛变化曲线

这个阶段开窗的主要考虑因素就是既要保证室内的热舒适环境又要去除室内空气中的污染物。首先，受室外温度影响，从早到晚的室内温度整体呈现先上升后下降的趋势，所以若要进行开窗通风，夜间并不是一个好的时间段。在过渡季的开窗方式以单开口为主，从图 3-56 中可以看出，在刚刚结束供暖的早春，开窗 21min 后，甲醛浓度降低至极小值并保持稳定，而室内温度的变化并不大，并且可以在 20min 后恢复至原先的水平。所以在停止集中供暖的过渡季初期以及即将开始供暖的过渡季末期开窗的合理时间为以单开口方式最少开 20min，最合理的开窗时段为中午或下午温度可接受的时间。

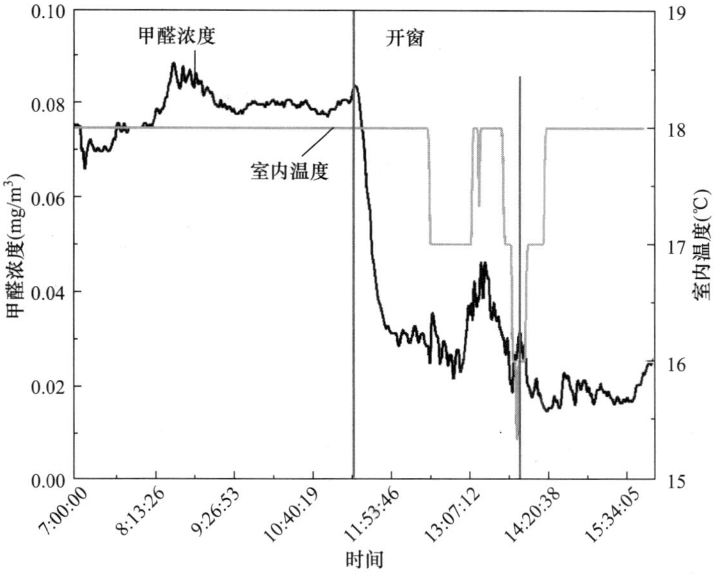

图 3-56 过渡季初期（4 月 2 日）室内温度与甲醛变化曲线

3）过渡季中期的开窗通风策略

在室内外温度较高的过渡季中期，即春季中后期和秋季中前期（4 月中下旬～6 月以及 9 月～10 月上旬），这个阶段需要面临的污染问题与夏季相似，开窗的目的以去除甲醛和 TVOC 为主，室内外温度适宜，不用过分担心开窗时间长会对室内热舒适造成影响。图 3-57 为过渡季中期住户的实时甲醛浓度变化曲线与开窗情况。从图中依然可以看出与上文类似的规律，即傍晚时分为甲醛浓度最高的阶段，处于超标的临界值附近。

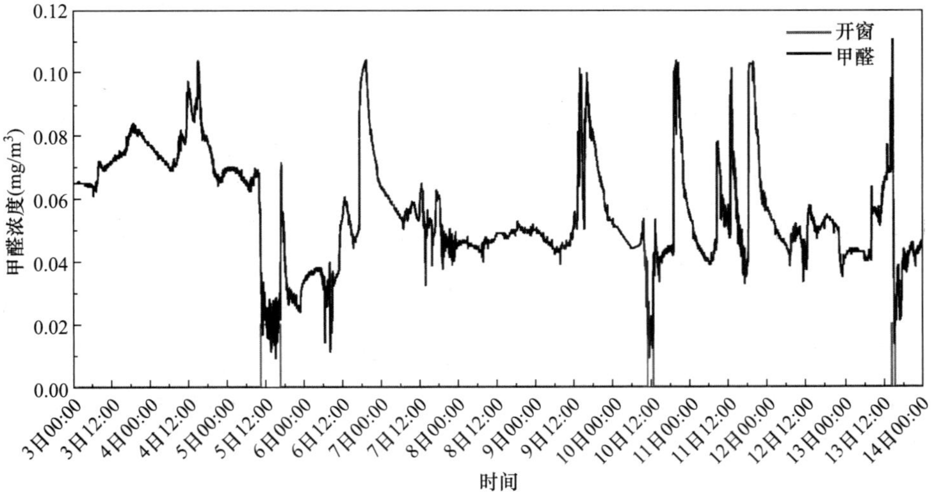

图 3-57 过渡季中期（10 月 3～14 日）甲醛变化曲线

图 3-58 为开窗进行穿堂通风前后甲醛浓度变化曲线，从图中可知，穿堂通风 10min 后，甲醛浓度降至极值并保持稳定，所以该阶段最少要保证 10min 的穿堂通风，当然在条件允许的情况下建议住户尽可能地多开窗户，保证室内的空气品质。

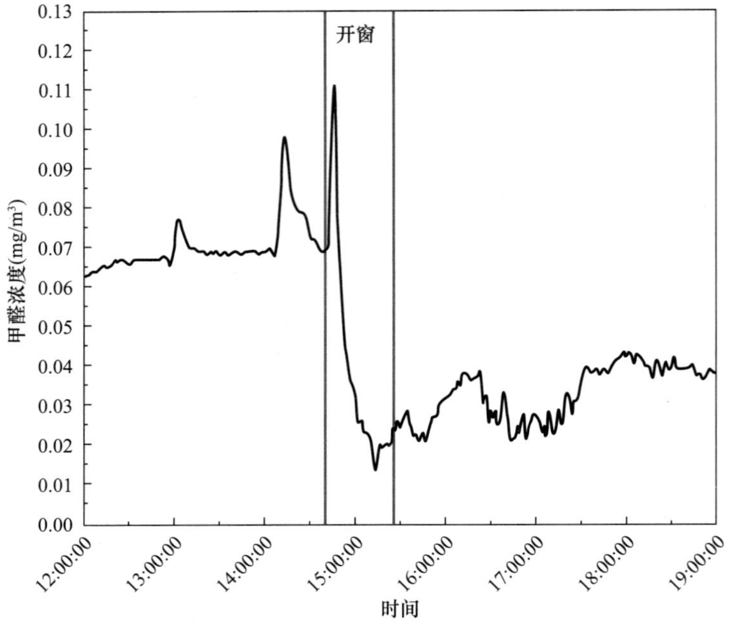

图 3-58　过渡季中期（10 月 13 日）开窗前后甲醛浓度变化曲线

4）冬季开窗通风策略

冬季的开窗策略是严寒地区的重中之重，因为在冬季室外气候严峻，PM2.5 的污染严重，所以想要得到的开窗策略分为开多久可以降低室内污染物浓度，关窗多久可以不受甲醛等污染物浓度超标的危害。以室内甲醛浓度为例来确定开窗时长。

开窗对室内温度存在影响，以住户家的供暖方式为地板辐射供暖，冬季的开窗方式以单开口通风为例。开窗前后温度变化如图 3-59 所示，从图中可知，开窗 15min，室温下降

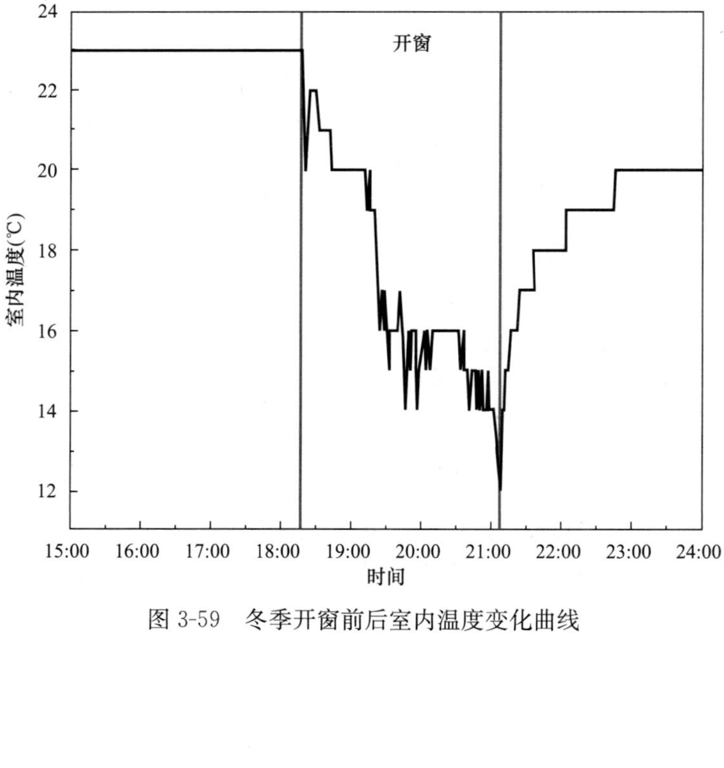

图 3-59　冬季开窗前后室内温度变化曲线

3℃；开窗 30min 后，室温下降 4℃；开窗 60min 后，室温下降 7℃；开窗 150min 后，室温下降了 12℃；关窗 90min 后，室温回升并稳定。所以在冬季从室内热舒适与节能的角度，建议开窗时间不要超过 30min。

严寒地区冬季室外的 PM2.5 污染较为严重，关窗对室外 PM2.5 有一定的抵御效果，但是当室外 PM2.5 浓度严重超标时，关窗也不足以抵御室外 PM2.5 的侵入，这时需要利用空气净化器将室内的 PM2.5 进行净化处理。通过了解住户使用净化器的情况后，结合监测平台上的 PM2.5 数据绘制出开启净化器后室内 PM2.5 浓度的变化曲线，如图 3-60 所示。可以看出，净化器对室内 PM2.5 的净化作用还是非常明显的，开启净化器 1h 后，室内 PM2.5 浓度下降了 53.1%，并在室外严重污染的状态下，保证室内 PM2.5 浓度处于未超标的状态。由于严寒地区冬季室内 PM2.5 主要来源于室外，浓度高时只有开启净化器或者带有过滤效果的机械新风系统，但是有研究表明，即使是经过过滤的新风利用正压对室内 PM2.5 进行去除，效果依然十分有限。所以严寒地区无论是机械新风系统还是自然通风，住户都有必要使用净化器来净化室内 PM2.5。

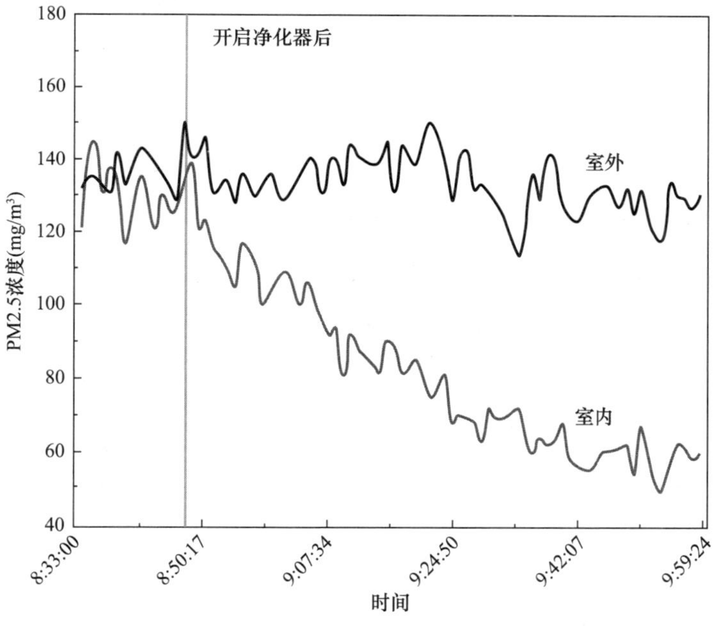

图 3-60　冬季（11 月 8 日）开启空气净化器后室内 PM2.5 浓度变化曲线

虽然关窗可以保证室内热舒适以及抵御室外 PM2.5 侵入，但是也会导致室内甲醛或者 TVOC 的堆积。对冬季开窗后与关窗后的甲醛浓度进行统计，如图 3-61～图 3-63 所示。由图 3-61 可以看出，甲醛浓度变化规律依然明显，这说明在四个季节中甲醛的变化规律基本一致，均为上午和下午甲醛由于温度湿度以及光照堆积，到傍晚达到极值，夜间由于渗透作用甲醛浓度再慢慢降低，每日往复。

从图 3-62 可以看出，在冬季进行 5min 左右的单开口通风就可以将超标的甲醛浓度降低至较低水平，并且在之后的一段时间内保持稳定。在冬季单开口通风对于甲醛有非常高效的排出作用，而且短时间内开窗并不会对室内整体温度造成太大影响。所以冬季单开口通风 5min 即可保证室内污染物的排出并不会对室内热舒适造成过多影响。

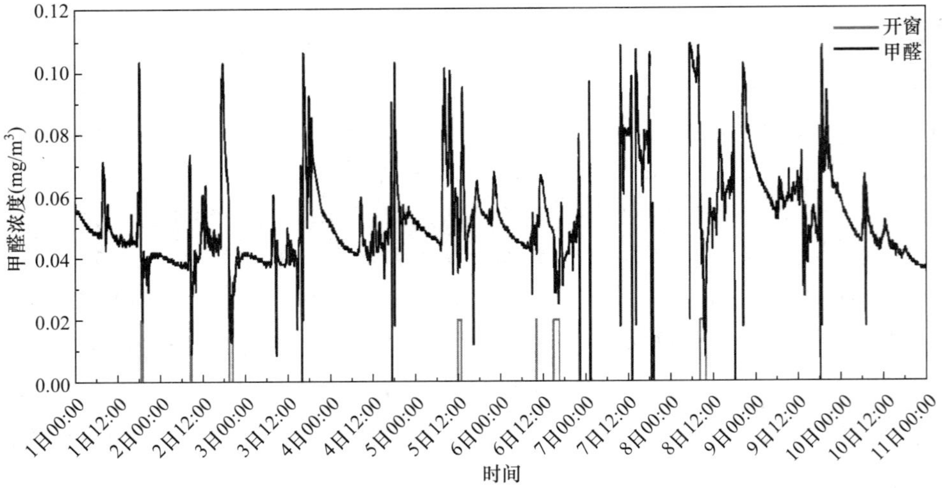

图 3-61 冬季（1 月 1～11 日）甲醛变化曲线

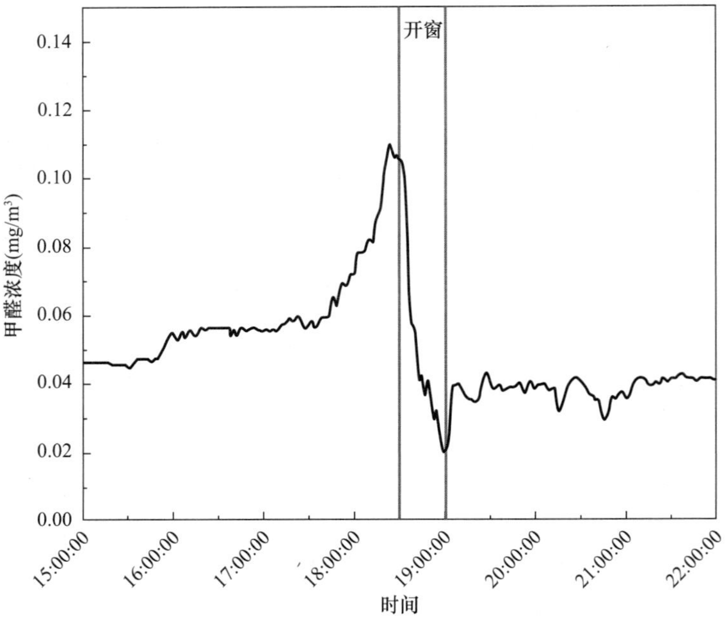

图 3-62 冬季（1 月 1 日）开窗甲醛浓度变化

从图 3-63 中可以看出，关窗 8h 后，甲醛又会出现超标现象，但长期来讲，冬季的晚饭期间经常会出现甲醛浓度超标现象，而且随着夜间人员活动的减少，甲醛浓度也会由于新风渗透而降低，所以在晚饭结束后可以进行一次最少 5min 单开口形式的开窗通风来保证室内空气质量。

（2）机械通风策略

从理论上来讲，机械通风是比自然通风更可靠、可控和舒适的通风方式。机械新风系统是通过物理原理，引入室外新鲜空气并排出室内浑浊空气，使室外和室内的空气进行充分交

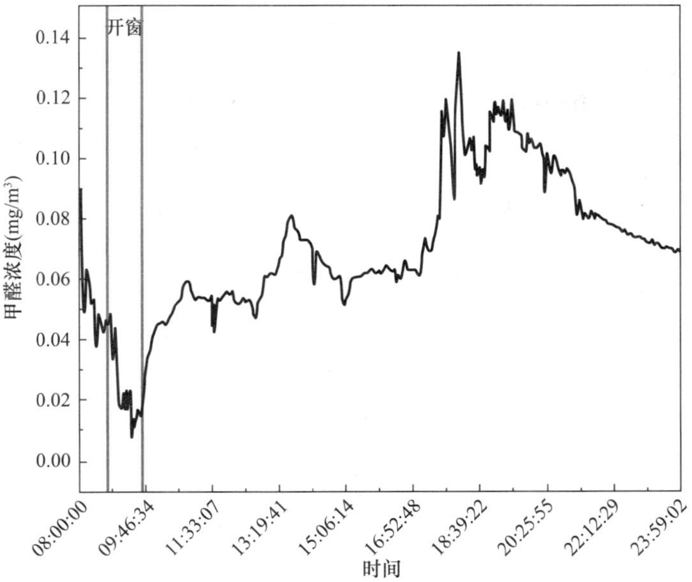

图 3-63 冬季（1 月 8 日）关窗后甲醛浓度变化曲线

换，确保室内有充足新鲜空气的一种微循环系统。采用机械通风可以有效避免自然通风带来的弊端，但目前针对我国严寒、寒冷地区装有机械新风系统的住宅室内空气质量情况、居民的机械通风行为模式、机械新风系统使用性能及净化效果等问题的研究相对较少。

1）新风系统介绍

新风系统主要通过风机的强制送排风将室外的新风有组织地送入室内，排除室内的污浊空气，从而保证室内的空气质量，改善居住环境和保障人体健康。

新风系统在住宅中的设计应用不仅广泛，并且类型也比较多。目前住宅新风系统形式按照有无管道可分为有管道新风系统和无管道新风系统两大类；按照气流组织形式可分为单向流新风系统和双向流新风系统两大类；按照热回收形式可分为全热回收新风系统和显热回收新风系统。无管道新风系统主要为壁挂式新风机和柜式新风机，如图 3-64 所示，通过在外墙上安装壁挂式新风机或在室内放置柜式新风机向室内送入新风。每个房间可单独安装壁挂式新风机或柜式新风机，各个房间独立，互不干扰。这种形式的新风机具有以下优点：①无需管道，选型简单；②体积小，安装方便，便于操控和日常维护；③功率小，成本和运行费用较低。但其缺点也较突出：①不能科学定义进排风路径，会产生通风死角；②进排风口距离很近，容易造成新风污染；③过滤级别较低，过滤效果有限；④不具备热交换功能，会造成室内热量损失。壁挂式新风机或柜式新风机适用于需要改善室内空气质量但受已有装修条件限制的住宅安装使用。

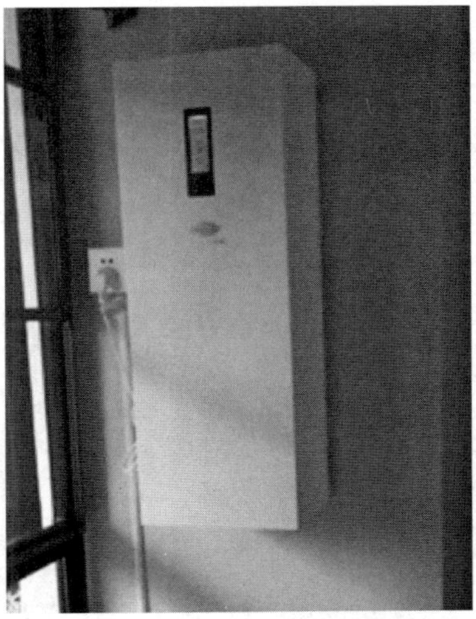

图 3-64 壁挂式新风系统

单向流新风系统主要分为单向流负压式新风系统和单向流正压式新风系统。图 3-65 所示的单向流负压式新风系统，表现为自然送风和机械排风的形式，排风机一般安装于室内能吊顶的地方，各个房间单独安装排风口，排风时室内形成负压，将污染的空气排到室外，同时新风从外墙安装的自然进风口或门窗进入室内。这种系统形式的优点在于：①只有排风有动力，相对降低了使用成本，节约了电能；②进风无动力，无需风机和管道，避免了管道送风的二次污染；③自然进风口带有初级过滤装置，更换方便。其缺点在于：①普通单向流负压式新风系统不具备热交换功能，会造成室内热量损失；②自然进风口过滤级别较低，不能有效过滤 PM2.5；③如果房屋密闭性不好，会影响通风效果。该系统形式适用于室外空气质量较好的时候，以免自然进风造成室内环境二次污染。

图 3-66 所示为单向流正压式新风系统，表现为机械送风和自然排风的形式，送风机一般安装于室内吊顶中，各个房间单独安装送风口，送风时室内形成正压，新风经过新风机处理后送入室内各个房间，同时室内的污浊空气从外墙安装的排风口或门窗缝隙排至室外。这种系统形式的优点在于：①只有送风需要风机和管道，运行成本相对低；②送风机安装过滤装置，能有效过滤室外污染物。其缺点为：①送风有管道，长时间不开会造成二次污染；②不具备热交换功能，会造成室内热量损失；③正压送风，会降低人体舒适度；④高进高排，若房间跨度不够大会造成新风短路，不能保证充分循环。

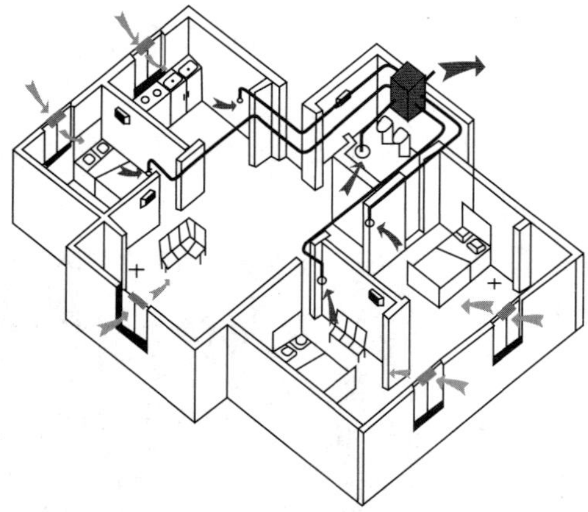

图 3-65　单向流负压式新风系统

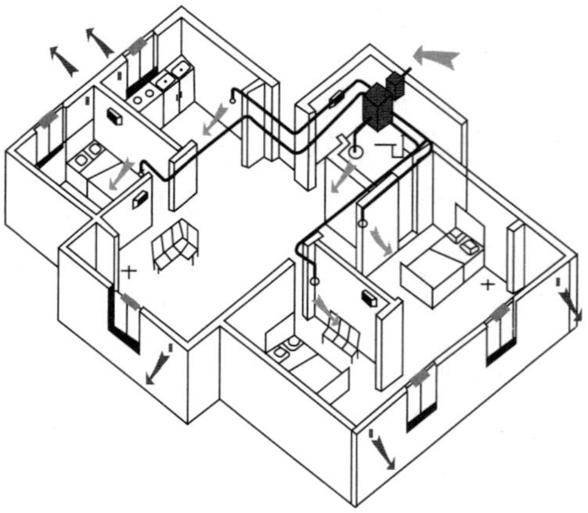

图 3-66　单向流正压式新风系统

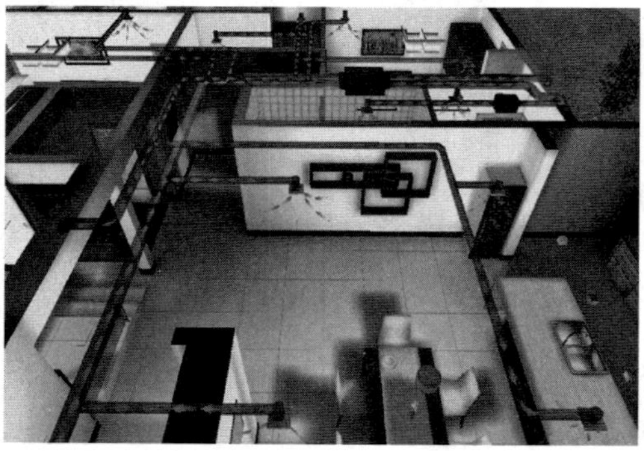

图 3-67　双向流新风系统

图 3-67 所示为双向流新风系统，表现为机械送风和机械排风的形式，主要由热交换装置以及风道、排风口、送风口和其他附件组成。在进行室内外空气的流通互换以及室内空气质量保证过程中，通过热交换新风机组的工作运行，排风通道将室内的污浊空气排出室外，进风通道引入室外新风，同时进排风进行充分的热交换，保证室内空气质量的同时减少室内空调的冷负荷，进而保证室内环境的舒适

度。该系统形式的优点为：①进、排风都有风机和管道，可以实现定点送排风；②有热交换功能，能够降低室内的热量损耗；③有一定的过滤功能，可以过滤 PM2.5。其缺点在于：①风机尺寸较大，占用吊顶空间，只能在装修时安装；②管道送风容易造成二次污染，需要吊顶装饰，增加装修成本；③进排风都需要用电，耗电量大，使用成本高；④过滤装置需要定期清理和更换，可能造成不便。

全热回收新风系统和显热回收新风系统主要区别在于是否进行湿度交换。全热回收新风系统既可以交换温度也可以交换湿度，热交换装置主要是特殊加工过的纸质材料，不易产生冷凝水。显热回收新风系统只能进行温度交换，热交换装置一般为铝板或钢板，在热交换过程中，若室内外温差过大，达到空气的露点后，就会产生凝结水。在夏季，凝结水会堵塞空气通道，使设备的热交换效率严重下降，节能效果变差。在冬季，凝结水结霜会堵塞空气通道和影响设备热交换效果。

新风系统在很多国家已经普遍应用，欧美国家建筑中安装新风系统的比例近 100%，如在丹麦和波兰，住宅中必须安装新风系统作为主要的通风方式。在日本，新风系统已经成建筑物的一种标配，无论是住宅还是公共建筑都安装了新风系统，并且成为衡量建筑物是否合格的一项标准。而在我国，新风系统的普及率目前还较低，但随着社会经济发展和人们生活水平的提高，越来越多的人开始注重生活品质，尤其当住宅装饰装修问题及室外污染问题影响居民身体健康时，新风系统逐渐成为改善室内空气质量的一大选择。许多房地产开发商将新风系统作为住宅的一部分安装出售，成为一大卖点。

2）通风净化组合模式比较

冬季是机械通风住宅与自然通风住宅通风行为差异最大的季节。因此，在冬季选取同一时间段内列举了中高效新风系统机械通风住宅、粗效新风系统机械通风住宅、粗效新风系统加空气净化器机械通风住宅及配有空气净化器的自然通风住宅四种通风模式，对室内 PM2.5 净化效果和能耗对比分析，提出更适宜严寒、寒冷地区的通风组合模式。

四种通风模式下一天内室内 PM2.5 浓度变化趋势及能耗统计如图 3-68 和图 3-69 所示。结果显示，室外 PM2.5 平均浓度为 0.082mg/m^3，配备中高效新风系统的住宅室内 PM2.5 平均浓度为 0.020mg/m^3，粗效新风系统加空气净化器的住宅室内 PM2.5 平均浓度为 0.033mg/m^3，安装空气净化器的自然通风住宅在存在短时开窗行为的情况下室内 PM2.5 平均浓度为 0.030mg/m^3，而只有粗效新风系统住宅室内 PM2.5 平均浓度为 0.064mg/m^3，只应用粗效过滤器的通风方式是四种模式中污染最严重的。根据能耗监测结果统计计算，中高效新风系统在此期间总能耗为 1.500kWh，粗效新风系统总能耗为 0.700kWh，粗效新风系统加空气净化器总能耗为 0.894kWh，空气净化器总能耗仅为 0.145kWh。根据净化效果和能耗综合分析，中高效新风系统净化效果好，但同时能耗也大，投资较高。粗效新风系统过滤等级不够且仍存在室内 PM2.5 浓度超标的情况，所以粗效新风系统必须要结合净化装置或自然通风来保证良好的室内环境。自然通风加空气净化器的模式是值得考虑的，能耗较低，但应相对增加开窗时长，以消除室内甲醛和 CO_2 等污染。粗效新风系统加空气净化器的模式能耗相对较低，过滤性能较好，适宜在室内污染不是特别严重的时候使用，不仅能将室内污染物浓度控制在较低水平，还能将系统能耗在可接受范围内。

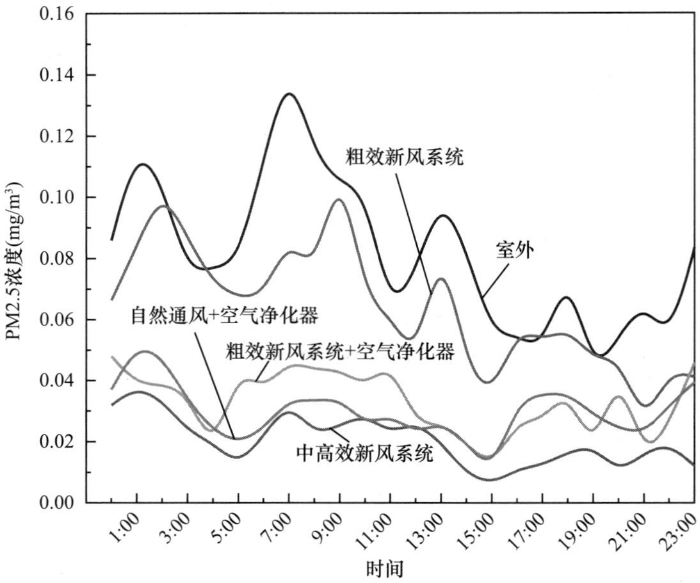

图 3-68　四种通风模式室内 PM2.5 浓度

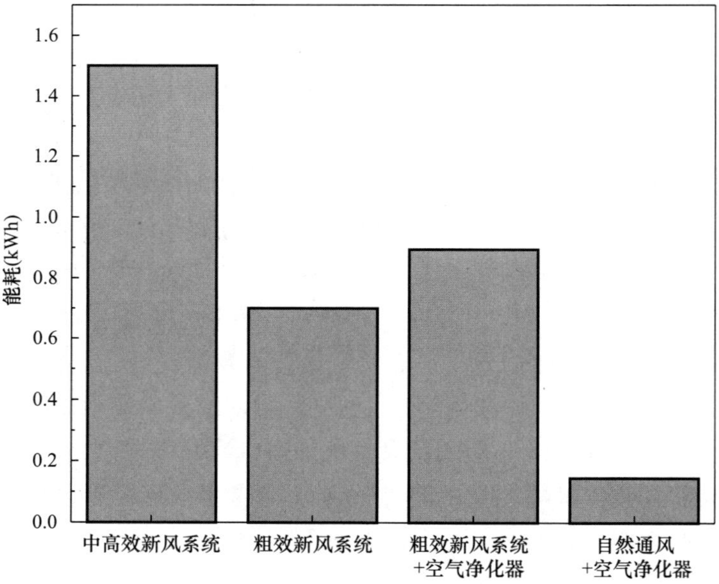

图 3-69　四种通风模式能耗

3. 空气式相变储能集成新风系统

(1) 相变储能新风系统介绍

由于室外新风与室内新风的焓差较大，新风处理系统常会消耗大量电能。ASHRAE Stand ard 55-2010 标准计算了每 100m² 居住者密度因空气交换而产生的额外热负荷，并将其与没有空气交换的情况进行比较。结果表明，新风设计符合该标准后，空调能耗将显著增加（平均增加 34%）。为解决新风能耗问题，近年来为了处理新鲜空气，发展了多种形式的被动余热回收设备、主动余热回收系统和空气热交换器。对于不同新风处理装置和系统的适用性研究与性能研究繁多，对其工作模式和工作参数的调整可以降低能耗，但使用的能源依旧是不可再生能源。为提高能源使用率，相变储能结合新风节能技术得到了关注。

相变储能技术的优势在于其可以降低流体温度波动，储能模块具有一定热容量，在合理的控制模式下可以灵活提取热量。相变储能技术还常与电辅助设备结合使用，起到“削峰填谷”的作用。相变储能技术在结合新风系统时可以考虑和电加热及太阳能集热器搭配使用。在太阳辐射充足时采用太阳能集热器为相变储能模块提供能量，电加热器补充热量。如此一来，既可以充分使用可再生能源，又解决了加热新风需要大量能量的问题。因此，研究空气式太阳能新风系统对解决冬季新风加热问题、保障室内热舒适环境和节能效益具有重大意义。

相变储能技术与新风系统的结合与传统新风加热方案有一些不同。广泛被使用的加热新风方案是带热回收的机械通风，它被用于将热量从温暖潮湿的回流空气（从房间）转移到寒冷干燥的外部空气中，但无预热器的带热回收的机械通风方案在室外温度为－3.5～－8.5℃时需要除霜。过去的研究常使用建筑废水或电加热对带热回收的机械通风方案做除霜处理，但这会额外使用机械能或电能，从而会降低总热效率。

Halawa 等人设计用于集成空间加热和冷却的空气基相变储能系统，该装置由许多一维相变材料板组成，这些板放置在矩形管道中，空气在这些板之间通过。同时进行了参数研究，包括储/放热温差、空气质量流量、储能板厚度、空气流道宽度和储能板尺寸对储热单元出风口温度和换热率的影响。相变储能技术处理空气负荷已经有很多成功案例，因此利用相变储热技术为带热回收的机械通风进行新风预热有望成为解决结霜问题的方法。

为了充分利用能源，减少新风负荷的耗能问题，本节介绍一种空气式相变储能的集成新风系统。

（2）太阳能空气式相变储能系统运行原理

太阳能空气式相变储能系统主要由六部分组成：相变储能装置、太阳能空气集热器、放热风机、热回收器、前电加热器和后电加热器。其中相变储能装置由双通道 S 形结构制成。传统的相变储能装置是单通道，且储热模式及放热模式分开运行的。传统相变储能装置对储热模式和放热时间都有限制，并且不能灵活调整工况。而 S 形双通道结构对储放热模式切换没有限制，其由不锈钢金属外骨架、挡板和内部相变材料封装结构组成。挡板和金属外骨架将装置内部分隔成两个通道：热风通道和新风通道。系统图如图 3-70 所示。

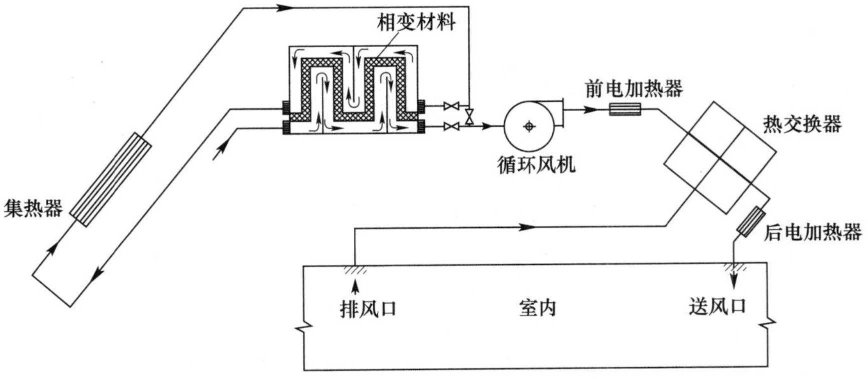

图 3-70　太阳能空气式相变储能系统

太阳能空气式相变储能系统具有两种工作模式：储热模式和放热模式。储热模式于白天开启，该模式下储热风阀开启，放热风阀关闭，放热风机、热回收器关闭，空气集热器开启。空气在集热器加热后进入相变储能装置加热相变材料，同时空气经相变储能装置冷却后排出至集热器，随后再经空气集热器加热后送入相变储能装置，完成循环。储热装置热风进口比热风出口低 0.3m，从热风进口进入的热空气会因密度影响上浮，热风出口处的冷却气体则因密度影响下沉，在得到充分混合后排出，这样的结构能较好地加热相变材料。储热模式工作流程图如图 3-71 所示。

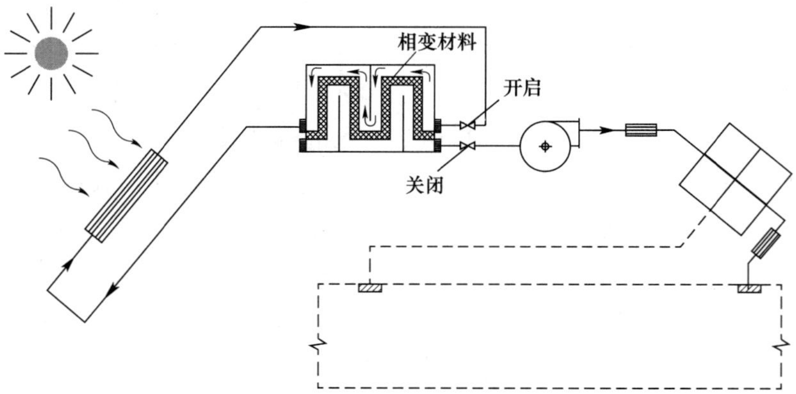

图 3-71　储热模式工作流程图

放热模式于晚间开启。放热模式下放热风阀开启，储热风阀关闭，集热器关闭，放热风机与热回收器开启。夜间室外新风首先进入相变储能装置加热，被预热的空气进入热回收器进一步加热，最后通过电加热器加热到允许的送风温度送入室内，同时，室内回风在热回收器与新风混合并在冷却后排出房间。当热回收器新风进口温度低于限值温度时，前电加热器开启，它将弥补储热装置的预热不足，将新风预热至限值温度以上。当热回收器无法将新风加热至要求温度时，后电加热器开启，将新风加热至要求温度后送入室内。储热装置的新风入口比排风口高 0.3m，入口新风下沉，出口排风上浮，这会使预热新风在排除相变储能装置前充分混合提高能效。放热模式工作流程图如图 3-72 所示。

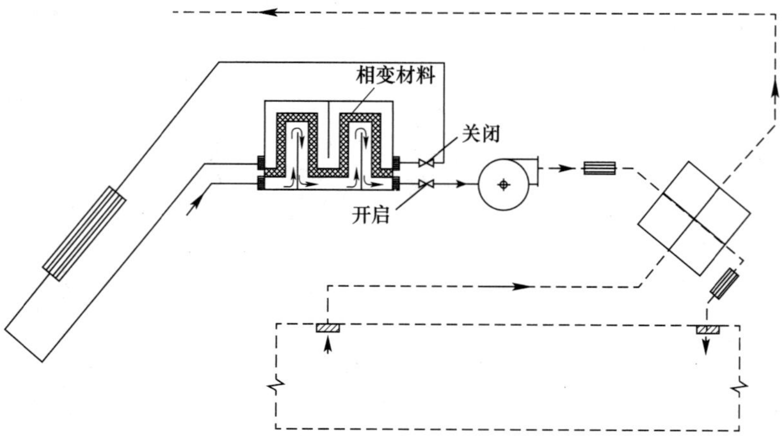

图 3-72　放热模式工作流程图

（3）相变储能系统在北方城市的适用性

太阳能空气式相变储能集成新风系统在储热模式下吸收来自太阳能空气集热器中加热空气的热量，因此太阳能集热板的面积对储热效率产生影响。同时，不同供暖城市冬季室外新风温度有所不同，而新风温度直接决定换热温差，从而决定放热效率和放热量。此外，太阳能辐射强度对流体加热影响显著，并同时联系着系统的储热量和储热模式开启时间，是不能忽视的影响因素。因此，集热板面积、室外新风温度和太阳辐射强度是系统储热量的重要影响因素。下文示例为面积在 1.25～1.5m^2 范围内的集热板。

集热板面积在 1.25～1.5m^2 范围内，储热系统储热速率与放热率均偏低，这是集热器出口温度不足导致的；当集热面积超过 1.75～2m^2 时，集热速率与放热率均显著提高，且随着集热板面积的增加，提升速率先升高后下降。储热系统放热效率随室外新风温度的降低呈近线性增长。

当室外新风温度为−6℃时，放热效率为 50.5%；当室外新风温度为−18℃时，放热效率为 69.4%。放热效率在新风温度−6～18℃范围内增长速度约为 1.58%/℃。放热效率在此温度范围内增长速度基本呈线性成长。可见室外新风温度作为不可控制的气象数据对装置的工作性能有线性影响，这对装置的优化与调整也将产生线性的影响。针对不同室外新风温度，可以通过改变流速提高对流换热系数来抵消放热不足并且提高相变材料的放热率。

随太阳辐射强度增加，储热系统储热量增长速度由快变慢，当辐射强度超过 400W/m^2 时储热量及放热效率几乎停止增长。当太阳辐射强度不足时，如辐射强度为 200W/m^2 时，系统储热量为 25571kJ，放热工况结束时，放热效率为 44.4%。当太阳辐射强度充足时，如辐射强度为 500W/m^2 时，系统储热量为 32969kJ，放热工况结束时，放热效率为 51.1%。

本小节确定了空气式相变储能新风系统的太阳能空气集热器集热板面积。通过风速、集热板面积、太阳辐射强度、夜间新风温度，介绍了各参数的影响能力与影响效果。与其他常见的新风系统相比，空气式相变储能系统在节电率和供热比上有更好的效果，适合北方供暖建筑使用。

3.6 室内环境综合评价展望

随着我国城镇化快速发展和居民生活水平日益提高，人们对室内环境的舒适和健康需求日益增加，如北方地区冬季室内外空气品质改善和长江流域夏热冬冷地区对冬季室内温湿度改善的意愿日趋强烈，用能需求增长迅猛。通过改善人居环境、治理雾霾是切实提高人民获得感、幸福感、安全感的重要举措。根据有关资料显示，室内环境对人们工作和生活影响意义深远，提供安全、卫生、舒适的室内环境是现代建筑的根本宗旨。

随着我国建筑节能工作全面铺开，通过新建建筑能效提升，绿色建筑、超低能耗建筑以及零能耗建筑等高性能建筑技术体系应用和推广，建筑性能和人居环境从设计角度得到显著提升，然而建筑投入运行后，缺乏对室内环境营造实际效果的评价或监督机制，目前已有的室内环境评价包括声、光、热、空气品质等众多单项指标，评价方法学术性强，缺乏简单易懂的综合评价指标，造成居民或使用者对室内环境营造效果的感知性差，急需引导居民或使用者对室内环境改善效果建立定性以及定量化的认识。

在下一步工作中，建议基于温度、湿度、洁净度、风速度等室内环境指标提出以最终效果为导向、研究提出满足室内舒适度要求为前提的室内环境评价综合性量化指标和评价方法，并对影响“四度”的室外风、光、热、污染物进行有效控制，以此构建面向建筑使用人的、可计量可检测可报告的标准。加快通过建立简单易懂、可计量考核的室内环境综合评价指标和方法，不仅可以切实增加居民和使用者的满意度和获得感，对下一步有效控制建筑运行能耗也具有重要的意义。

本章参考文献

[1] ASHRAE. Thermal Environment Conditions for Human Occupancy（ASHRAE Standard 55-2010）[S]. Atlanta：ASHRAE，2010.

[2] ASHRAE. ASHRAE Handbook Fundamentals 2009 [M]. Atlanta：ASHRAE，2009.

[3] Olesen，B. W. Thermal Comfort Requirements for Floors Occupied by People with Bare Feet [J]. ASHRAE Transactions，1977，83，41-57.

[4] P. Ole Fanger，Thermal Comfort [J]，Robert E. Krieger Publishing Company，Malabar，FL，1982.

[5] 中华人民共和国住房和城乡建设部. 民用建筑供暖通风与空气调节设计规范：GB 50736-2012 [S]. 北京：中国建筑工业出版社，2012.

[6] 朱颖心. 建筑环境学 [M]. 3 版. 北京：中国建筑工业出版社，2010.

[7] 李百战，郑洁，姚润明，景胜蓝. 室内热环境与人体热舒适 [M]. 重庆：重庆大学出版社，2012.

[8] P. Ole Fanger，Jørn Toftum. Extension of the PMV model to non-air-conditioned buildings in warm climates [J]. Energy & Buildings，2002，346.

[9] Anh Tuan Nguyen，Manoj Kumar Singh，Sigrid Reiter. An adaptive thermal comfort model for hot humid South-East Asia [J]. Building and Environment，2012，56.

[10] 茅艳. 人体热舒适气候适应性研究 [D]. 西安：西安建筑科技大学，2007.

[11] 叶国栋. 舒适空调中的热舒适指标控制研究 [D]. 长沙：湖南大学，2002.

[12] 欧阳沁，戴威，周翔，朱颖心. 自然通风环境下的热舒适分析 [J]. 暖通空调，2005，8：16-19.

[13] 李俊鸽，杨柳，刘加平. 夏热冬冷地区人体热舒适气候适应模型研究 [J]. 暖通空调，2008，7：20-24，5.

[14] 刘晶. 夏热冬冷地区自然通风建筑室内热环境与人体热舒适的研究 [D]. 重庆：重庆大学，2007.

[15] 韩杰. 自然通风环境热舒适模型及其在长江流域的应用研究 [D]. 长沙：湖南大学，2009.

[16] 刘红. 重庆地区建筑室内动态环境热舒适研究 [D]. 重庆：重庆大学，2009.

[17] 金振星. 不同气候区居民热适应行为及热舒适区研究 [D]. 重庆：重庆大学，2011.

[18] 胡达明. 风扇调风作用对空调能耗的影响分析 [J]. 暖通空调，2015，45：5-8，41.

[19] 李兆坚，刘建华，田雨忠等. 福州市某小区住宅夏季空调能耗调查分析 [J]. 暖通空调，2014，1：65-69.

[20] 蒋立红，邓明胜，孙鹏程，周辉等. 净零能耗建筑示范工程与关键技术实施指南 [M]. 北京：海

洋出版社，2019.
[21] 杨柳，闫海燕，茅艳，杨茜. 人体热舒适的气候适应基础 [M]. 北京：科学出版社，2017.
[22] 田真，晁军. 建筑通风 [M]. 北京：知识产权出版社，2018.
[23] 朱颖心. 建筑环境学 [M]. 2 版. 北京：中国建筑工业出版社，2005.
[24] 林波荣，刘彦辰，裴祖峰. 我国绿色办公建筑运行能耗及室内环境品质实测研究 [J]. 暖通空调，2015，45 (3)：1-21
[25] 林波荣，肖娟，刘彦辰，等. 绿色建筑技术效果和运行性能后评估 [J]. 世界建筑，2016 (6)：28-33.
[26] 丁勇，罗迪，洪玲笑. 重庆地区绿色建筑室内环境实测分析 [J]. 南方建筑，2018，184 (2)：10-15.
[27] 洪玲笑. 基于实际运行效果的重庆地区绿色办公建筑后评估研究 [D]. 重庆：重庆大学，2017.
[28] 梁俊强，刘珊，马欣伯. 推动我国净零能耗建筑发展的思考及建议 [J]. 建设科技，2019，392 (18)：8-11.
[29] 季亮. 被动式建筑节能技术的节能量计算——自然通风——方兴梅溪湖绿建展示中心示范项目研究（三）[J]. 建设科技，2014 (6)：105-107，111.
[30] 黄河. 北方高层住宅自然通风评价方法研究 [D]. 北京：清华大学，2013.
[31] 杨华，曹磊，金凤云. 过渡季不同时段自然通风节能潜力分析 [J]. 建筑节能，2018，46 (3)：89-92.
[32] 丁勇，李百战，沈艳，等. 建筑平面布局和朝向对室内自然通风影响的数值模拟 [J]. 土木建筑与环境工程，2010，32 (1)：90-95.
[33] 赵福云，成瑾，刘宝，等. 夏热冬冷地区体育馆自然通风设计及潜力分析 [J]. 建筑热能通风空调，2020，39 (5)：21-28.
[34] 李静. 基于系统优化的高校体育馆自然采光和通风节能设计研究 [D]. 哈尔滨：哈尔滨工业大学，2010.
[35] 吕萌萌，陈静，尹泽开. 夏热冬暖地区某办公建筑自然通风节能潜力分析及研究 [J]. 建设科技，2021，425 (5)：39-43.
[36] 王亮. 夏热冬暖地区某办公建筑自然通风节能潜力 [J]. 上海节能，2019 (7)：617-622.
[37] 刘魁星，刘书贤. 气候变化影响空调期自然通风应用潜力的研究 [J]. 建筑节能，2015，43 (2)：1-5.
[38] 孙旭灿，潘玉勤，常建国，等. 基于热舒适性理论的智能节能窗控制策略研究 [J]. 科技通报，2020，36 (8)：54-57，69.
[39] 刘皓. 重庆地区住宅建筑混合通风调控策略研究 [D]. 重庆：重庆大学，2014.
[40] 陈晓扬，仲德崑. 被动节能自然通风策略 [J]. 建筑学报，2011 (9)：34-37.
[41] 汪德熙，等. 声景与声环境对于人体行为的影响 [J]. 大众标准化，2021，(9)：120-122.
[42] 吴静. 高层建筑室内外声环境评价与分析 [D]. 重庆：重庆大学，2007.
[43] 刘小华. 西安市医院建筑室内声环境研究 [D]. 西安：长安大学建筑技术科学，2011.
[44] 冯国会，等. 严寒地区某超低能耗建筑室内环境参数实测分析与评价 [J]. 节能，2021，40 (2)：1-5.
[45] 张静. 被动式超低能耗建筑后评估研究 [D]. 乌鲁木齐：新疆大学，2020.
[46] 吕东杰. 被动式办公建筑节能性及室内环境质量分析 [D]. 邯郸：河北工程大学，2017.
[47] 李姝颖. 高校中庭式教学楼室内声环境研究 [D]. 西安：长安大学，2017.
[48] 钱丹萍. 论城市住宅建筑声环境 [J]. 住宅科技，2015，35 (7)：35-37.

[49] 郝原. 博物馆核心公共空间声环境研究 [D]. 西安：长安大学，2013.
[50] 李强. 民用建筑空调系统噪声控制的研究 [D]. 武汉：华中科技大学，2007.
[51] 羊烨，王长山. 被动式超低能耗建筑室内声环境控制标准探讨 [J]. 建筑科学，2021，37 (6)：186-191.
[52] 金绍芬. 环境污染与控制 [M]. 北京：化学工业出版社，2001.
[53] 梁宏，余秉良，何正杰，等. 密闭环境中挥发性有机物行为特性分析 [J]. 解放军预防医学杂志，1999，17 (2)：85-89.
[54] 彭玉丹. 室内空气环境甲醛污染的数值模拟和风险评价 [D]. 天津：天津大学，2010.
[55] 刘可立. 我国中部地区建筑节能应用技术 [J]. 新型建筑材料，1995 (5)：14-17.
[56] 周中平，赵寿堂，朱立，等. 室内污染检测与控制 [M]. 北京：化学工业出版社，2002.
[57] 许亮，董万里. 室内环境设计 [M]. 重庆：重庆大学出版社，2003.
[58] Leslie G B. Health Risks Front Indoor Air Pollutants [J]. Indoor Built Environ，2000 (9)：17-27.
[59] Leonard D. Air Quality in Operating Theatres：The Effect of Waste and Exposure Prevention Measures [J]. Indoor Built Environment，2003 (12)：113-120.
[60] 宋嘉森. 辽宁地区住宅室内空气质量监测与开窗策略研究 [D]. 沈阳：沈阳建筑大学，2019.
[61] 中华人民共和国环境保护部. 环境空气质量标准：GB 3095-2012 [S]. 北京：中国环境科学出版社，1996.
[62] 中华人民共和国环境保护部. 环境空气质量指数（AQI）技术规定（试行）：HJ 633—2013 [S]. 北京：中国环境科学出版社，2012.
[63] 岳茂增，凡书杰，陈宝君，等. 新风系统运行下教室内空气质量检测研究 [J]. 科技视界，2019 (8)：111-112.
[64] 中国工程建设标准化协会. 民用建筑新风系统工程技术规程：CECS 439-2016 [S]. 北京：中国计划出版社，2016.
[65] Kilbum K H. Neurobehavioral impairment and seizures from formaldehyde [J]. Archives of environmental health，1994，49 (1)：37-44.
[66] Liang Yijia，Fang Liqun，Pan Hui，et al. PM2.5 in Beijing-temporal pattern and its association with influenza [J]. Environmental Health，2014，13 (1)：102-109.
[67] 张寅平，莫金汉，程瑞. 营造可持续室内空气环境：问题、思考和建议 [J]. 科学通报，2015，60 (18)：1651-1660.
[68] Nazaroff W W. Citations，impact factors，and indoor air：A look behind the numbers [J]. Indoor Air，2009，19 (1)：1-2.
[69] Europe W R O F. Indoor Air Pollutants：Exposure and Health Effects [R]. Report on A Who Meeting，1982.
[70] Dayi Lai，Yue Qi，Junjie Liu，et al. Ventilation behavior in residential buildings with mechanical ventilation systems across different climate zones in China [J]. Building and Environment，2018，143：679-690.
[71] EERE，editor. Building Energy data book [C] //The buildings technologies program，energy efficiency and renewable Energy，2008.
[72] IPCC. Climate change 2007：mitigation，contribution of working group III to the fourth assessment report of the intergovernmental panel on climate change [M]. New York：Cambridge University

Press，2007.

[73] Farah Souayfane，Farouk Fardoun，Pascal-Henry Biwoleb. Phase change materials（PCM）for cooling applications in buildings：A review [J]. Energy and Buildings 2016，129：396-431.

[74] U. Stritih，V. V. Tyagi，R. Stropnik，H. Paksoy，F. Haghighat，M. Mastani Joybari. Integration of passive PCM technologies for net-zero energy buildings [J]. Sustainable Cities and Society，2018，41：286-295.

[75] 国际空气污染防治协会联盟. 全球空气污染控制的立法与实践 [M]. 北京：中国环境科学出版社，1992.

[76] 姜编. 机械通风房间空气品质及新风换气机适用性研究 [D]. 沈阳：沈阳建筑大学，2017.

[77] L. Z. Zhang. Total heat recovery：heat and moisture recovery from ventilation air [M]. Nova Science Publishers，2008.

[78] ASHRAE. Ventilation for Acceptable Indoor Air Quality. American Society of Heating，Refrigerating and Air-Conditioning Engineers：ANSI/ASHRAE Standard 62.1-2010 [S]. Atlanta：ASHRAE，2010.

[79] Maria Justo Alonso，Peng Liu，Hans M. Mathisen，Gaoming Ge，Carey Simonson. Review of heat/energy recovery exchangers for use in ZEBs in cold climate countries [J]. Building and Environment，2015，84：28-237

[80] Hsu Chien-Yeh，Chiang Yuan-Ching，ChienZi-Jie，Chen Sih-Li. Investigation on performance of building-integrated earth-air heat exchanger [J]. Energy and Buildings，2018，169（15）：444-452.

[81] R. Garber-Slaght，V. Stevens，D. Madden. Energy recovery ventilators in cold climates [R]. Cold Climate Housing，Res. Center（CCHRC），2014.

[82] E. Halawa，W. Saman. Thermal performance analysis of a phase change thermal storage unit for space heating [J]. Renewable Energy，2010，36（1）.

第 4 章　净零能耗建筑被动式设计技术

4.1　被动式设计总体原则

净零能耗建筑设计是以最大幅度地降低建筑能源消耗为目标，在建造成本、时间限制、技术可行性、持有成本、建筑耐久性、设计建造水平等约束下，进行优化决策的设计过程。净零能耗建筑应以气候特征为引导进行建筑方案设计，基于当地气象条件、生活居住习惯，借鉴本地传统建筑被动式措施进行建筑平面总体布局、朝向、采光通风、室内空间布局的适应性设计。

4.1.1　性能化设计方法

净零能耗建筑设计应采用性能化设计方法。以室内环境和能耗指标为约束目标，以目标为导向，以“被动优先，主动优化”为原则，结合当地气候、环境、人文特征，根据具体建筑使用功能要求，采用性能化的设计方法，因地制宜制定净零能耗建筑技术策略。比如优先采用外遮阳、节能门窗、围护结构保温，以及提升建筑整体气密性能等被动式措施，降低建筑供暖空调需求，并结合设备能效提升和可再生能源利用，实现建筑能耗的大幅度降低。

设计者应区别于传统建筑节能的指令性（规定性）设计方法，净零能耗建筑应采用性能化设计方法。面向建筑性能总体指标要求，综合比选不同的建筑方案和关键部品的性能参数指标，通过不同组合方案的优化比选，制定适合具体项目的针对性技术路线，实现全局最优。性能化设计与指令式设计的差异如表 4-1 所示。

性能化设计与指令式设计的差异　　**表 4-1**

性能化设计	指令式设计
面向建筑性能，给出满足性能目标的参数和指标要求	直接从规范中选定设计参数
关心设计、建造及运行全过程	主要关心建筑设计
所提供的措施只要能证明是合适的， 就允许采用，为设计提供创造空间	原则上采用规范中所规定的方法或措施
强调建筑整体有机集成	重视细节，轻视整体

传统设计组织以建筑师作为总协调人员，作为与开发单位进行项目沟通的渠道，结构、暖通、给水排水、电气、景观等专业团队分工合作的形式。而对于协同设计而言，首先确定设计协调人来协调整个设计进程，建筑师及各专业人员、业主、建设方代表等形成

一个协同设计工作小组，对整个项目进行全面把控。每个工作小组成员由其工作团队支持。在协同设计小组外，应由使用者代表、社区代表、政府代表、分系统分包商、物业运营人员代表、产品供应商、房地产经纪公司、绿色建筑专家、建筑模拟专家、成本管理人员等组成相关方小组，共享项目设计进度信息，提供设计信息输入。

性能化设计方法应贯穿近零能耗建筑设计的全过程。性能化设计方法的核心是以性能目标为导向的定量化设计分析与优化。建筑的关键性能参数选取基于性能定量分析结果，而不是从规范中直接选取。为实现近零能耗目标，建筑师应以气候特征为引导进行建筑方案设计。在设计前充分了解当地的气象条件、自然资源、人们生活居住习惯等，借鉴传统建筑的被动式措施，根据不同地区的特点进行建筑平面总体布局、朝向、体形系数、开窗形式、采光遮阳、室内空间布局等适应性设计。在此基础上，通过性能化设计方法优化围护结构保温、隔热、遮阳等关键性能参数，最大限度降低建筑供暖供冷需求。结合不同的机电系统方案、可再生能源、应用方案和设计运行与控制策略等，将设计方案和关键性能参数带入能耗模拟分析软件，定量分析是否满足预先设定的近零能耗目标以及其他技术经济目标。根据计算结果，不断修改、优化设计策略和设计参数等，循环迭代，最终确定满足性能目标的设计方案。

4.1.2 设计策略

1. 场地规划设计

建筑群的总体规划应有利于营造适宜的微气候。应通过优化建筑空间布局，合理选择和利用景观、生态绿化等措施，夏季增强自然通风、减少热岛效应，冬季增加日照，避免冷风对建筑的影响。建筑的主朝向宜为南北朝向，主入口宜避开北向和西北向。

建筑群的规划设计与建筑节能关系密切。近零能耗建筑设计首先要从规划阶段开始，考虑如何利用自然能源，冬季多获得热量和减少热损失，夏季少获得热量并加强通风。具体来说，要在冬季控制建筑遮挡以加强日照得热，并通过建筑群空间布局分析，营造适宜的风环境，降低冬季冷风渗透；夏季增强自然通风，通过景观设计，减少热岛效应，降低夏季新风负荷，提高空调设备效率。建筑主朝向为南北朝向，有利于冬季得热及夏季隔热，有利于自然通风。

设计者应遵循“被动优先”的设计原则，优先通过建筑设计手段降低建筑能耗，然后采用主动节能技术进行优化补充。在很多情况下，与采用主动节能技术相比，通过被动式建筑设计降低建筑能耗不需要考虑设备效率下降、调试使用不当、设计工况与实际工况偏离等常见问题。主动式技术应用有对建筑空间、立面影响小，应用效果方便直接量化评估、后期更新改造方便等优点。被动式技术与主动式技术不应该考虑其技术、经济、审美的价值，按事先共同制定的评价方法进行同等方式的评价，进而确定净零能耗技术路线的选择。

建筑场地规划应有利于营造适宜的微气候，宜采取如下设计措施：

（1）通过场地风环境分析，优化建筑空间布局，通过建筑布局、道路走向、局部架空等方法在夏季主导风向上预留风路，营造适宜的室外风环境；

（2）建筑主体朝向为南向或接近南向，为建筑日照、采光与通风创造条件；

（3）控制场地铺装选材的太阳辐射反射系数，优先选用浅色铺装材料，降低场地铺装吸收的太阳辐射热量，改善室外热环境；

（4）场地绿化采用复层绿化，在活动场地、广场设置乔木或构筑物遮阴，降低场地热岛效应。

2. 建筑单体设计

寒冷地区净零能耗建筑应保持较小的体形系数、适宜的窗墙比和较小的屋顶透光面积比例，相关指标应满足现行国家标准《近零能耗建筑技术标准》GB/T 51350 的规定。建筑物体形系数是指建筑物的外表面积和外表面积所包围的体积之比。体形系数越小，单位建筑面积对应的外表面积越小，外围护结构的传热损失越少，从降低能耗角度出发，应该将体形系数控制在一个较小的水平上。

窗墙面积比既是影响建筑能耗的重要因素，也受到建筑日照、采光、自然通风等满足室内环境要求的制约。外窗和屋顶透光部分的传热系数远大于外墙，窗墙面积比越大，外窗在外墙面上的面积比例越高，越不利于建筑节能。不同朝向的开窗面积，对于不同因素的影响不同，因此在净零能耗建筑设计时，应考虑外窗朝向的不同对窗墙比的要求。一般来说，净零能耗建筑的各朝向窗墙面积比不宜超过节能设计标准规定的限值要求。

夏热冬冷地区净零能耗建应通过建筑与构造设计，挖掘建筑自然通风潜力，有组织地进行过渡季与夏季的自然通风，宜采取以下设计措施：

（1）结合建筑表面风压分析，充分利用建筑外立面表面风压条件设置可开启窗扇，夏季和过渡季主导风向下可开启外窗内外表面风压差宜大于 0.5Pa；

（2）合理控制主要功能区域的空间进深，不宜大于层高的 5 倍；

（3）当公共建筑体量较大，仅采用外立面开窗难以形成有效通风时，可在建筑中引入中庭或天井，中庭或天井顶部需设置通风天窗、通风塔等通风构造；

（4）当建筑朝向不利、开窗开口与主导风向夹角过小时，宜配合导风墙、导风板等构件设置，引导气流进入建筑内部；

（5）宜采用模拟仿真或实测技术方法开展自然通风创新设计。

另外，夏热冬冷以及夏热冬暖地区还应通过建筑隔热设计减少夏季室内得热，降低空调负荷，宜采取如下设计措施：

（1）建筑形体设计宜通过体形转折、内凹、挑檐、外廊等形成自遮阳效果，降低夏季太阳辐射对立面和外窗的影响；

（2）外墙外表面宜采用浅色饰面或隔热反射涂料，减少外墙吸收辐射热量；

（3）结合建筑立面设计设置垂直绿化，在增加景观资源、改善区域微气候的同时，提高围护结构保温隔热性能；

（4）屋面隔热可采取双层通风屋面、屋顶绿化、坡屋顶、反射隔热涂料等方式；

（5）控制西向和东向的窗墙比，避免大面积开窗；

（6）梅雨季的潮湿及返潮现象，对于无地下室的建筑宜对地面进行防潮设计，通过设置防潮层保障室内环境。

总之，建筑方案设计应根据建筑功能和环境资源条件，以气候环境适应性为原则，以降低建筑供暖年耗热量和供冷年耗冷量为目标，采用性能化设计方法，充分利用天然采光、自然通风以及围护结构保温隔热等被动式建筑设计手段降低建筑的用能需求，再加以利用可再生能源，最终实现净零能耗。

4.2 围护结构设计

围护结构构成了建筑物的气候边界，光、热、空气等通过围护结构进行传递，高性能围护结构可以使建筑能耗总体降低22%以上，因此提升围护结构的热工性能是净零能耗建筑被动式设计技术的重要组成部分。针对各个气候分区，《近零能耗建筑技术标准》GB/T 51350-2019分别对居住建筑与公共建筑的围护结构技术参数进行了规定，如表4-2和表4-3所示。

居住建筑围护结构技术参数 **表4-2**

性能参数		严寒地区	寒冷地区	夏热冬冷地区	夏热冬暖地区	温和地区
屋面传热系数 [W/(m²·K)]		0.10～0.15	0.10～0.20	0.15～0.35	0.25～0.40	0.20～0.40
外墙传热系数 [W/(m²·K)]		0.10～0.15	0.15～0.20	0.15～0.40	0.30～0.80	0.20～0.80
外窗（包括透光幕墙）传热系数 [W/(m²·K)]		≤1.0	≤1.2	≤2.0	≤2.5	≤2.0
太阳得热系数 *SHGC*	冬季	≥0.45	≥0.45	≥0.40	—	≥0.40
	夏季	≤0.30	≤0.30	≤0.30	≤0.15	≤0.30

公共建筑围护结构技术参数 **表4-3**

性能参数		严寒地区	寒冷地区	夏热冬冷地区	夏热冬暖地区	温和地区
屋面传热系数 [W/(m²·K)]		0.10～0.20	0.10～0.30	0.15～0.35	0.30～0.60	0.20～0.60
外墙传热系数 [W/(m²·K)]		0.10～0.25	0.10～0.30	0.15～0.40	0.30～0.80	0.20～0.80
外窗（包括透光幕墙）传热系数 [W/(m²·K)]		≤1.2	≤1.5	≤2.2	≤2.8	≤2.2
太阳得热系数 *SHGC*	冬季	≥0.45	≥0.45	≥0.40	—	—
	夏季	≤0.30	≤0.30	≤0.15	≤0.15	≤0.30

4.2.1 外墙

外墙按其保温层所在的位置分类，目前主要有单一保温墙体、内保温墙体、外保温墙体、夹芯保温墙体四种类型，如图4-1所示。

1. 单一保温墙体

单一保温墙体构造主要是指采用保温砌块、加气混凝土砌块等具有较大热阻的单一墙体材料及相关的砌筑砂浆、连接件等配套材料砌筑、安装，配套合理的“冷桥”及“接缝”处理措施构成的外墙保温系统。单一保温墙体构成建筑物“主体”结构，基本实现与建筑物同寿命的耐久性目标。但单一承重用的墙体保温材料一般难以满足保温和隔热要求，也很难满足建筑的承重要求。

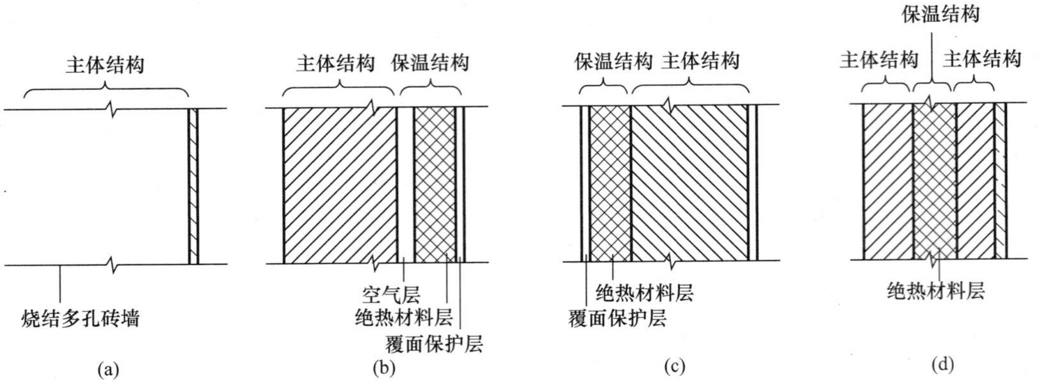

图 4-1　节能墙体的设计方案

（a）单一保温墙体；（b）内保温墙体；（c）外保温墙体；（d）夹芯保温墙体

2. 内保温墙体

外墙内保温是将保温材料置于墙体内侧，其特点是保温材料不受室外气候的影响和无须特殊的防护。在我国建筑节能起步阶段，内保温由于具有造价低、安装方便等优点，在国内迅速发展起来。然而，外墙内保温在实际应用中还存在“热桥”保温和结露等技术问题，在我国的寒冷和严寒地区已很少采用。此外，外墙内保温占用室内空间，减少了住户的使用面积，且不利于室内装修。

3. 外保温墙体

外墙外保温是目前应用最广泛的保温做法，具有以下特点：基本可消除冷桥，保温效率高；墙体内表面不产生结露；不影响室内的使用面积；既适用于新建建筑，也适用于旧房改造；室温较稳定、热舒适性好；冬、雨期施工受一定限制；采用现场施工，施工质量要求严格，否则面层易发生开裂；造价高于内保温墙体；高层外墙不宜采用面砖饰面。

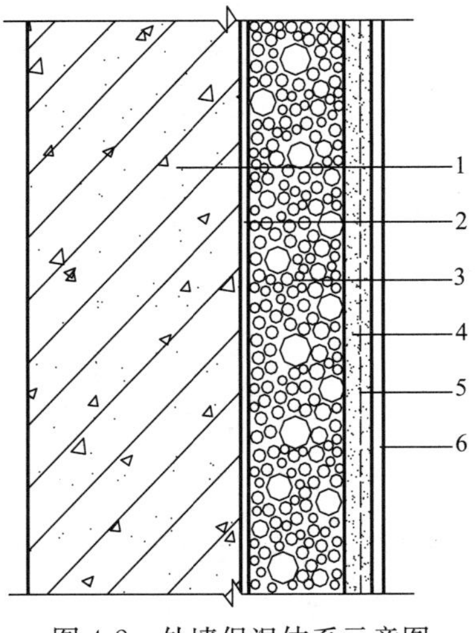

图 4-2　外墙保温体系示意图

1—基层；2—界面砂浆；3—保温材料；4—抗裂砂浆薄抹面层；5—玻纤网；6—饰面层

4. 夹芯保温墙体

夹芯保温复合墙体由结构层（内叶墙）、保温层、空气层和保护层（外叶墙）组成，具有以下特点：保温材料利用率高，使用周期长；适用范围广；设置空气层，可以充分利用空气的隔声、隔热、保温等优势，减少材料使用。夹芯保温做法可用于严寒和寒冷地区，与外墙内保温技术相同，在设计时应做好热桥部位节点构造保温设计，避免内表面结露，充分考虑热桥部位的影响。

5. 外墙设计策略

综合考虑四种节能墙体的优势与局限，外墙节能措施宜优先选用外墙外保温构造体系。外保温系统示意简图如图 4-2 所示。

外墙保温体系目前选用较多的几种形式有：EPS 或 XPS 板保温体系、VIP 板保温体系和硬质聚氨酯泡沫保温体系等，各种保温体系根据保温效果和造价的不同来选用。总的来说，VIP 板保温体系效果最好，聚氨酯保温效果其次，石墨聚苯板和 XPS 板保温系统接近；造价则按反顺序排列。

满足净零能耗建筑技术要求，当采用以上各种保温材料时，保温层所需要的最小厚度及单位面积造价如表 4-4 所示。

墙体保温层所需要的最小厚度及单位面积造价　　表 4-4

传热系数限值要求 [W/(m²·K)]	墙体材料及厚度	保温材料		
		类型	最小厚度	造价（元/m²）
0.15	150mm 钢筋混凝土墙板	VIP 板	40mm	420（40mm）
		聚苯乙烯板（白板）	260mm	220（260mm）
		石墨聚苯板（灰板）	220mm	235（220mm）
		挤塑聚苯板 XPS	210mm	260（210mm）
		硬质聚氨酯 PU	190mm	300（200mm）
	120mm 钢筋混凝土墙板	VIP 板	40mm	420（40mm）
		聚苯乙烯板（白板）	260mm	220（260mm）
		石墨聚苯板（灰板）	220mm	235（220mm）
		挤塑聚苯板 XPS	210mm	260（210mm）
		硬质聚氨酯 PU	190mm	300（200mm）
0.35	150mm 钢筋混凝土墙板	VIP 板	17mm	310（20mm）
		聚苯乙烯板（白板）	112mm	170（115mm）
		石墨聚苯板（灰板）	100mm	180（100mm）
		挤塑聚苯板 XPS	90mm	190（90mm）
		硬质聚氨酯 PU	80mm	210（50mm）
	120mm 钢筋混凝土墙板	VIP 板	17mm	310（20mm）
		聚苯乙烯板（白板）	112mm	170（115mm）
		石墨聚苯板（灰板）	100mm	180（100mm）
		挤塑聚苯板 XPS	90mm	190（90mm）
		硬质聚氨酯 PU	80mm	210（50mm）

通过以上对比，综合考虑投资成本并结合施工工艺，对于公共建筑推荐使用 190mm 厚硬质聚氨酯板（120mm 厚钢筋混凝土墙板）或 220mm 厚石墨聚苯板（灰板）（注：应在确定外墙保温体系以后做相关的耐候性实验，以检验体系经长年使用以后的性能，包括各层抗拉强度）。

此外，外保温要能够将所有外墙包围起来，这样不仅是节能的需要，也是切断墙角、过梁等热桥，防止内侧冬季结露的需要。推荐建筑首层地面毗邻外墙的部位采取保温隔热措施。

4.2.2 屋面

从节能角度而言，屋面主要有保温与隔热两种节能设计。

1. 屋面保温

屋面保温按照结构层、防水层和保温层所处的位置不同可分为正置式保温屋面和倒置式保温屋面，如图 4-3 所示。

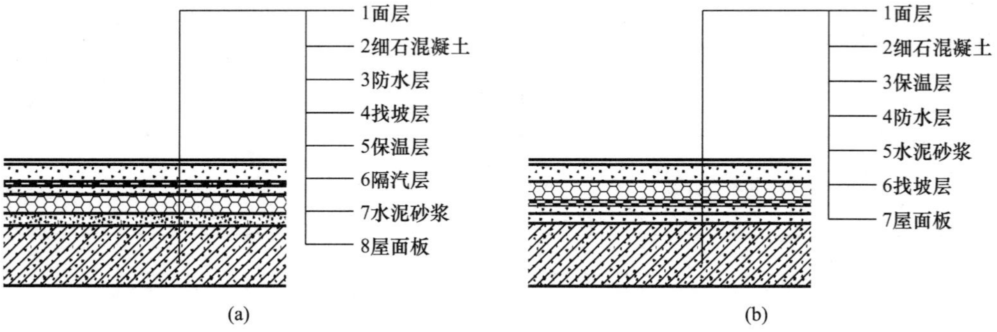

图 4-3　保温屋面构造

（a）正置式保温屋面；（b）倒置式保温屋面

正置式保温屋面适用于严寒、寒冷地区和夏热冬冷地区的新建和改造建筑的屋顶保温。但正置式保温屋面构造复杂，增加工程造价；防水材料置于最上层，在紫外线的照射下加速老化和分解，缩短使用寿命；保温层在施工中含水率增大使防水层出现起泡现象，若采用排汽屋面会破坏防水层的整体性。

倒置式保温屋面适用于严寒、寒冷地区和夏热冬冷地区的新建和改造建筑的屋顶保温。与普通保温屋面相比较，倒置式保温屋面主要有如下优点：防水层受到保护，避免热应力、紫外线以及其他因素对防水层的破坏；不必设置屋面排汽系统，构造简化，防水层完整高效；保温层的抗湿性能使其具有长期稳定的保温隔热性能与抗压强度等。

2. 屋面隔热

屋面隔热可采用反射屋面、通风隔热屋面、蓄水屋面和种植屋面。

反射屋面是指在屋面面层利用表面材料的颜色和光滑度对热辐射的反射作用隔热，可用于平屋顶和坡屋顶。

通风隔热屋面是由实体结构变为带有通风空气间层的双层屋面结构形式，其隔热原理是：一方面利用架空的面层遮挡直射阳光，另一方面利用风压和热压作用将间层中的热空气不断带走，使通过屋面板传入室内的热量大为减少，从而达到隔热降温的目的。通风隔热屋面适用于夏热冬冷和夏热冬暖地区的新建和改造建筑的屋顶隔热。

蓄水屋面是在屋面上蓄水用来提高屋顶的隔热能力，其隔热原理：是水在蒸发时吸收大量的汽化潜热，而这些热量大部分从屋面所吸收的太阳辐射中摄取，所以大大减少了经屋顶传入室内的热量，相应地降低了屋面的内表面温度。但蓄水屋面蓄水后夜间外表面温度始终高于无水屋面，很难利用屋顶散热；且屋顶蓄水也会增加屋顶静荷重。

种植屋面是利用屋面上种植的植物阻隔太阳辐射，防止房间过热的隔热措施。其隔热原理为：植被茎叶的遮阳作用，可以有效降低屋面的室外综合温度，减少屋面的温差传热量；植物的光合作用消耗太阳能用于自身的蒸腾；植被基层的土壤或水体的蒸发消耗太阳能。因此，种植屋面是十分有效的隔热节能屋面，常用于夏热冬冷和夏热冬暖地区的屋面隔热。

3. 屋面设计策略

对于屋面的选择，从节能的角度来说要先满足节能要求以后再考虑构造形式等问题，所以屋面的保温层厚度是热工关注的焦点。当采用不同的保温材料时，保温层所需要的最小厚度及单位面积造价如表 4-5 所示。

屋面保温层所需要的最小厚度及单位面积造价 **表 4-5**

传热系数规范限值 [W/(m²·K)]	屋顶材料及厚度	保温材料		
		类型	最小厚度	造价（元/m²）
0.15W/(m²·K)	120mm 厚钢筋混凝土板	挤塑聚苯板 XPS	210mm	260（210mm）
		硬质聚氨酯	190mm	300（200mm）
0.35W/(m²·K)	120mm 厚钢筋混凝土板	挤塑聚苯板 XPS	90mm	130（90mm）
		硬质聚氨酯	72mm	225（75mm）

对于净零能耗建筑，屋面保温材料推荐使 XPS 板，并且根据承压要求对 XPS 板材的抗压性能提出要求，屋顶构造应当采用较为先进的有利于节能保温的构造体系。针对装配式建筑，可以采用正置式平屋面保温体系，该体系的优点为能消除热桥和墙体裂缝及渗水，隔热保温性能优良，延长建筑物使用寿命。

4.2.3 外门窗

门窗是建筑节能的薄弱环节，比墙体更容易出现热损失，在建筑围护结构能耗中占比最大。最为理想的建筑门窗选用模式是同时具备高透光率和低热传递系数的门窗。建筑门窗的节能设计主要包括改善材料的保温隔热性能以及提高门窗的密闭性能两方面。

1. 改善材料的保温隔热性能

首先需选择高性能的玻璃。玻璃种类主要分为普通玻璃和节能玻璃两大类。普通平板玻璃虽然具有造价低廉、采光性能好、施工安装方便、技术成熟等特点，但其传热系数大、能耗高。节能玻璃主要包含中空玻璃、镀膜玻璃、光致变色玻璃、吸热玻璃四种类型。中空玻璃由两层或多层玻璃间隔成空气间层，气层充入干燥气体或惰性气体，四边用胶接、焊接或熔接工艺加以密封而形成，其最大的特点是传热系数小，且具有良好的隔热、保温性能，同时具有防结露、隔声和降噪等功能。镀膜玻璃是在普通玻璃表面涂镀一层或多层金属、金属氧化物、其他薄膜或者金属的离子渗入玻璃表面或置换其表面层，使之成为无色或有色的薄膜。其中，热反射膜玻璃有较好的光学控制能力，能够明显减少太阳的辐射热能向室内的传递，保持室内温度的稳定，从而达到节能的效果。光致变色玻璃是指受紫外线或日光照射后，在可见光谱区产生光吸收而自动变色，光照停止后可自动恢复到初始的透明状态的玻璃。吸热玻璃是在平板玻璃成分中加入微量镍、铁、钴、硒等元素而制成的着色透明玻璃。目前，除上述四种节能玻璃外，夹层玻璃也有较好的节能效果，特别是真空玻璃，节能效果最佳。

除了玻璃之外，选择热工性能良好的门窗框材料对改善材料的保温隔热性能同样重要。常见的门窗类型包括断热铝合金型材窗、塑料门窗及新型节能窗。断桥式铝合金窗的原理是利用PA66尼龙将室内外两层铝合金既隔开又紧密连接成一个整体，构成一种新的隔热型铝型材，具有保温性好、隔声性好、耐冲击、气密性好、水密性好、防火性好、防盗性好、免维护等优点。塑料门窗是近年来国内外发展较快的一类新型建筑门窗，其主体材料聚氯乙烯（PVC）塑料异型材具有良好的绝热性能。和传统的金属门窗相比，塑料门窗有着优良的保温隔热性能。PVC塑料窗框主要具有隔热性能好、生产能耗低、密封性能好等优点。新型节能窗的特点主要包括抽真空玻璃、透明保温材料、可调节玻璃三个方面。

2. 提高门窗的密闭性能

首先需选择合理的门窗开启方式。例如在北方地区，建筑要注意冬季的保温设计。建筑入口应设计门斗与门扇，外廊与楼梯间要少设窗扇，以减少冷空气对建筑物的渗透而达到保温节能。推拉窗在开启过程中窗扇上下形成明显的对流交换，热冷空气的对流形成较大的热损失，节能效果不理想。平开窗、固定窗的密闭性好，节能效果好。对大面积的窗户应以固定扇为主，适当考虑开启扇。

其次，门窗密封条的使用是提高门窗密闭性能的重要环节。通过门窗缝隙的空气渗透耗热量占建筑物围护结构的20％～25％，因此，加设密封条是改善门窗节能性能的重要途径。聚氨酯泡沫填缝剂具有良好的粘结力和优异的弹性，可自行发泡并可随时使用泡沫填充材料，现已广泛使用。

保证门窗的隔热性能，除合理选择型材、玻璃外，还要保证门窗的缝隙密闭性能好，才能达到设计要求。结构洞口与窗框间隙太小，则缝隙深处不易填实，缝隙处热损失大；缝隙过大，将容易龟裂，并引起更多的热穿透。因此，缝隙的构造设计及施工过程的技术要求应体现在图纸上，并严格按图纸施工。

此外，外窗在重点考虑提高保温隔热性能及气密性的同时，还应考虑隔声等问题。

3. 外门窗设计策略

对外门窗的要求是实现冬季最大限度利用太阳能、夏季遮挡太阳辐射的作用，同时基本满足室内自然采光的需要。不同外窗类型的传热系数及价格如表4-6所示。

不同外窗类型的传热系数及价格 **表4-6**

外窗类型		传热系数［W/(m²·K)］	价格（元/m²）	备注
选用玻璃	型材类别			
Low-E中空＋真空玻璃	铝塑（铝木）复合断热窗	1.0～1.2	约2800	空气间层厚度≥16mm
		0.8～1.0	约3200	空气间层厚度≥16mm
	PVC塑料窗	1.0～1.2	约1900	空气间层厚度≥12mm

对于净零能耗建筑，可以在尽量控制窗墙比的前提下选用保温性能好的外门窗，推荐使用铝塑（铝木）复合断热窗框＋Low-E中空＋真空玻璃的形式。

4.2.4 设计策略

高性能围护结构设计是实现净零能耗建筑的关键，通过梳理外墙、屋面、外门窗的节能设计策略，可为逐步实现净零能耗提供理论依据。具体的设计措施如下：

(1) 外墙自保温隔热体系主要适用于低层建筑承重和框架结构的填充外墙，在严寒地区、寒冷地区不宜采用该保温体系。外墙内保温不宜用于寒冷及严寒地区，但在夏热冬冷和夏热冬暖地区仍有很大的应用空间和潜力；对于采用间歇式供暖、空调方式的建筑，根据建筑的功能要求，也可选用外墙内保温做法。夹芯保温做法可用于严寒和寒冷地区，与外墙内保温技术相同，在设计时应做好热桥部位节点构造保温设计，避免内表面结露。

(2) 正置式保温屋面适宜各类气候区，不适合室内湿度大的建筑。倒置式保温屋面适宜各类气候区、既有建筑节能改造及室内空气湿度大的建筑，但不适宜于金属屋面。

(3) 反射屋面可用于平屋顶和坡屋顶，多用于炎热地区。通风隔热屋面适用于夏热冬冷和夏热冬暖地区，不宜在寒冷地区采用。开敞式蓄水屋面适用于夏季需要隔热而冬季不需要保温或兼顾保温的地区。种植屋面可广泛应用于北方和南方地区，倒置式保温屋面不得做种植屋面。

(4) 对于严寒和寒冷地区，外门窗的节能设计主要从降低门窗的传热系数、提高门窗的气密性、增加夜间保温措施三个方面展开。对于夏热冬冷地区，重点关注门窗的隔热性能、保温性能及遮阳。对于夏热冬暖地区，降低玻璃遮阳系数、减少门窗传热、采取遮阳措施是外门窗节能设计的关键因素。

4.3 功能性新型材料选择

保温隔热材料在建筑节能领域被广泛应用。利用新型的保温隔热材料减少建筑围护结构传热，是实现超低能耗、净零能耗的一种重要手段。常用保温隔热材料的功能模式都是从减少热传导、热辐射和热对流角度减少传热热流，一般具有疏松多孔阻碍空气对流的微观结构，或封闭真空层，也可兼而有之形成复合保温隔热围护结构，比如各种泡沫夹芯板、具有轻质保温层的复合墙体等。目前，随着建筑材料的发展，出现了一些功能性很强的建筑材料，具有高效、安全、性能优异等特点。

4.3.1 气凝胶高效隔热材料

气凝胶又称为干凝胶。当凝胶脱去大部分溶剂，使凝胶中液体含量比固体含量少得多，或凝胶的空间网状结构中充满的介质是气体，外表呈固体状，即为气凝胶。气凝胶具有凝胶的性质，即具有膨胀作用、触变作用、离浆作用，是现阶段建筑领域应用较为广泛的全新材料，与传统保温材料相比，气凝胶材料有着非常低的导热系数，具有良好的保温隔热、防火性能，其在建筑工程中的应用主要体现在气凝胶绝热板保温、气凝胶节能门窗、房顶太阳能集热器等方面。气凝胶保温隔热原理如表4-7所示。

气凝胶保温隔热原理　　表 4-7

序号	类型	原理
1	对流	当气凝胶材料中的气孔直径小于 70nm 时，气孔内的空气分子就失去了自由流动的能力，相对地附着在气孔壁上，这时材料处于近似真空状态
2	辐射	由于材料内的气孔均为纳米级气孔，再加上材料本身极低的体积密度，使材料内部气孔壁数目趋于“无穷多”，对于每一个气孔壁来说都具有遮阳板的作用，因而产生近于“无穷多遮阳板”的效应，从而使辐射传热下降到近乎最低极限
3	热传导	由于近于无穷多纳米孔的存在，热流在固体中传递时就只能沿着气孔壁传递，近于无穷多的气孔壁构成了近于“无穷长路径”效应，使得固体热传导的能力下降到接近最低极限

目前，用于外墙外保温系统的保温功能材料可以分为有机保温材料和无机保温材料。气凝胶材料的导热系数一般为 0.020W/(m·K) 左右，是岩棉板的 1/2，是聚苯乙烯板和挤塑聚苯板的 1/2，作为一种无机保温材料，其成型的板材或者毡材品的密度为 160～250kg/m^3，虽然比有机保温材料重，但是其具有耐火不燃的特点，燃烧等级达到 A 级，在防火性能方面具有明显的优势。与传统的有机及无机保温材料相比，气凝胶墙体保温材料在防火性能、传热性能方面具有明显的优势，如表 4-8 所示。

气凝胶材料与常用保温材料的性能　　表 4-8

保温材料分类	保温材料	导热系数［W/(m·K)］	燃烧等级	堆积密度（kg/m^3）	结论
气凝胶保温材料	气凝胶毡料	≤0.020	A	160～200	不燃，隔热效果好，较轻
	气凝胶板材				
传统有机保温材料	聚氨酯保温板	0.017～0.023	B1、B2	45～60	可燃，隔热效果较好，轻质
	酚醛乙烯保温板	0.033	B1、B2	48	可燃，隔热效果较好，轻质
	聚苯乙烯保温板	0.030～0.040	B1、B2	18～45	可燃，隔热效果较好，很轻
传统有机保温材料	岩棉板	0.040	A	140～200	不燃，隔热效果较好，较轻
	膨胀玻化微珠	0.070～0.085		300～550	不燃，隔热效果一般，较重
	保温砂浆	≤0.08		≤700	不燃，隔热效果一般，较重
	陶粒保温砂浆	≤0.10		≤700	不燃，隔热效果一般，较重

气凝胶保温材料与 XPS、EPS、聚氨酯泡沫、玻璃纤维棉相比可节省 50%～60%的原材料，明显减小外保温材料厚度，提升建筑外墙使用空间。

目前，气凝胶在建筑节能工程中的应用也体现在节能门窗上。从建筑结构耗能构成来看，门窗的总耗能值达到了建筑总围护结构耗能量的 30%～50%，其隔热保温节能性能非常差，直接影响整个建筑围护结构的节能效果。此外，目前我国的门窗节能程度与国外许多国家相比较仍有差距，在同等气候环境下，国外门窗单位能耗值仅为我国的 40%左右，所以降低门窗能耗是提高建筑节能的重要举措。

目前，在外窗中使用的气凝胶形式主要是块状气凝胶和颗粒状气凝胶，具体做法是将块状气凝胶玻璃或者颗粒气凝胶填充到两块玻璃中间，然后将玻璃的四周密封，制成气凝胶玻璃，其构造做法如图 4-4 所示。

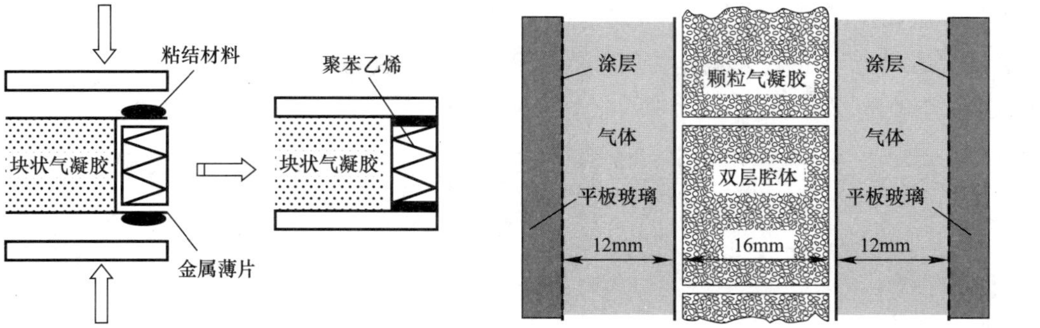

图 4-4　气凝胶玻璃构造

气凝胶节能门窗拥有非常好的保温效果。通常，Low-E 双层中空玻璃的热传导系数为 1.43W/(m^2·K)，但是相同厚度的气凝胶门窗的热传导系数仅为 0.56W/(m^2·K)，并且能确保透光率在 40%以上。可见气凝胶节能门窗不仅拥有很好的隔热保温性能，还具有良好的透光性，可以广泛应用于建筑透明围护结构部位。

由于气凝胶围护结构良好的保温隔热性能和可见光透过率，不仅能降低供暖空调能耗，还能减少人工照明时间节约照明能耗，与整个建筑的供暖、空调和通风系统结合在一起，整个建筑能源使用十分高效。但气凝胶半透明复合保温板使用的地域气候有一定的选择性，在以保温为主的严寒和寒冷地区，具有优异的节能效果。在夏季太阳辐射较强的夏热冬暖和夏热冬冷地区，其阻挡太阳辐射热量的能力一般，所以对于降低建筑夏季制冷能耗的效果较一般。

4.3.2　辐射型致冷涂料

常规的降温涂料包括阻隔型、反射型两种，很多国外的学者对这两种材料都开展过大量的实验研究，很多研究结论也说明了两者的隔热原理。辐射型致冷涂料的隔热原理为：在光照条件下，可将吸收到的太阳辐射转变为热能，并通过红外辐射把这些热能传递出去，从而达到散热的目的。

辐射型功能型涂料，通过在高性能太阳热反射降温涂料中加入特殊核心功能助剂，大大提高了涂层材料的有效太阳反射率，突破了常规白色降温涂料太阳反射率的上限。同时，涂料在远红外波段还具有很高的发射率，实现了阳光直射下低于周边环境气温的目标。其致冷机理概括起来如下：当涂覆辐射型致冷涂料的表面于阳光下直面天空时，90%以上的太阳辐射被反射，剩余被吸收的热量小于以红外电磁波辐射的形式散发到大气层与大气层外的宇宙空间的热量，使得吸收进表面的热量小于辐射出去的热量，因此表面温度恒低于周边环境气温。

辐射型致冷涂料在太阳能量波段反射率均高于普通隔热涂料，在 400～1300nm 范围内具有非常高的反射率。辐射型致冷涂料在长波辐射波段发射率均高于普通隔热涂料，在 2500～5000nm 范围内两种涂料均具有非常高的反射率，达到 0.87 以上。而在重要的在大气窗口波段范围内（8000～13000nm），普通隔热涂料发射率维持在 0.78～0.84，而辐射型致冷涂料发射率达到 0.91～0.96，两种涂料相比较而言，辐射型致冷涂料在 2500～

25000nm 波长范围内，具有更好的发射率，特别是在 8000～13000nm 范围内，辐射型致冷涂料能达到 0.96 的发射率，为物体表面热量向大气窗口传递提供了良好的条件。两种涂料的反射率和发射率如图 4-5 所示。

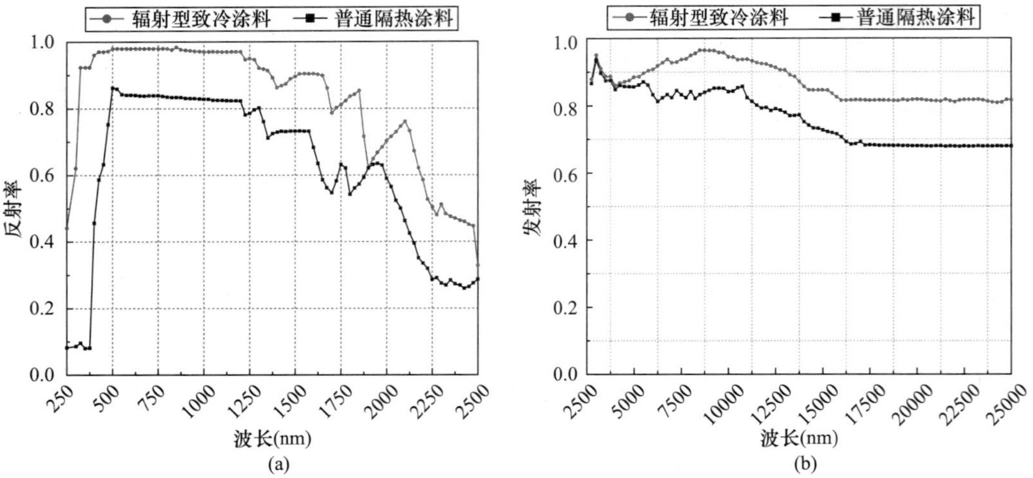

图 4-5　两种涂料的反射率和发射率

(a) 反射率（250～2500nm 波长段）；(b) 发射率（2500～25000nm 波长段）

通过对分别涂刷辐射型致冷涂料和普通隔热涂料的房间的外墙表面温度进行大量的模拟，获得在夏热冬冷、夏热冬暖、温和气候区涂刷辐射型致冷涂料房间和涂刷普通隔热涂料房间的外面表面温度以及建筑能耗的对比，结果如下：

涂刷辐射型致冷涂料的房间外墙表面的温度变化趋势与普通隔热涂料基本相同，但在降温效果上远优于普通隔热涂料。房间外墙表面的温度均小于室外空气温度（除下雨情况），大部分的时间里低于室外空气温度 1.0～2.0℃。涂刷辐射型致冷涂料的房间和涂刷普通隔热涂料的房间夏季耗冷量分别为 156.06kWh 和 189.72kWh。因在夏热冬冷地区，冬季需要供暖，在冬季，其对太阳辐射的反射以及对大气的辐射，反而会加强建筑对外的散热，从而增加冬季供暖能耗，所以针对需要冬季供暖的夏热冬冷地区，需对全年的空调供暖能耗进行分析对比。涂刷普通隔热涂料的房间全年的能耗为 437.81kWh，涂刷涂刷辐射型致冷涂料的房间全年能耗为 386.84kWh。从整体来看，全年可节省空调供暖能耗 11.7%。总体来说，对于夏热冬冷等以制冷能耗为主的气候区，使用辐射型致冷涂料可显著降低全年空调能耗。

两种涂料在不同地区于 6～8 月的总空调能耗差异如表 4-9 所示。

不同地区空调能耗差异表　　**表 4-9**

城市	辐射型反射隔热涂料能耗（kWh）	普通隔热涂料能耗（kWh）	空调能耗差（kWh）	空调能耗差百分比
成都（夏热冬冷地区）	156.06	189.72	33.66	17.7%
广州（夏热冬暖地区）	135.15	179.81	179.81	24.8%
昆明（温和地区）	27.81	53.97	26.16	48.5%

从成都、广州和昆明三个城市6～8月供冷空调能耗分析结果可以看出，辐射型致冷涂料和普通隔热涂料房间的空调能耗水平存在明显的差异。整体而言，普通隔热涂料房间的空调能耗均高于辐射型致冷涂料房间。对于夏热冬冷、夏热冬暖和温和地区，涂刷辐射型致冷涂料较采用普通隔热涂料可节省的夏季供冷空调能耗分别为17.7%、24.8%、48.5%、22.3%。对于有冬季供暖需求的成都地区，全年可节省空调供暖能耗11.7%。对于全年空调负荷较其他地区小的温和地区（昆明），辐射型致冷涂料房间夏季空调能耗较普通隔热涂料房间减少了将近50%，但由于温和地区全年空调负荷较小，节约空调能耗的总量不大。对于以夏季供冷为主的夏季炎热气候区，辐射型致冷涂料房间夏季空调能耗较普通隔热涂料房间减少20%。总体来说，对于我国南方地区，特别是以夏季供冷为主的地区，南侧外墙面采用辐射型致冷涂料将大大降低建筑的全年能耗，这对于我国南方地区实现低能耗建筑目标起到极大的推动作用。另外，该辐射型致冷涂料目前已实现量产，价格也较为便宜，仅40～50元/m^2，且在夏热冬冷、夏热冬暖地区节约全年耗电量的绝对值较大，所以辐射型致冷涂料的使用也具有极短的经济回收期，值得推广使用。

4.3.3 纳米蒙脱石纤维装饰一体化外墙系统

玄武岩蒙脱石纤维主要由玄武岩和蒙脱石复合而成，是集装饰、节能、耐候、防火于一体的围护结构（外墙板），不仅满足承受工业化外墙饰面系统抗弯、剪、拉、压、冲击极限强度等力学性能的要求，还能满足不同建筑外表皮要求的造型美观、色彩丰富、材质多样、耐候防火等需求。

由于纤维材料具有优异的材料物性，不仅能应用到建筑结构上，还可以与保温材料复合之后形成具有结构功能和保温隔热功能的工业化墙板，彻底解决长期困扰我国建筑外墙保温材料耐候、火灾以及与建筑同寿命等难题。目前玄武岩蒙脱石纤维集装饰、节能、耐候、防火一体化围护结构（外墙板），具有承受工业化外墙饰面系统抗弯、剪、拉、压、冲击极限强度等力学性能的要求，还能满足不同建筑外表皮要求的造型美观、色彩丰富、材质多样、耐候防火等需求。

现阶段纳米蒙脱石复合纤维板系统包括单板、中空板、压型板三类以及相关配件及连接系统（见图4-6～图4-11），并且对饰面效果进行了优化。

图4-6 单板产品

图4-7 中空板产品

图 4-8　压型板产品

图 4-9　单板连接示意图

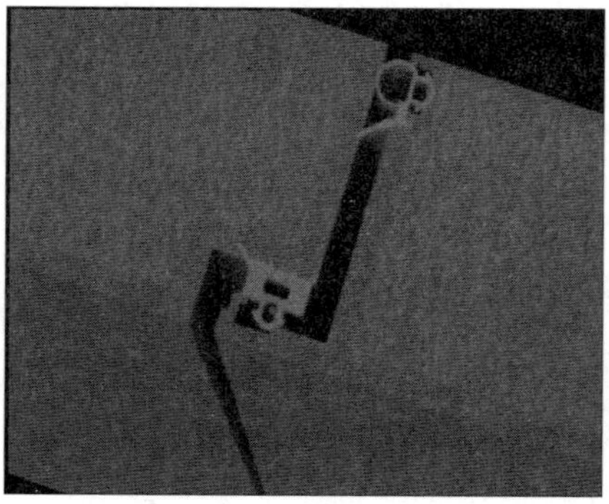

图 4-10　纤维保温复合板连接示意图

图 4-11　不同饰面效果

纳米蒙脱石纤维装饰一体化外墙系统具有以下优异的系统特性：

（1）轻质高强，重量仅为钢材的 1/4，强度为 Q235 钢的 3 倍；

（2）高温复合，抗老化能力极强，产品经久耐用；

（3）工业化预制集成，品质卓越；

（4）大尺寸单元式拼装，施工高效，无湿作业；

（5）填塞高效保温材料，根据保温厚度适应所有气候区；

（6）纯无机配方，耐火等级达 A 级；

（7）系统免龙骨，具有良好的经济性。

这种集装饰、防火、防水、节能一体化复合工业化轻质围护结构材料产品及其配套材料，以及产品与主体结构标准接口技术设计，是解决我国目前缺乏成熟、可靠围护结构保温系统的最佳选择。

4.4　自然通风设计

为了改善室内热环境，降低建筑空调系统的能耗，人们致力于利用自然能源进行室内环境营造。自然通风是当今建筑普遍采用的一项改善建筑热环境，减少空调能耗的技术，在降低能耗的同时减少污染，符合建筑可持续发展和绿色低碳的要求，是优化建筑性能和节约能源的重要途径，也是净零能耗建筑设计的关注重点。

自然通风设计目的和基本原则如下：

（1）在不消耗不可再生能源的情况下降低室内温度，带走潮湿气体，改善热舒适环境，满足人和大自然交往的心理需求；

（2）提供新鲜、清洁的自然空气（新风），提高室内空气品质，排除室内污浊的空气，有利于人的生理和心理健康；

（3）应优先采用自然通风去除室内热量，以缩短机械通风系统或空气调节系统的运行时间，节约能源；

（4）建筑平、立、剖面设计，空间组织和门窗洞口的设置应有利于组织室内自然通风；

（5）受建筑平、立面布置的影响，室内无法形成流畅的通风路径时，宜设置辅助通风装置以完善建筑的自然通风性能；

（6）室内的管路、设备等不应妨碍建筑的自然通风。

4.4.1　室外风环境设计

受到城市下垫面的粗糙程度、城市街道走向以及高层建筑等因素的影响，局部地段的风向、风速会发生明显变化。因此建筑密度增加、建筑布局会严重影响室外风环境，进而影响室内自然通风。合理的室外风环境设计，对自然通风效果十分重要。

净零能耗建筑室外风环境设计是对区域建筑群的设计要求，通过对建筑的平面布置，实现场地内风环境有利于室外行走、活动舒适和建筑的自然通风。建筑物的布局和所处位置对建筑的自然通风效果具有重要影响，从利用自然通风的角度来说，区域内建筑的合理布局可以合理组织区域的风场，有利于区域内建筑的自然通风利用。在需要将通风能力调节到最大的时候，应该为建筑物选择一个多风的位置，而且在设计建筑物的朝向时，应该将迎风墙设计到垂直于当地夏季时的风向。建筑布局形式与通风如表 4-10 所示。

建筑布局形式与通风　　　**表 4-10**

布局形式与通风	图示	布局形式与通风	图示
平行行列式：建筑的主要迎风面与风的吹来方向成 45°为最佳，否则不利	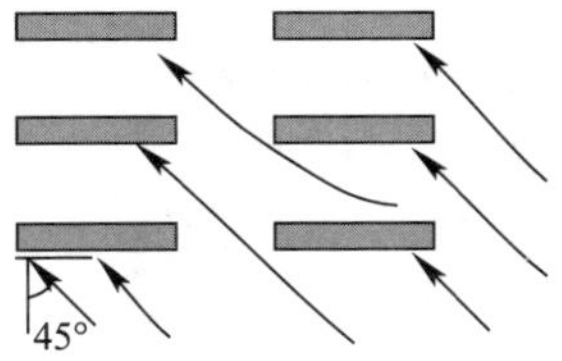	错列式：可增大建筑的迎风面，易使气流导入到建筑群内部及建筑室内	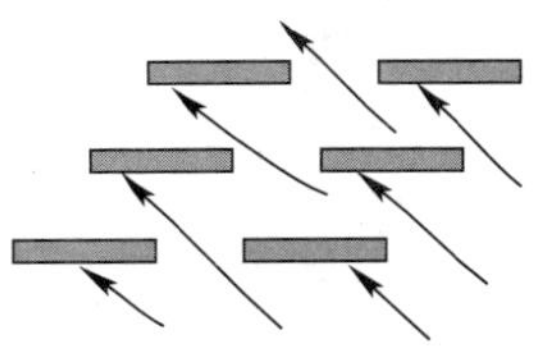
疏密相间式：即利用“狭管效应”，密处风速较大，可以改善通风效果	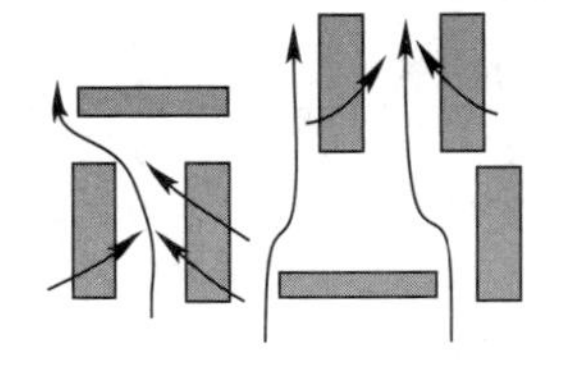	豁口迎风式：迎主导风向，前面布顺风向长条形建筑或布点式，以形成豁口利于通风	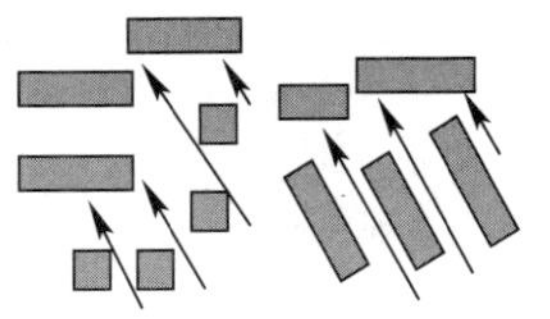

续表

布局形式与通风	图示	布局形式与通风	图示
长短结合式：长栋建筑利于冬季阻挡寒风，短栋建筑利于夏季通风	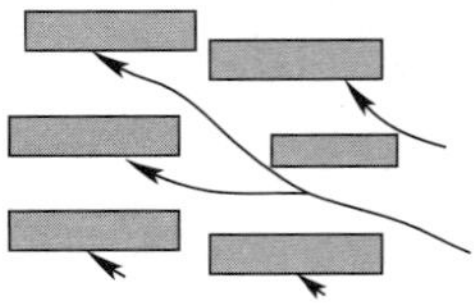	周边式：应将四角敞开，围而不合，并开敞处与主风向斜交，则可增强通风效果	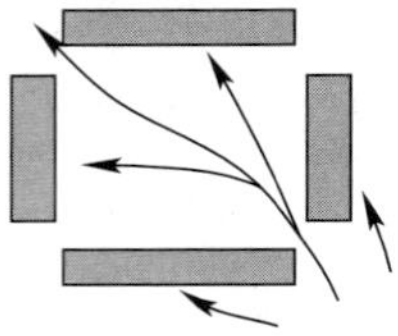

4.4.2　室内风环境设计

1. 中庭通风

中庭是一种常见的在高大空间中利用烟囱效应的热压组织的自然通风形式。空气被加热后上浮，形成温度分层，如果顶部有开口，内部热气流就会上升，带动空气流动。中庭被广泛应用在各类型的建筑中，如图 4-12 所示。

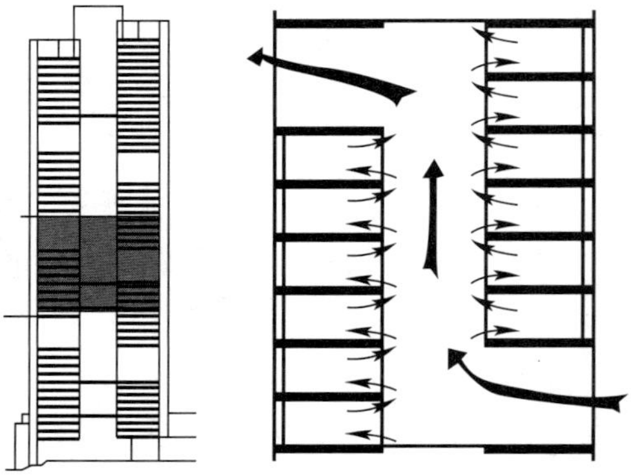

图 4-12　中庭通风示意图

中庭自然通风的设计原则及方法：

（1）通风中庭或天井宜设置在发热量大、人流量大的部位，在空间上与外窗、外门以及主要功能空间相连通；

（2）通风中庭或天井的上部应设置启闭方便的排风窗（口）；

（3）在中和面以下向中庭开窗，在中和面以上减少向中庭开窗；

（4）控制中庭高宽比，过高中庭可采取分段形式。过低中庭可增加顶部通风开口。高宽比小的中庭有利于得热，高宽比大的中庭有利于防热并强化烟囱效应，应根据设置中庭的目的选择合适的高宽比。

表 4-11 是不同形式中庭的通风处理方法。

不同形式中庭的通风处理方法　　表 4-11

中庭形式	内院型	边庭型	通廊型
示意图			
处理方法	中庭高度不宜太高，底部与顶部需设置通风口	边庭不宜朝向西侧，减少夏季得热；边庭朝向宜朝南，冬季有良好的室内热环境，夏季可采用立面遮阳措施	宜两侧开通风口，通风口宜设置在夏季主导风向上

2. 门窗洞口通风

单体建筑的开窗位置对其自然通风的利用效果也是非常重要的，净零能耗建筑周围的风场情况良好，具有利用自然通风的前提时，若户型设计不够理想，如房间进深过大，房间流场阻隔过多造成通风阻抗过大以及开窗位置不佳，这些都无法很好地利用自然通风。表 4-12 是窗的开启位置和室内流场比较。

窗的开启位置和室内流场　　　　**表 4-12**

型式	图示	通风特点	备注
侧过型	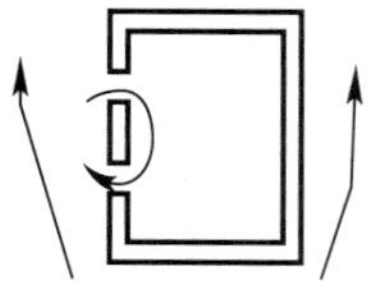	室外风速对室内通风影响小； 室内空气扰动很小； 无法创造室内良好通风条件	尽量避免
正排型	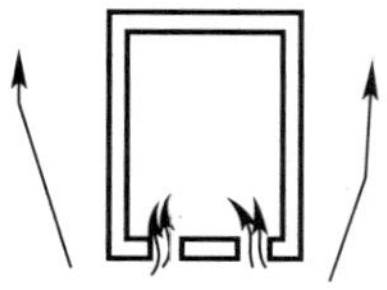	只有进风口，无出风口； 典型的通风不利型； 室内只存在一定的气流扰动	尽量避免
逆排型	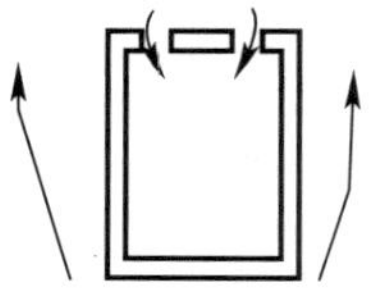	只有出风口，无进风口（相对而言）； 最不佳洞口方式； 仅靠空气负压作用吸入空气	尽量避免
垂直型	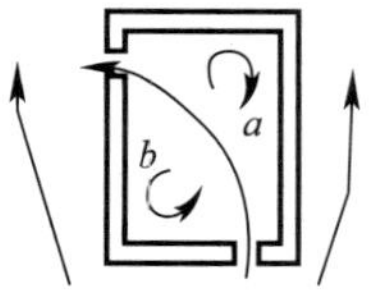	气流走向直角转弯，有较大阻力； 室内涡流区明显，通风质量下降； 区域 a 比 b 通风质量较好	少量采用
错位型		有较广的通风覆盖面； 室内涡流较小，阻力较小； 通风覆盖面较小	建议采用
侧穿型	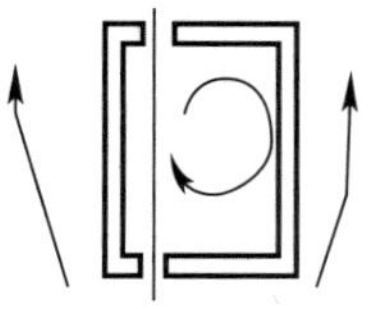	通风直接、流畅； 室内涡流区明显，涡流区通风质量不佳； 通风覆盖面积小	少量采用
穿堂型	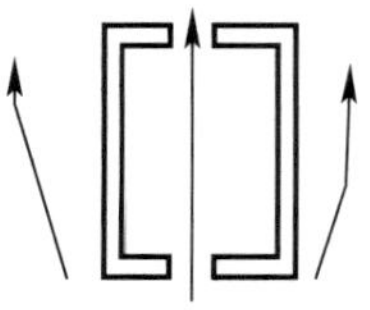	有较广的通风覆盖面； 通风直接、流畅； 室内涡流较小	建议采用

净零能耗建筑外窗的可开启形式对自然通风也有很大的影响，这种影响主要体现在外

窗实际有效可开启面积的大小以及对自然风的导风和调控性能。表 4-13 是几种可开启外窗的性能比较。

几种可开启外窗的性能比较　　表 4-13

开启窗形式	有效开启面积	对自然风的导风性能	开启状态对立面外观的影响
上悬窗	小	差	中
平开窗	大	中	大
推拉窗	大	较差	小

4.4.3 自然通风的计算及辅助设计

自然通风依靠室外风力造成的风压和室内外空气温度差造成的热压，促使空气流动，使得建筑室内外空气交换。室外自然风吹向建筑物时，在建筑物的迎风面形成正压区，背风面形成负压区，利用两者之间的压差进行室内通风，就是风压通风，如图 4-13（a）所示。其中人们所常说的“穿堂风”就是利用风压在建筑内部产生空气流动。

热压通风则是因为室内外温度差引起空气的密度差而产生的空气流动。当室内空气温度高于室外时，室外空气由建筑物的下部进入室内，从建筑物的上部排到室外；当室外温度高于室内时，则气流流向相反，如图 4-13（b）所示。

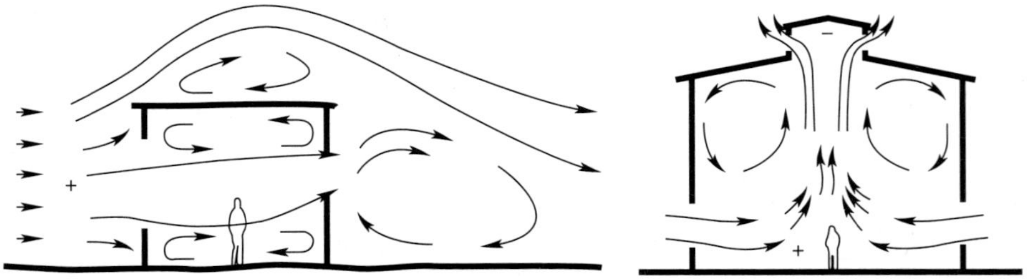

(a)　　(b)

图 4-13　自然通风原理图

（a）风压通风；（b）热压通风

1. 自然通风计算

（1）风压通风计算

由风压引起的通风量 N 用下面的方法计算。

前后墙风压差 ΔP_W 可近似为：

$$\Delta P_W = k\frac{\rho}{2}v \tag{4-1}$$

式中　k——前后墙空气动力系数之差（风与墙夹角 α 在以上为 60°～90°，k=1.2；当 α<60°时，k=0.1+0.018α）；

ρ——空气密度，kg/m³；

v——室外风速，m/s。

当风口在同一面墙上时（并联风口），有：

$$N = 0.827\left(\sum A\right)\left(\frac{\Delta P}{g}\right)^{0.5} \tag{4-2}$$

当风口在不同墙上时（串联风口），有：

$$N = 0.827\left[\frac{A_1 A_2}{(A_1 + A_2)^{0.5}}\right]\left(\frac{\Delta P}{g}\right)^{0.5} \tag{4-3}$$

式中　$\sum A$——通风口总面积，m^2；

A_1、A_2——分别为两墙上风口面积，m^2；

ΔP——风口两侧的风压差，Pa。

（2）热压通风计算

热压作用下的自然通风量 N 可用下式计算：

$$N = 0.171\left[\frac{A_1 A_2}{(A_1^2 + A_2^2)^{0.5}}\right]\left[H(t_N - t_W)\right]^{0.5} \tag{4-4}$$

式中　A_1、A_2——分别为进、排风口面积，m^2；

t_N、t_W——分别为室内、室外温度,℃。

（3）风压和热压共同作用下的自然通风

在实际建筑中的自然通风，是风压和热压共同作用的结果，两种作用，有时相互加强，有时相互抵消（图 4-14）。由于风压受到天气、室外风向、建筑物形状、周围环境等因素的影响，风压与热压共同作用时，并不是简单的线性关系。

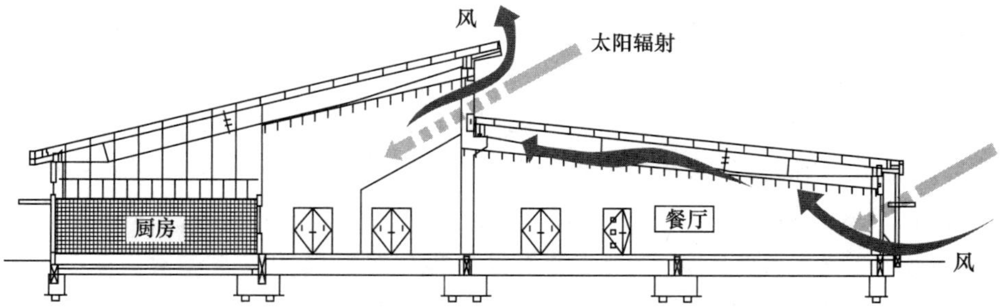

图 4-14　风压与热压共同作用下的通风

2. 辅助设计

由于建筑自然通风效果与当地风环境条件、场地环境、建筑布局、室内平面划分等众多因素相关，通常需要借助计算机模拟的手段，才能对自然通风相关的评价指标进行量化计算和评价。本节重点介绍如何标准化利用相关模拟工具对建筑自然通风进行计算和评价。

根据侧重点不同，自然通风模拟有两种方法：一种为多区域网络模拟方法，其侧重点为建筑整体通风状况，为集总模型，可与建筑能耗模拟软件相结合；另一种为 CFD 模拟方法，可以详细描述单一区域的自然通风特性。

（1）模拟工具

不同模拟方法所应用的模拟软件不同，如表 4-14 所示。

模拟方法及软件 表 4-14

模拟方法	模拟软件
多区域网络法模拟	ContamW、SPARK、COMIS、ESP-r、EnergyPlus、DOE-2、MIX、DEST、Vent
CFD 模拟	Fluent、Phoenics、Airpak、Vent、Wind Perfect、ANSYS CFD、IES<VE>、STAR-CCM+、Flovent

（2）模拟边界条件设置要点

1）多区域网络模拟方法

① 确定建筑通风拓扑路径图，并据此建立模型；

② 确定通风洞口阻力模型及参数；

③ 确定洞口压力边界条件（可根据室外风环境得到）；

④ 如计算热压通风，需要室内外温度条件以及室内发热量；

⑤ 确定室外压力条件。

2）CFD 模拟方法

① 根据建筑规模、软件性能和网格限制等条件，确定采用室内外联合模拟方法或室外、室内分步模拟方法；

② 室外气象参数选择：过渡季典型工况下的风向、风速、空气温度，并按稳态进行模拟；

③ 计算域的设定：采用室内外联合模拟方法，以及采用室外、室内分步模拟法进行室外模拟时，计算域的设定参照室外风环境模拟的相关规定；

④ 自然通风开口设置：建筑门窗等通风口均应根据实际开闭情况进行建模，开口面积应按照实际的可开启面积设置；

⑤ 门、窗压力取值：通过室外风环境模拟结果读取各个门窗的平均压力值；

⑥ 室内网格划分：室内的网格应能反映所有显著阻隔通风的室内设施，通风口上宜有 9 个（3×3）以上的网格；

⑦ 湍流模型选取：宜采用标准 κ-ε 模型或其他更高精度的模型；

⑧ 室内边界条件：对于高大空间，应合理设置热边界条件；对于非高大空间，在进行室内自然通风模拟时，可不考虑室内热边界条件。

4.5 自然采光设计

窗墙面积比对室内自然采光的影响较大，在距外墙 4m 范围以内，窗墙面积比对室内照度有显著影响，超出 4m 以后，影响很小。但是，并不是窗户面积越大越好，因为室内照度太高的话，会影响室内工作人员的视觉舒适度，也会增加太阳辐射热和传热负荷，从而增加空调负荷。同时也要考虑建筑结构的承重荷载。

4.5.1 采光质量

在利用天然光采光时，首先是研究室内照度和采光系数是否能够满足室内人员作业要求。国家标准《建筑采光设计标准》GB 50033-2013 对办公建筑的天然采光的室内照度和采光系数进行了相应规定，如表 4-15 所示。

视觉作业场所工作面上的采光系数标准值　　表 4-15

采光等级	视觉作业分类	场所名称	侧面采光	
	作业精确度	—	室内天然光照度标准值（lx）	采光系数标准值 C_{min}（%）
Ⅱ	很精细	设计室、绘图室	600	4.0
Ⅲ	精细	办公室、会议室	450	3.0
Ⅳ	一般	复印室、档案室	300	2.0
Ⅴ	粗糙	走道、楼梯间、卫生间	150	1.0

为使建筑有良好的自然采光效果，采用性能化设计方法对建筑采光方案进行辅助设计，通常采用采光模拟软件对建筑自然采光进行分析模拟。

1. 自然采光辅助设计

（1）模拟工具

1）Radiance

Radiance 是美国劳伦斯伯克利国家实验室开发的免费光环境模拟分析软件。该软件采用的是蒙特卡洛采样和确定性计算相结合的混合光线追踪模型，可精准模拟天然采光与人工照明，生成真实的场景渲染图，其模拟精度非常高并受到业界的公认。但由于 Radiance 的运行环境为 Unix 系统，对于一般的 Windows 用户来说难以直接使用。而且该软不具备建模能力，软件设置也较为复杂，要求用户具有一定的编程能力，导致其易用性很低。

2）Daysim

Daysim 是目前唯一一款动态光环境模拟软件，由加拿大国家研究院开发。该软件采用 Radiance 作为计算核心，可以对建筑的光环境进行逐时模拟。除了采光系数外，Daysim 还可以计算全自然采光百分比（Daylight Autonomy）、有效天然采光照度（Useful Daylight Illuminances）等动态采光评价标准。但该软件同样不具备建模能力，只能通过 Ecotect、Sketch up 等软件辅助完成建模工作，并且其计算结果只能生成网页形式的报表，用户需自行处理数据生成所需的图像，造成了一定的不便。

3）Ecotect Analysis

Ecotect Analysis 最初是由英国 Square One 公司开发的生态建筑设计软件，2008 年被 Autodesk 公司收购。Ecotect Analysis 的分析范围很广，从太阳辐射、日照、遮阳、采光、照明到热工、室内声场等都可以进行模拟，涵盖了热环境、风环境、光环境、声环境、日照、经济性及环境影响与可视度等建筑物理环境的 7 个方面。其建模方便，界面友好，光环境模拟方面采用了英国建筑研究中心（BRE）的分项法（Split Flux）来计算采光系数。并且可在需要时调用 Radiance 做进一步的精确分析。

上述光环境模拟软件比选如表 4-16 所示。

光环境模拟软件比选　　表 4-16

软件	界面易用性	模型兼容性	光照模型	计算精度	图像生产
Radiance	很低	较高	光线跟踪	很高	可以
Daysim	中等	中等	光线跟踪	很高	不可以
Ecotect	很高	很高	BRE 分项法/可调用 Radiance	较高	可以

根据以上分析，经过对易用性、兼容性、计算精度等因素的综合比选，通常采用 Ecotect Analysis 光环境分析软件进行采光模拟分析，必要时调用 Radiance。

（2）结果处理和分析要点

1）模拟计算得到建筑主要功能房间的采光系数，据此判定是否满足标准要求。

2）根据需要输出其他结果，如房间的最大采光系数和平均采光系数的比值小于 6（均匀度）、采光照度值不低于采光要求小时数（4h/d）房间面积、眩光指数等。

2. 采光效果分析

开窗面积对建筑自然采光有决定性的影响作用，开窗面积越大，自然采光量就越大。以中国建筑西南设计研究院墙材科技有限公司办公楼建立采光模型，在不同窗墙比下进行模拟，分析室内采光系数平均值随窗墙比的变化规律。

工况：侧面采光，室内参考平面为地面，窗墙比取值为 10%，20%，30%，40%，50%，60%，70%，80%，模拟结果如图 4-15 所示。

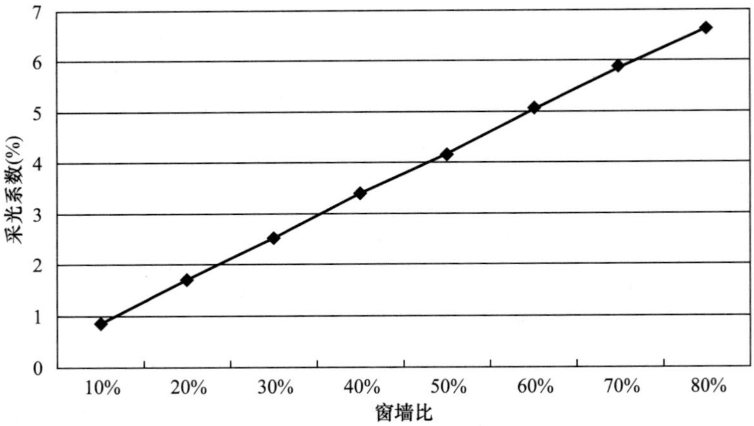

图 4-15　采光系数随窗墙比的变化

可以看出，采用侧面开窗的方式，参考平面的采光系数随开窗面积的增大而增大，并且窗墙比与采光系数间具有很强的线性关系。窗墙比每增加 10%，采光系数增加 0.82%。

另外，分别分析窗台高、窗形状及窗的分布形式这三个因素及其不同变化情景对办公空间室内天然采光的影响。结合成都市的气候条件模拟典型办公空间的天然光环境，从改善天然采光质量的角度对外窗的设计可得到以下设计导则：

（1）同时增加南北两侧窗墙比最有利于改善室内采光，照度和照度均匀度都大幅提升，其次为只增加北侧窗墙比，虽然增加南侧窗墙比能明显提高近窗处的照度，但太阳直射光的可用度较低，易引起用户不适；

（2）增加窗高度时，保持窗台高不变比降低窗台高度效果更佳，工作面高度以下的窗口面积对改善工作面光环境作用一般，因此不推荐落地窗；

（3）窗台越高，室内的天然采光分布越好，进深较大处照度上升，窗口处照度降低，该趋势在阴天条件下更明显；

（4）窗口形状对采光的影响可忽略不计，当南侧窗墙比为 0.55、北侧为 0.60 时，室内采光最佳，此时室内照度均匀度最大，照度分布最佳，不仅减小了南侧太阳直射光的影响，而且增大了北侧与进深较大处的照度。

根据大量的模拟数据，满足现行国家标准《建筑采光设计标准》GB 50033-2013 对不同建筑类型房间的采光要求的情况下，不同建筑类型、不同进深的房间，最小窗墙比宜符合表 4-17 的规定。

不同进深房间需要的最小窗墙比　　　　表 4-17

房间类型 \ 最小窗墙比（%） \ 进深（m）				5	6	7	8	9	10	11	12
不同建筑类型房间的窗墙面积比要求	公共建筑	办公室、会议室	1/5	23.81	28.57	33.33	38.10	42.86	47.62	52.38	57.14
		设计室、绘图室	1/3.5	34.01	40.82	47.62	54.42	61.22	68.03	74.83	81.63
	学校	教室、实验室	1/5	23.81	28.57	33.33	38.10	42.86	47.62	52.38	57.14
	图书馆	阅览室	1/5	23.81	28.57	33.33	38.10	42.86	47.62	52.38	57.14
		开架书库	1/5	23.81	28.57	33.33	38.10	42.86	47.62	52.38	57.14
	宾馆	客房	1/7	17.01	20.41	23.81	27.21	30.61	34.01	37.41	40.82
	医院	诊室、药房	1/5	23.81	28.57	33.33	38.10	42.86	47.62	52.38	57.14
		候诊室、病房	1/7	17.01	20.41	23.81	27.21	30.61	34.01	37.41	40.82

4.5.2　采光与能耗分析

随着窗墙比的增加，空调能耗线性增加，照明能耗线性减少。总能耗随窗墙比的增加而增加，但影响较小。侧窗在建筑的自然采光手段中也是不可或缺的，设置侧窗窗墙比为 10%，20%，……，80%，以夏热冬冷地区为例，模拟计算侧窗对建筑（朝向为正南）夏季空调能耗、冬季空调能耗以及总能耗的影响。其中总能耗为夏季空调、冬季供暖、照明能耗的总和。

图 4-16 给出了夏季空调能耗随侧窗窗墙比的变化曲线。可以看出，夏季空调能耗随窗墙比的增加，先是降低，达到最低点后随着窗墙比的增加而增加。其中相同窗墙比时，西向空调能耗最高，北向空调能耗最低。东、西、南、北向的空调能耗变化趋势基本一致，大约在窗墙比为 30%时出现最低点。

图 4-17 给出了冬季供暖能耗随侧窗窗墙比的变化曲线。冬季供暖能耗随窗墙比的增

加，先是上升，达到最高点后随着窗墙比的增加而下降。与夏季空调能耗相反，相同窗墙比时，西向供暖能耗最低，北向供暖能耗最高。同样呈现出东、西、南、北向的供暖能耗变化趋势基本一致，大约在窗墙比为30%时出现最高点。

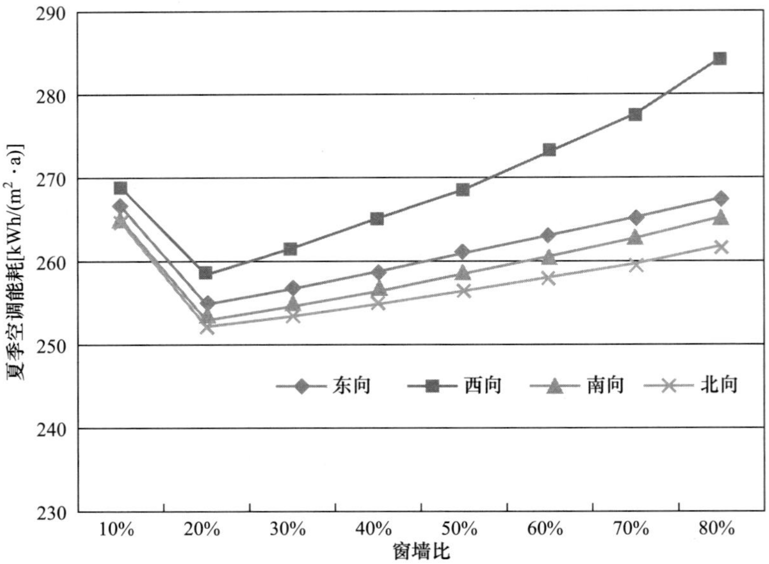

图 4-16　夏季空调能耗随侧窗窗墙比的变化

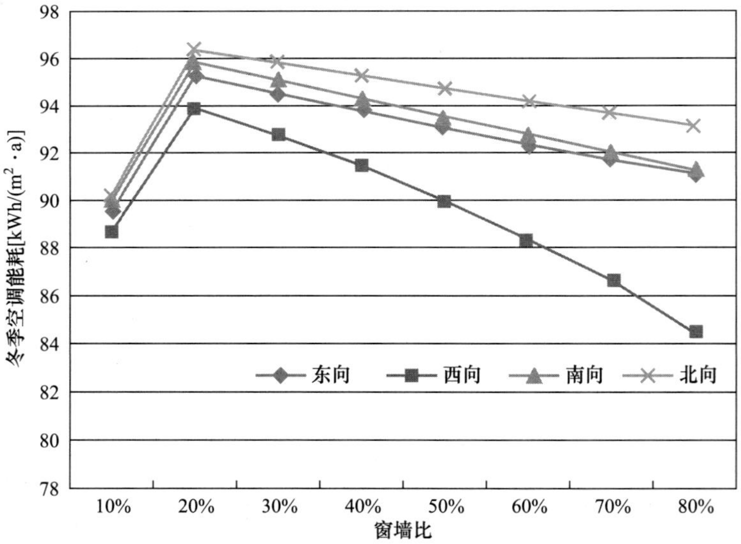

图 4-17　冬季供暖能耗随侧窗窗墙比的变化

图 4-18 给出了总能耗随侧窗窗墙比的变化曲线。四个朝向的总能耗均随窗墙比的增加先减少，达到最低点之后又随着窗墙比的增加而增大。在窗墙比较小时，照明用电量迅速下降，照明所节约的能耗和照明得热量减小造成的总能耗减小量之和大于太阳辐射得热和温差传热增大引起的总能耗的增加量，总能耗随窗墙比的增加而减小。随着窗墙比的继续增大，照明能耗下降的增幅开始放缓，照明所节约的能耗和照明得热量减小造成的总能

耗减小量不再明显，此时太阳辐射得热和温差传热增大引起的供暖能耗降低占主导地位，总能耗开始随开窗面积的增大而增大。东、西、南、北向总能耗最低点分别出现在窗墙比为50%、40%、50%、60%时。

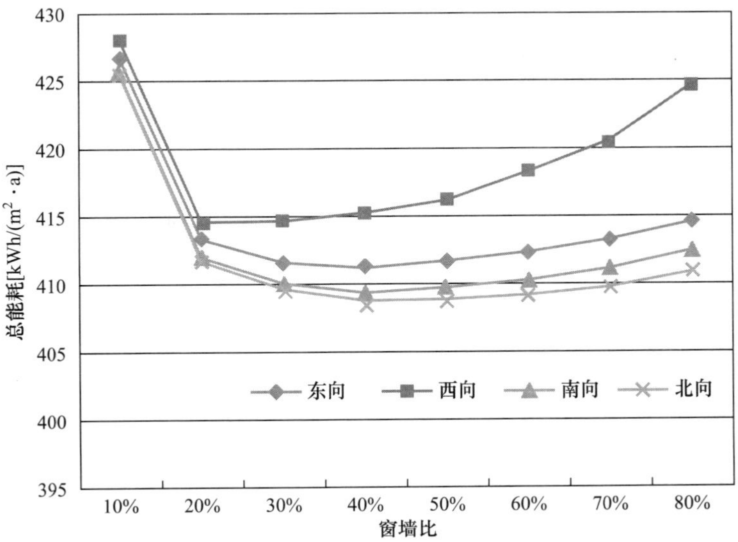

图4-18 总能耗随侧窗窗墙比的变化

同理可模拟计算出其他气候区办公建筑（正南向条形办公楼）基于能耗因素的适宜窗墙面积比，如表4-18所示。

适宜窗墙比 表4-18

气候区	适宜窗墙比	外窗热工参数
严寒地区	30%～35%	设定外窗 K=1.2W/(m² · K)；$SHGC$=0.35
寒冷地区	30%～40%	设定外窗 K=1.5W/(m² · K)；$SHGC$=0.35
夏热冬冷地区	40%～50%	设定外窗 K=2.2W/(m² · K)；$SHGC$=0.30
夏热冬暖地区	30%～40%	设定外窗 K=2.8W/(m² · K)；$SHGC$=0.30
温和地区	30%～50%	设定外窗 K=2.2W/(m² · K)；$SHGC$=0.30

4.5.3 采光设计策略

设计师应通过建筑设计营造良好的自然采光效果，提升室内光环境质量，降低照明能耗，还可以采取如下设计措施：

(1) 在兼顾保温隔热的基础上保证立面采光窗的设置面积，公共建筑单面采光时窗墙比不宜小于35%，住宅建筑应保证主要功能房间窗地面积比达到1/6。

(2) 结合采光模拟计算优化建筑的进深，办公功能空间内部宜采用开敞式布局，减少内部隔断，或采用玻璃隔断。

(3) 进深较大时可在外窗上设置反光板加强内区的自然采光，反光板宜设置在窗口内侧，窗口中上部，上部留有600～900mm的进光口；反光板在窗口内侧出挑宽度宜在400～

900mm；反光板材质宜为反光金属板。

（4）大进深的公共建筑可通过设置采光中庭、天井等措施改善自然采光，中庭、天井的四周墙面、地面宜采用浅色材料。

（5）大进深空间的顶层和地下空间可通过设置采光天窗、下沉庭院、导光管等措施改善自然采光。

（6）对于有天然采光的场所，宜采用与采光相关联的照明控制系统。控制系统应根据室外天然光照度变化调节人工照明，调节后的天然采光和人工照明的总照度满足各采光等级所规定。

（7）鼓励建筑师进行自然采光创新设计，如日光偏转系统、光导纤维系统等，并通过模拟或实测形成技术方法，用以推广应用。

本章参考文献

［1］ 杨柳．建筑节能综合设计［M］．北京：中国建材工业出版社，2014.

［2］ 扈恩华，李松良，张蓓．建筑节能技术［M］．北京：北京理工大学出版社，2018.

［3］ 董晓亚．夏热冬冷地区净零能耗办公建筑节能设计研究［D］．北京：北京建筑大学，2020.

［4］ 王艺霖．近零能耗居住建筑高性能围护结构节能适宜性评价体系研究［D］．北京：北京建筑大学，2020.

［5］ ES-AENOR．Reaction Fire Tests For Building Products Exculding Floorings Exposed to the Rmal Attack by a Single Burning Item：EN 2010-13823［S］，2016.

［6］ 王晓晓，刘向峰，柴洋波，等．纤维素气凝胶半透明复合板用于节能幕墙产品的市场化研究［J］．经济研究导刊，2018（35）：100-104.

第 5 章　净零能耗建筑主动式能源系统优化设计技术

5.1　需求响应式能源供给技术

随着我国经济的快速发展以及产业结构的不断调整，我国的电力需求加速增长，已经不能依靠过去陈旧、固定的思维方式来满足。采用目前电力系统领域内先进的交互式技术以及信息通信技术，充分利用需求侧资源，开展需求响应（Demand Response，DR）研究，对于改进传统意义上的电力系统模式有着举足轻重的作用。

需求响应是指相关的政府部门或电力企业通过调整电力价格与发布激励政策，用户根据此响应信号形成新的用电模式的行为。我国当前电力工业的迅速发展，在用电高峰期与低谷期的差值逐步增大，其调峰难度逐渐增加，电力公司通过单纯调度发电侧资源的传统方法很难满足能源紧缺和电力紧张的两难局面，因此电力系统在高峰时段的运行故障难以避免。此时，充分利用需求侧资源，开展需求响应调度，对于恢复电力系统的正常运行具有至关重要的作用，这一有效举措也同时引起了人们对于需求侧资源开发利用的日益关注。

需求响应技术具有更加低廉的成本、更快的响应速度且环境友好等传统的电力调度方法不具备的优势。在目前我国的电力体制之下，对于这种需求侧的电力系统管理方式，其积极作用还远远没有充分发挥出来。需求响应技术的积极作用将会随着电力市场的不断发展与成熟而逐步体现。用户也将随着自身或周边用户的参与，逐渐体会到需求侧资源在保证电力系统运行稳定度与提升电力系统运行效率等方面所发挥的重要作用。需求响应通过对于电力价格信号的调整或者相关经济激励政策的提出，促使用户积极参与电力系统的负荷调节，合理用电，降低用电高峰期系统的运行压力，以保障电力系统更加安全、稳定且高效运行。需求响应资源的充分利用，将对电能的利用率有相当大程度的提升，并且在积极响应、节能减排的同时，平衡能源供需，有序对需求侧资源进行调度。

我国通过开展需求响应项目，实现了电力系统在优化配置方面的环境效益、经济效益双丰收。需求响应使电力部门和用户实现了双赢，需求响应项目的实施使电力供需不平衡的窘迫局面得以缓解。需求响应通过合理调配需求侧资源，补充供应侧电能的能源缺口，不仅实现了经济效益的增长，更起到了保护生态环境的作用。

智能电网自受到广泛关注以来，各国均根据自己的国情制定了相关的建设与发展策略。目前智能电网领域的研究已经是全世界科研部门以及各大院校的研究重点，研究成果巩固了国家的综合国力，提高了智能电网运行过程中的安全性、高效性以及稳定性。

5.2　高效能源系统方案优化

净零能耗建筑供暖空调系统冷热源设计经供暖空调负荷计算，其供暖空调负荷、除湿负荷可全部由新风处理时，宜采用热回收新风空调一体机作为供暖空调设备，通过对新风的冷热处理，实现对室内的温湿度控制；宜选用热泵类设备作为空调冷热源，可采用多联式空调（热泵）机组、风冷热泵型冷热水机组等产品，以充分利用热泵类机组的复合功能性以及调节灵活性；场地条件适宜时，宜采用地源热泵系统作为空调冷热源，提高空调系统能效。

供暖空调冷热源设备应选用高效率的机组，多联式空调（热泵）机组全年性能系数（*APF*）应达到 4.5 以上；电机驱动的蒸汽压缩循环冷水（热泵）机组的制冷性能系数（*COP*）及综合部分负荷性能系数（*IPLV*）应达到现行国家标准《冷水机组能效限定值及能效等级》GB 19577 中的一级能效要求；采用名义制冷量大于 7.1kW、电机驱动的单元式空气调节机、风管送风式和屋顶式空调机组时，其在名义制冷工况和规定条件下的能效比（*EER*）应较现行国家标准《公共建筑节能设计标准》GB 50189 的要求提高 12%以上；分散式房间空气调节器和户式燃气热水炉，其能效等级应达到现行有关国家标准的一级能效要求；提高制冷、制热设备的效率是降低建筑供暖、空调能耗的主要途径之一。必须对设备的效率提出设计要求。避免能源的高质低用，是节能的重要措施。

电机驱动的蒸汽压缩循环冷水（热泵）机组在名义制冷工况和规定条件下的性能系数（*COP*）应优于一级能效指标中的最高值。*IPLV* 为冷水（热泵）机组的部分负荷时的性能系数，也应优于一级能效指标中的最高值。

近些年我国锅炉设计制造水平有了很大提高，锅炉房的设备配置也发生了很大变化，已经为运行单位管理水平的提高提供了基本条件，只要选择设计效率较高的锅炉，合理组织锅炉运行，就可以使锅炉运行效率满足要求。

在严寒地区，冬季可再生能源利用受限，资源条件许可的情况下，单栋建筑采用燃气锅炉供暖具有一定的技术合理性，采用的燃气锅炉应具有较高的能效，采用冷凝热回收的锅炉系统具有较高的能效，应通过技术经济比较确定锅炉机组的能效。

净零能耗建筑宜设置热回收新风系统，对空调排风中的冷热量进行回收利用，可以有效降低建筑冷热负荷需求。热回收效率是评价热回收装置换热性能的主要指标。温度交换效率为对应风量下，新风进、出口温差与新风进口、排风进口温差之比，以百分数表示。焓交换效率为对应风量下，新风进、出口焓差与新风进口、排风进口焓差之比，以百分数表示。

由于建筑通风能耗占比较高，单位风量耗功率是评价的主要参数。对居住建筑而言，户式热回收装置单位风量风机耗功率（功率与风量的比值）应小于 0.45W/(m^3 · h)。针对小型居住单元带热回收的送排风系统，单位风量风机耗功率，国际能源署通风研究中心 2009 年给出的建议值为 0.69W/(m^3 · h)，且建议该值随着建筑节能规范要求的提高继续降低；德国被动房研究所给出的建议值则不应高于 0.45W/(m^3 · h)；基于典型户型、风机选型及运行时间计算，该单位风量耗功率指标下的风机能耗已占居住建筑一次能源指标限制总额的 12%～15%。因此应加强对被动超低能耗建筑风机单位风量风机耗功率的要求，该值不应低于 0.45W/(m^3・h)。对于公共建筑而言，单位风量耗功率应满足现行国家标准《公共建筑节能设计标准》GB 50189 相关要求。

应采取措施降低过渡季节空调能耗，可采取的措施包括可调新风比、空气侧经济器、冷却塔免费供冷等。

集中空调应采用高效率的空调水泵及风机，经过管路的优化设计，提高输配系统的能效，空调水泵、风机应达到相应能效评价标准的一级能效要求；空调冷热水系统循环水泵的耗电输冷（热）比应较现行国家标准《民用建筑供暖通风与空气调节设计规范》GB 50736 的要求降低 20%以上；空调水系统、风系统宜采用变频措施。

根据空调负荷特征，选取适宜的除湿技术措施，避免出现热湿比变化条件下传统冷却除湿方法带来的新风再热情况。当公共建筑有余热或太阳能作为再生热量供应时，可采用液体除湿、固体吸附式除湿、转轮除湿等除湿方式。

5.3　净零能耗建筑通风适宜技术

住宅建筑厨房抽油烟机的运行对建筑气密性有较大影响，排油烟机应选择体积流量小、捕集率高的设备，宜设置独立的排油烟补风系统，并符合下列要求：

（1）补风从室外直接引入，并设保温密闭型电动风阀，且电动风阀与排油，烟机联动；

（2）补风量不小于排风量的 80%；

（3）补风口尽可能设置在灶台附近。

净零能耗建筑以节能为目的，同时不应降低人体舒适度要求。厨房在做饭时会产生大量的油烟和水蒸气，且瞬时通风量大，应设立独立的排油烟补风系统；为降低厨房通风造成的冷热负荷。室外补风管道引入口应设保温密闭型电动风阀，且电动风阀应与排油烟机联动。厨房宜安装闭门器，避免厨房通风影响其他房间的气流组织和送排风平衡。厨房补风示意图如图 5-1 所示。

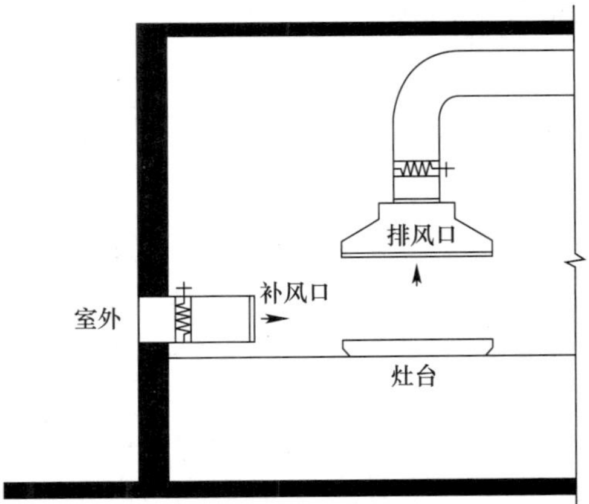

图 5-1　厨房补风示意图

设计中应对补风管道尺寸进行校核，避免因补风口流速过高造成的噪声问题。补风管道应保温，防止结露。补风口尽可能设置在灶台附近，缩短补风距离。

5.4　净零能耗园区联合能源系统规划方法

随着建筑节能标准的不断升级，新建建筑能效提升的边际效应逐步显现，要进一步挖掘建筑节能潜力，必然要从单体建筑向区域化发展，从建筑需求侧向建筑供需协同转变。

区域建筑能源系统是针对建筑群、园区乃至城镇尺度的冷、热、电、气等多种能源的供应、输配和消费统筹考虑，是建筑节能和绿色建筑从单体性能提升走向净零能耗建筑规模化发展的重要途径。

5.4.1 区域建筑能源系统的边界和定义

区域建筑，泛指校园、社区、园区等由多种类型、多种功能的单体建筑构成的建筑群，占地面积 1～100km²，总建筑面积 10 万～1000 万 m²，与之对应，区域建筑的电压等级也会从 380V～10kV 提高到 10～110kV，区域建筑用能设备的电气化比例以及建筑与电网之间的交互关系也变得更为复杂。

除了规模，区域的开发建设及运营管理模式和建筑能源工作的长效开展也有很强的关联性。以园区为例，目前的管理模式主要分为三类：政府主导型、开发公司主导型、混合型。政府主导型管理模式是指由地方政府来主导园区建设与管理。开发公司主导型主要是以企业作为园区的开发者与管理者，开发公司采用市场化方式建设并管理园区。混合型管理模式将政府主导型与开发公司主导型进行结合，政府部门既设立了园区管委会，又成立了投资开发公司，管委会负责政府行政管理职能，投资开发公司负责企业运作职能。三种管理模式各有利弊，开发公司主导型与建筑能源统一规划、分期建设、长期运维的全过程特点更加匹配。

与规模和运营管理模式相对应，区域建筑供需两端的用能关系、能源产业的发展方式和发展目标也会发生如图 5-2 所示的变化。

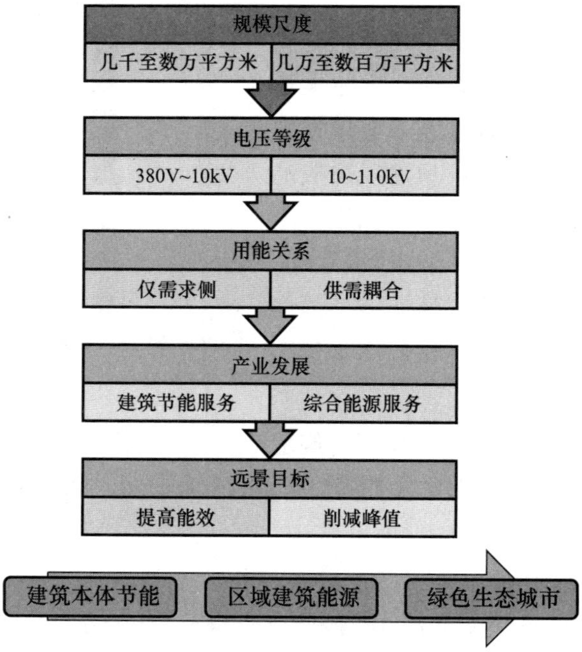

图 5-2 区域建筑能源的特征

综上，区域建筑能源发展边界和定义，可概括为如下四点：

(1) 地理空间较为集中，并且有一定的边界范围；

(2) 建筑类型多样，规模较大，可达到数十万至上千万平方米；

(3) 可对能源系统进行统一规划、分期建设、长期运维；

(4) 有清晰的运营管理主体。

5.4.2　区域建筑能源系统的主要技术特征分析

净零能耗建筑的技术实现主要有三个方面：一是建筑本体围护结构性能优越，同时使用者各项消耗合理；二是极高效率的能源转换装置和机电设备系统，包括空调、照明、通风、电器等；三是最大限度利用可再生能源，如太阳能、风电、生物质、地热、氢能等。第一方面做得突出的通常称为被动房，第一和第二方面都做得突出的，就可实现超低能耗的要求，如果考虑第三方面的因素则有可能实现零能耗甚至正能建筑、产能建筑。

由于建筑的多元化和场地限制，区域中的每一栋建筑不可能“均一性”地利用相同的技术。如何结合区域内的公共空间资源，结合多能互补方式，实现由个性化的不同类型的超低能耗单体建筑规模发展，即可发展成为净零能耗园区直至整个城市。区域建筑综合能源系统是以净零能耗为目标，统筹考虑需求侧和供应侧，实现各类能源技术综合应用的技术体系，其主要技术特征可概况为“多能互补高效转换”和“源网荷储用协同”。

区域建筑综合能源系统是新能源技术、智能电网技术、信息技术的集成创新，最突出的技术特征之一是电力、冷热和燃气的供应方式多能互补高效转换，如图 5-3 所示，电力和冷热转化的主要装置是电动热泵，燃气和电力转化的主要装置是燃气轮机，而燃气和冷

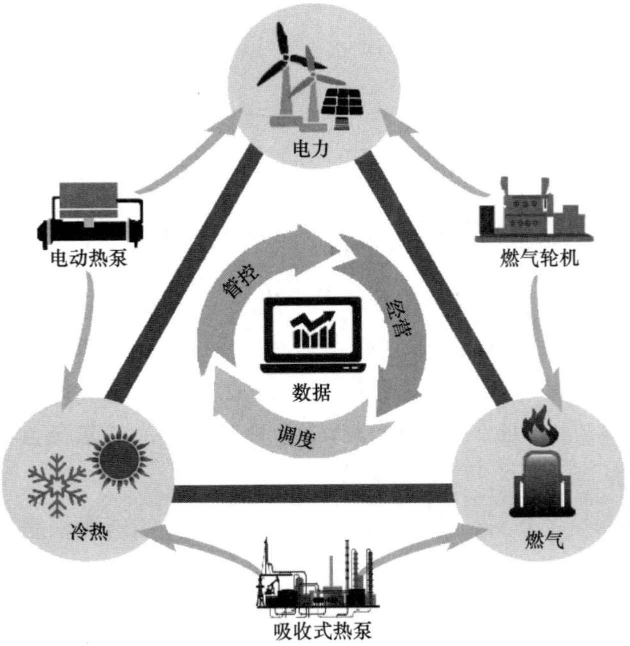

图 5-3　多能互补及主要转换装置

热转化的主要装置是吸收式热泵，能源供应和转换过程的优化和装置的控制调节的基础是数据，能源管控平台是能源互联网的关键支撑。能源管控平台的工作基础，实际上是系统投入使用后的运行数据和规划设计依照的负荷数据之间的实时比对和修正。

区域建筑综合能源系统的另一个突出技术特征是“源网荷储用”的全过程优化，如图 5-4 所示。与从生产环节出发，供应和使用相对独立的传统能源产业不同，区域建筑综合能源系统强调以用户为中心，由“源网荷储用”构成了一种环状结构（图 5-4），对应能源的供应、输配、需求、转移和交易，不再从供应发起到使用结束的单向线性结构。

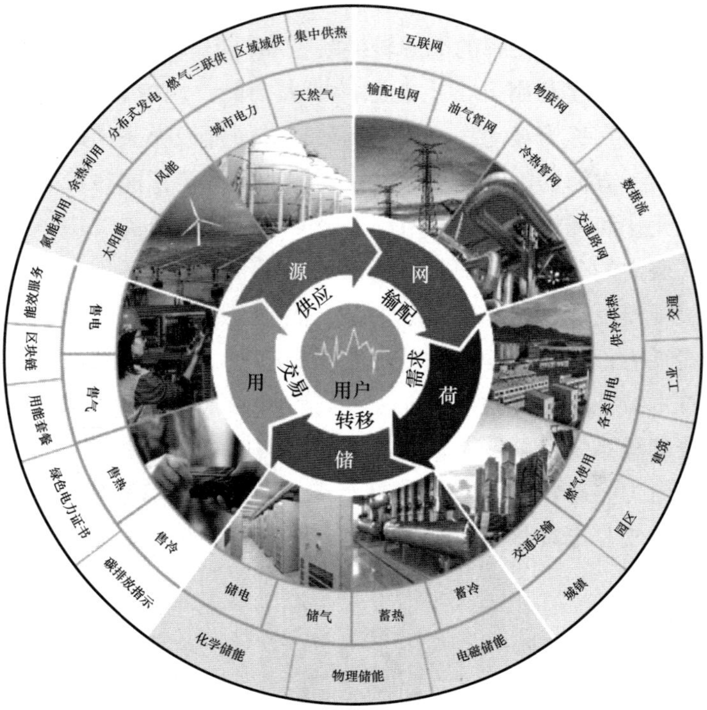

图 5-4　区域建筑综合能源系统的“源网荷储用”环节构成

5.4.3　区域建筑综合能源的发展趋势分析

从 2015 年 3 月的《中共中央　国务院关于进一步深化电力体制改革的若干意见》（中发〔2015〕9 号）开启新一轮电力体制改革开始，到 2021 年 10 月的《国务院关于印发 2030 年前碳达峰行动方案的通知》（国发〔2021〕23 号），区域建筑能源发展和综合能源服务已经从理念开始逐步落地，梳理相关政策文件并通过部分案例调研分析，可以归纳形成如下发展趋势分析：

（1）单体建筑能效提升边际效应逐步显现，建筑用户侧能源消费结构逐步优化，电能将成为未来建筑最主要的能源类型。

（2）光伏发电度电成本的探底并未出现停止迹象，今后光伏规模化应用要向技术进步和非技术成本要效益。

（3）储能电池主要应用于电网辅助服务（调峰调频）、集中式清洁能源并网和用户侧。

与区域建筑能源发展直接相关的是用户侧储能。用户侧储能仍需解决政策、技术和管理问题。

（4）建筑内部完全改为直流供配电、彻底取消交流环节、改变建筑的供配电方式，从输电、配电到用电的全直流电力系统已经到来。区域建筑能源系统是架起分布式电源与“直流化”用电负荷之间的桥梁。

（5）随着国家对微电网的政策支持力度不断加大，市场化条件也会日趋成熟，并网型微电网在区域建筑能源系统中的商业化应用的未来发展前景可期。

（6）增量配电网改革使得电网企业独家经营配电业务的局面已成历史，其不可逆转的趋势在我国电力市场化体制建设中具有标志性意义。

（7）随着市场化用户比重不断增加，零售市场单体用电量将不断降低，区域建筑是电力交易零售市场的主要用户。

（8）在工商业电价政策性降低空间基本用尽的背景下，利用电力市场交易机制，建设高效的区域综合能源系统，从技术进步方面提升区域建筑的能源成本竞争优势，是今后对区域建筑能源发展的动力。

（9）以单体建筑为代表的需求侧资源，蕴藏在亿万用户的用电负荷中，具有总体规模庞大、单个体量小和市场主体众多的特征，无法像发电侧资源一样被直接调度。区域建筑能源才是需求响应的重要应用场景，作为供需互动的重要手段，有助于实现发电侧和需求侧资源的协调优化。

（10）区域建筑是今后综合能源服务产业的主要应用场景，源侧和网侧产业的溢出，是“十四五”时期作为用户侧的建筑面临的外部边界变化。

本章参考文献

［1］清华大学建筑节能研究中心. 中国建筑节能年度发展研究报告 2018［M］. 北京：中国建筑工业出版社，2018.

［2］龙惟定. 城区需求侧能源规划和能源微网技术［M］. 北京：中国建筑工业出版社，2016.

［3］《能源互联网助推中国能源转型与体制创新》编写组. 能源互联网助推中国能源转型与体制创新［M］. 北京：中国发展出版社，2017.

［4］中科华跃能源互联网研究院. 区域建筑能源发展规划研究课题成果报告［R］. 2021.

第 6 章　净零能耗建筑与可再生能源利用

6.1　净零能耗建筑可再生能源利用的基本原则

6.1.1　坚持开发利用与建筑环境相协调

可再生能源的利用既要重视规模化开发利用，不断提高可再生能源在建筑领域的应用比例，也要重视可再生能源对解决建筑高耗能、高排放问题，发展建设绿色低碳建筑的作用，更要重视与建筑室内外环境的协调一致。要根据资源条件和建筑需求，在保护环境和生态系统的前提下，科学设计，因地制宜，合理布局，有序开发。推动建筑领域可再生能源的利用不能只靠单一项目的累积，更需要运用合理的城市规划工具。能源综合利用规划有助于早期对可再生能源利用进行可行性研究，也可用于指导后期可再生能源运行规模和形式的设计。

6.1.2　坚持与智能化、储能技术相耦合

在建筑领域实施可再生能源方案，需要考虑到可再生能源可变性的特点，特别是电网系统，必须具备一定的灵活性。同时，数字技术在电网系统中的应用，将大幅增加可再生能源技术的效率。如太阳能光伏发电可通过数据驱动的预测技术、储能系统、电动汽车等耦合技术，使可再生能源利用更多地融入建筑能源系统。智能电网可以解决分布式光伏发电与公共电网兼容性的问题。在建筑领域，通过智能电网的优化运行和管理，在不对建筑物进行重大硬件改造的情况下，可以节省建筑物能源消耗。可变可再生能源（如太阳能和风能）的供应存在间断性的特点，可再生能源与冷热能储存技术结合，可提高能源使用效率。

6.1.3　坚持分布式与集中式互补

分布式能源系统是利用小型设备向用户提供能源的供应方式。与传统的集中式能源系统相比，分布式能源系统更接近负荷侧，可减少能源传输损失，节约输配电建设投资和运行费用，同时兼具发电、供暖等多种能源功能，可以有效实现能源的梯级利用。比如分布式太阳能光伏系统可以集成在人口密集区域的新建和现有建筑物中，可以避免长途电力传输损失，模块化配置光伏设备，使光伏设备在较小规模上表现良好。高密度的城镇区域适宜采用区域集中供暖，虽然目前全球90%的区域供热需求还是通过采用化石燃料的热电联产和供热厂来满足，但有可再生能源参与的区域供暖比重近年来也在逐步提升。比如新一代热网技术允许使用低温热源（通常低于70℃），可利用太阳能和地热能等可再生能源，同时与储热系统和电热泵相结合。当区域供热网需要低温供应时，可以使用热泵来提高系

统效率并由此产生较好的经济效益。

6.1.4　坚持政策激励与市场机制相结合

加强顶层设计，建立完善支持可再生能源在建筑领域应用的政策和法规，减少可再生能源投资行政许可方面的阻碍，完善可再生能源利用相关的税收制度，制定新建建筑和公共建筑节能法规，强力推动可再生能源的利用。同时，促进可再生能源发展的市场机制，运用市场化手段调动建筑领域相关企业、用户的积极性，提高可再生能源的技术水平，建立以自我创新为主的可再生能源技术开发和产业发展体系，加快可再生能源技术进步，通过持续的规模化发展提高可再生能源的市场竞争力，为可再生能源在建筑领域大规模发展奠定基础。

6.2　新型太阳能光伏系统与建筑一体化设计方法

目前，在建筑中注入绿色元素（诸如太阳能）已经成为建筑发展的趋势，绿色建筑也将成为 21 世纪全球建筑发展的主流。太阳能在建筑中的应用主要有两种形式：主动式和被动式。被动式太阳能利用主要以被动式太阳能房为代表，通过墙体接受太阳辐射储热及通过窗户直接引入太阳能对房间供暖；主动式太阳能利用形式则需要借助一定的设备收集太阳辐射能，然后应用于建筑中。典型的主动利用形式又可分为太阳能光热利用和光电利用两类。光热利用采用集热器收集太阳能用以加热冷水，实现对建筑的供暖及热水供应；通过与空调设备结合，光热利用亦可实现对建筑供冷。太阳能光电利用则是通过光伏电池将太阳能转化为电能的一种利用形式。光伏利用可单独实现发电，也可以与建筑相结合实现发电和节能双重效益。

近年来，发达国家开始大力发展太阳能光伏建筑一体化（BIPV）的应用研究。光伏建筑一体化，提出了“建筑物产生能源”的新型概念，即在建筑物的外围护结构表面上布设光伏阵列产生电力。建筑可以与光伏系统相结合，直接将光伏组件安装在屋顶，构建与建筑物结合的光伏发电系统，而建筑与光伏的进一步结合就是将光伏器件与建筑材料集成化，用光伏器件代替部分建筑材料，即用光伏组件来做建筑的屋顶、外墙和窗户，这样即可用作建筑材料也可用来发电间，大大降低光伏发电系统的建造成本，缩短能量回收期，提高建筑物能效，发出的电能可以就地使用，减小了电能的传输损耗。

6.2.1　PVT 集热原理

光伏光热技术是指进行太阳能光电转换的同时，收集利用太阳辐射所产生的热量，也被称为 PVT 技术，PVT 是 Photovoltaic/Thermal 的简写，相关的集热器被称为 PVT 集热器。在应用太阳能光伏发电的过程中发现，光伏电池发电效率与光伏组件表面温度存在反比的关系，研究表明光伏电池表面温度每升高 1℃，其发电效率就会降低约 0.5%（图 6-1）。标准条件下，光伏电池在 0℃时的理论最大能量转换效率可达 30%。在光强一定的条件下，硅电池自身温度升高时，其转换效率为 12%～17%。太阳能照射到电池表面上时，大约有 83%的能量未被利用，相当一部分能量以热能的形式散失在周围环境中。太阳能光伏光热技术的核心是光伏/光热集热器，它将光伏电池（或组件）与太阳能集热器通过层压或胶粘技术结合起来，集热器吸收太阳辐射的过程中，约85%的长波辐射能量转换为热量被集热板吸收转化为热能，集热板表面温度升高可达40～60℃，其余约15%的短波辐射能量由光伏电池转化为电能输出。PVT装置在加热传热介质的同时可以冷却太阳能光伏板，从而提高太阳能光伏发电效率，延长使用寿命，太阳能综合利用率也得到提高。

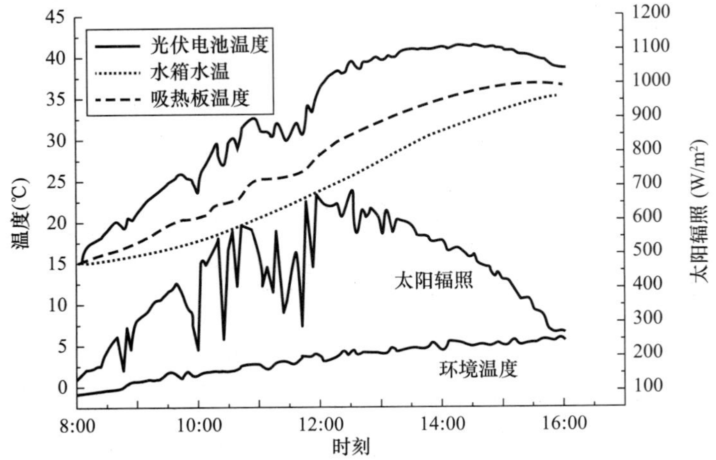

图 6-1　光伏电池温度变化曲线

PVT集热器根据冷却工质不同，可以分为风冷型、水冷型和其他冷却剂型三种集热器；根据结构不同，常用的集热器分为平板型和聚光型；根据是否利用玻璃盖板，可分为有盖板型和无盖板型。一般情况下，无盖板型PVT集热器具有较高的发电效率，但其出口流体的温度一般较低；有盖板型PVT集热器具有较高的热效率和出口流体温度，但是其电池发电效率下降。

图6-2为PVT空气集热器剖面图。由于空气的密度和热容都比水小，为了降低光伏电池的温度，PVT空气集热器冷却流道的截面通常比液体集热器的大。通常PVT液体集热器中热媒的导热性能较高，因此，在相同的条件下，PVT空气集热器的能量转换效率会低于PVT液体集热器。

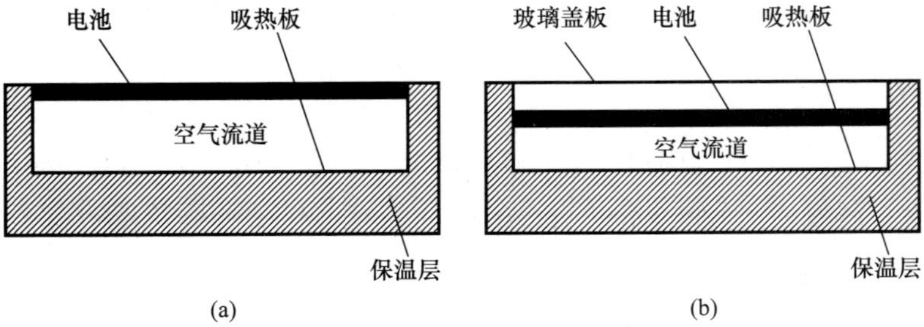

图 6-2　PVT空气集热器剖面图

(a) 无盖板型；(b) 有盖板型

PVT技术与建筑相结合具有可以有效降低建筑能耗、降低建筑对市政配套的依赖和有利于环境保护等优点，具体结合形式如下：PVT组件安装在斜屋顶建筑上，如图6-3(a)所示；PVT组件作为建筑斜屋顶一部分，与建筑结合在一起，如图6-3(b)所示；PVT组件安装在平屋顶上方，如图6-3(c)所示；PVT组件作为建筑平屋顶一部分，与建筑结合一起，如图6-3(d)所示；PVT组件作为幕墙安装在建筑立面，如图6-3(e)所示；PVT组件与建筑外围护结构结合，如图6-3(f)所示。特殊情况下，PVT组件还可以安装在建筑附近。

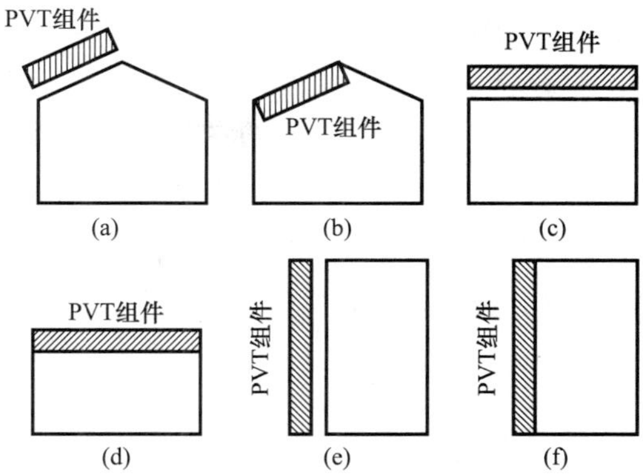

图6-3 PVT组件与建筑结合方式
(a) 安装在斜屋顶上；(b) 与斜屋顶结合；
(c) 安装在平屋顶上；(d) 与平屋顶结合；
(e) 作为立面幕墙；(f) 与外围护结构结合

6.2.2 净零能耗建筑光伏一体化实践案例

1. 工程概况

在沈阳建筑大学中德节能示范中心进行工程实践，设置宽25.6m、高12.5m的光伏幕墙，除去外窗部分，总面积为153.6m^2。PVT幕墙安装角度为南偏西30°，垂直安装，施工时在建筑外立面预留龙骨预埋件，建筑外墙施工完毕之后进行PVT集热板支架安装，将PVT集热板安装在基础支架之上，为保证系统密封性，缝隙采用密封胶进行密封，在空腔底部与顶部预留风口，顶部风口数量为3个，尺寸为600mm×320mm，底部风口数量为4个，尺寸为600mm×320mm。为保证系统循环，采用风机进行腔内加压，风机额定风量为5200m^3/h，出口风压为332Pa，额定功率为1.1kW，光伏幕墙外观如图6-4所示。

2. 实测效果分析

(1) 光伏幕墙空腔内部温度变化

图6-5为供暖季光伏幕墙空腔实测温度变化情况，3月空腔温度最高，为−5～35℃，1月温度最低，为−20～30℃，整个供暖季空腔温度在−20～35℃，温度大于5℃的时间占1/3以上，3月空腔温度有大半的时间都在5℃以上，说明光伏幕墙系统耦合空气源热

图6-4 光伏幕墙外观图

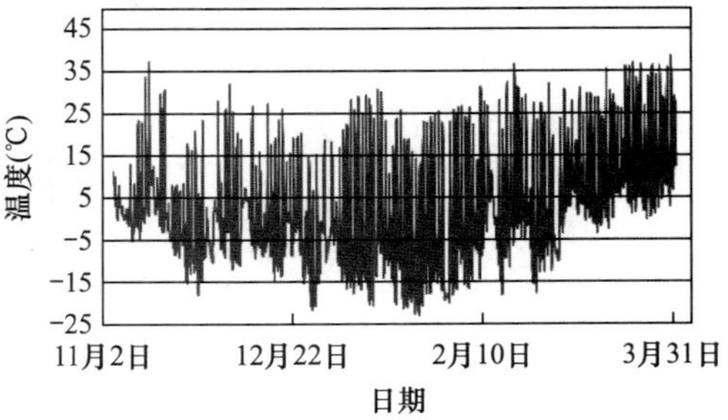

图6-5 供暖季光伏幕墙空腔实测温度变化

泵供暖系统的供热潜力和时间都能保证。

（2）机组对空腔内部温度的影响

选取最冷月 1 月与供暖末期 3 月两个典型月份进行研究，验证空腔中的空气温度受空气源热泵开启的影响。每月选取相邻的两个晴天，1 月选取 8 日和 9 日，3 月选取 15 日与 16 日，分别关闭和开启热泵机组，对空腔温度进行数据采集并求数据平均值，光伏幕墙空腔温度变化如图 6-6 和图 6-7 所示。

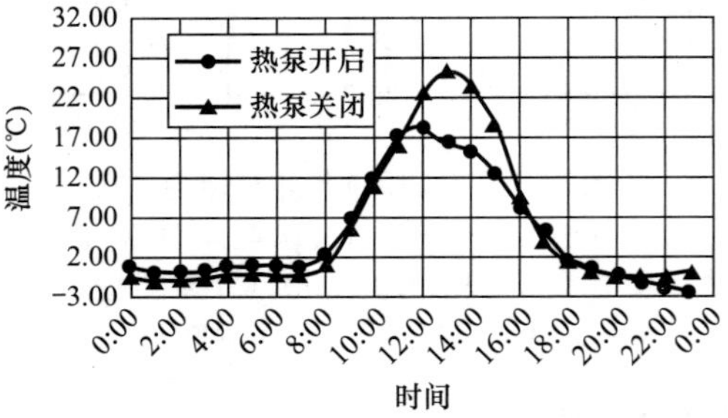

图 6-6　1 月 8 日（关闭）与 1 月 9 日（开启）空腔温度变化

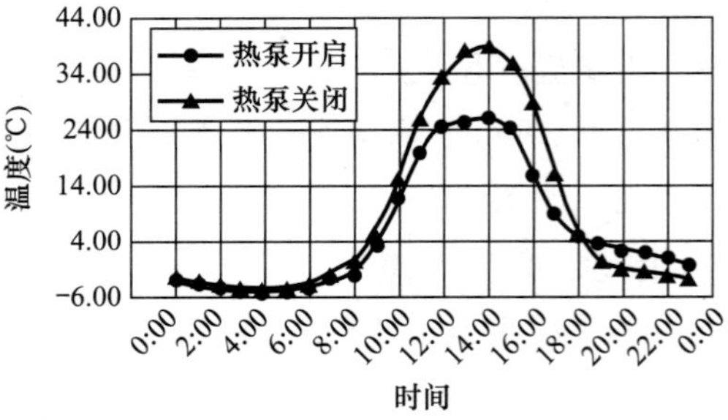

图 6-7　3 月 15 日（关闭）与 3 月 16 日（开启）空腔温度变化

随着热泵的开启会使空腔温度整体下降，中午空腔的温度降低程度最大，最高时温度下降接近 10℃，但整体温度仍然满足供暖需求。同时，热泵的开启不会对空腔温度整体变化趋势造成影响，温度处于峰值与谷值的时间也基本相同，供暖时间基本不受影响。

（3）PVT 集热系统对热泵 *COP* 的影响

图 6-8 为最不利日空气源热泵机组 *COP* 实际变化情况。0:00～7:00，空气源热泵机组 *COP* 平均为 2.8，这段时间内空气源热泵机组运行效率较低，供暖效果较差。7:00～12:00，随着 PVT 集热系统进出口温度的升高，空气源热泵机组 *COP* 增大，约为 4.5，处于满负荷运行状态；12:00～14:00，PVT 集热系统进出口空气温度达到最高，此时，空气源热泵机组 *COP* 平均值在 4.5 左右，最大值可达 4.72；14:00 以后，由于太阳辐射

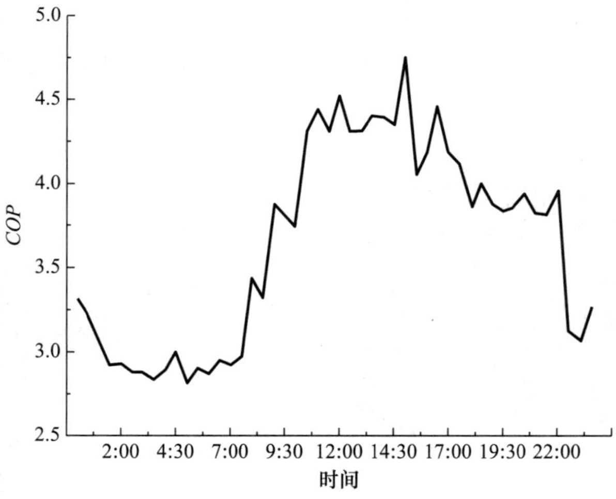

图 6-8　1 月 9 日空气源热泵 *COP* 实际变化情况

降低，PVT集热系统进出口空气温度逐渐下降，空气源热泵机组 *COP* 也随着空气温度的下降而降低，由4.7持续下降到3.3左右。这一天中，空气源热泵 *COP* 在4.0以上的时间为6h，在3.5以上的时间为10h，其余8h *COP* 的平均值约为2.8。因此，每天11:00～14:00运行空气源热泵机组的供热效率最高。

引入PVT集热系统可有效提高空气温度，使空气源热泵机组空气侧温度上升，提升系统运行效率和运行时间。

6.3 净零能耗建筑可再生能源耦合供应生活热水方案

6.3.1 净零能耗建筑生活热水需求分析

随着收入水平的提高，居民对生活品质的要求逐步提升，且更加关注日常生活的舒适性，热水使用体验便是衡量生活舒适度的重要方面之一，因此24h热水供应已成为高端住宅小区的标配。据统计，生活热水能耗占到建筑能耗的10%～20%，是继供暖、空调、照明之后的第四大能源消费活动。随着经济的进一步发展，人们对生活品质的追求必然使高端住宅的需求不断递增，为了应对能耗增长的压力，提高能源利用效率，更加科学合理地提供生活热水是必须关注的问题。评估居民生活热水用量、挖掘生活热水需求特点则是解决这一问题的首要步骤。

1. 热水用途

前期调查研究显示，居民主要将热水用于洗澡，还有一些居民用于炊事（洗菜、洗米、清洗餐具等)、洗衣物、打扫卫生等方面。不同季节的热水用途占比如图6-9所示。用热水行为会随季节发生变化，其中使用热水洗澡的居民数量季节性变化不明显，占到79%左右；日常洗漱、厨房用水、洗衣物、打扫等均呈现出冬季热水使用占比较高的情况，分别占57%、56.0%、52%、30%。在广东、海南等夏热冬暖地区，因天气炎热，当地居民并非全年都使用热水洗澡，夏季以冲凉为主，在广东仅有25%左右的居民在夏季使用热水洗澡。在气温更高的海南，在夏季仅有11%的居民使用热水洗澡，大部分居民只有在部分月份使用热水洗澡。

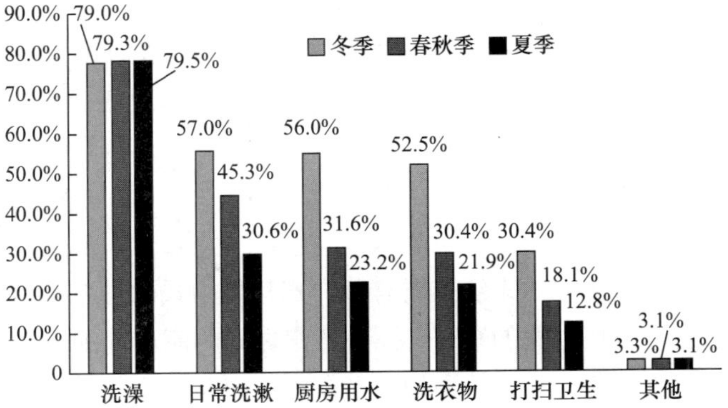

图6-9 居民热水用途的季节性变化

2. 热水用量

根据12个集中集热集中供热的太阳能热水系统住宅小区，共涉及21.03万户居民的监测数据显示，在供热水温度为55℃，热水主要用于洗浴的情况下，平均每户每年热水用量为22.6t，折算成每天的用水量，约为25L/(人·d)。居民日洗浴热水用量约为32L/(人·d)，在校学生洗浴热水用量约为24L/(人·d)，远低于相关标准。

3. 热水使用时间规律

洗澡是居民日常生活中热水使用率最高的用水方式之一，且提供洗澡用水是集中式生活热水最广泛的用途，只有少数会在提供洗澡用水之外提供厨卫热水。

一般来说，洗澡时间多数只可能是早晨（6:00～9:00）、中午（11:00～13:00）或下班后（19:00～23:00），考虑到下班后时间较长，作息规律的多样性，又将其划分为晚饭后（19:00～21:00）和休息前（21:00～23:00）。已有问卷调查结果显示，洗澡时间未随季节变动而出现规律性变化，近80%的居民洗澡时段集中在下班后，春秋季、冬季更为集中，冬季有92%的人选择在下班后洗澡，且晚饭后和休息前基本平分秋色，只是夏季天气炎热，有15%的人会在早上、中午、晚上等多个时段洗澡，春秋季、冬季则比较少见，低于3%，如图6-10所示。另外，根据不同气候区（寒冷地区、温和地区、夏热冬暖地区）、不同季节（冬季、春秋季、夏季）洗澡时间的分布统计得知，不同气候区间未表现出明显差异。此外，厨房洗刷、盥洗、打扫卫生等家务使用热水时间相对也比较集中，主要是在一日三餐和周末时间，与洗澡用水习惯基本保持一致。

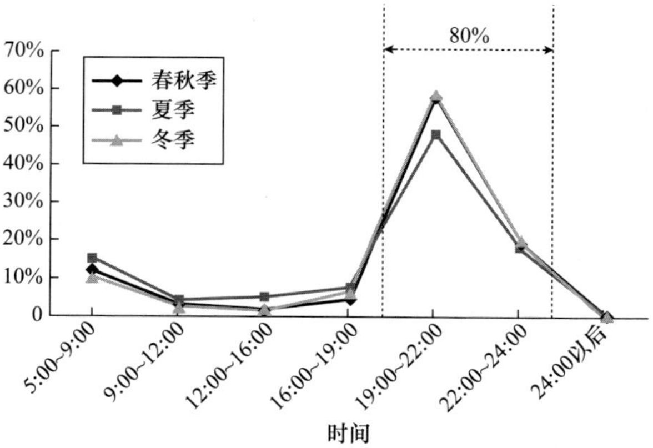

图6-10 不同季节的洗澡用水时间分布（问卷调查）

6.3.2 可再生能源耦合供应生活热水系统

1. 住宅建筑中常用的热水系统形式

（1）分散集热分散供热

住宅建筑中常见的太阳能热水系统主要有分户式和集中式两种系统，分户式系统是最常见的系统形式，各家各户自成独立的系统，没有各户之间的流量分配以及复杂的控制，安全隐患也比较好解决。但由于各户之间使用的不平衡，不能够充分利用太阳能集热设施，利用率不高，从而造价相对较高。分户式又分分体式和整体式两种形式（图6-11）。

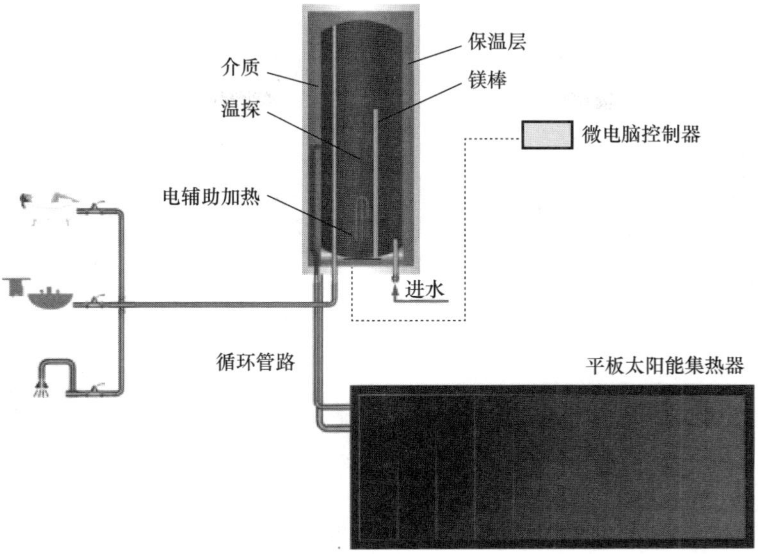

(a)

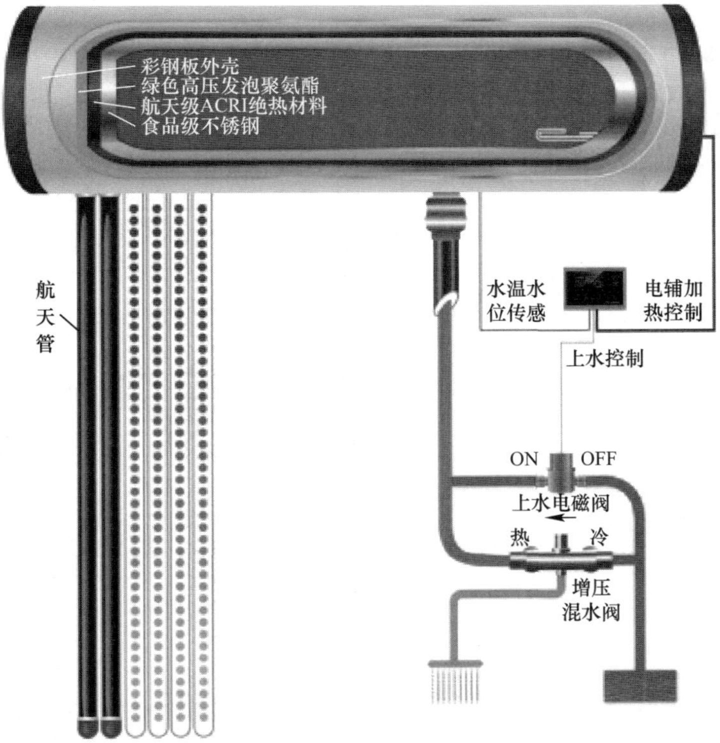

(b)

图 6-11　阳台壁挂式与整体落水式太阳能热水系统图

（a）阳台壁挂式；（b）整体落水式

（2）集中式系统

集中式的太阳能热水系统是指集中集热和集中供热，集中集热系统太阳能利用效率高，热水资源实现共享。系统通过集热器集中集热，将热水放于储水箱中，水温达到设定温度时，热水进入恒温水箱储存供用户使用；温度没有达到要求时启用辅助加热设施加热后进入恒温水箱，系统可根据要求实现 24h 供水或定时供水（图 6-12）。

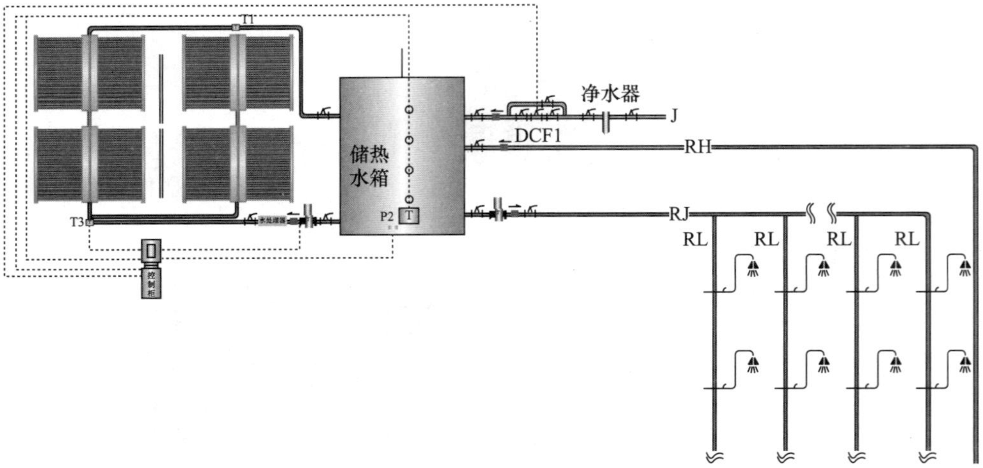

图 6-12　集中式太阳能热水系统图

集中式太阳能热水系统集成化程度高，管路简单，初期投资较少。但由于系统集中运行，一旦某点出现故障，维修服务不及时，则将影响一大片用户，使许多用户热水供应不能得到保证。且在管路系统设计不当时，会出现支管较长，使用时需先放出较多冷水，浪费水资源。

（3）半集中式系统

半集中式太阳能热水系统的原理为：集热器集中集热，通过循环泵将热水输送到每个用户的承压水箱中，通过判断水箱中的水温和集热管中温度，由温差控制启动电磁阀，采用换热盘管将水箱中的水加热。用水时，热水由冷水顶出（图 6-13）。该系统各户单独使

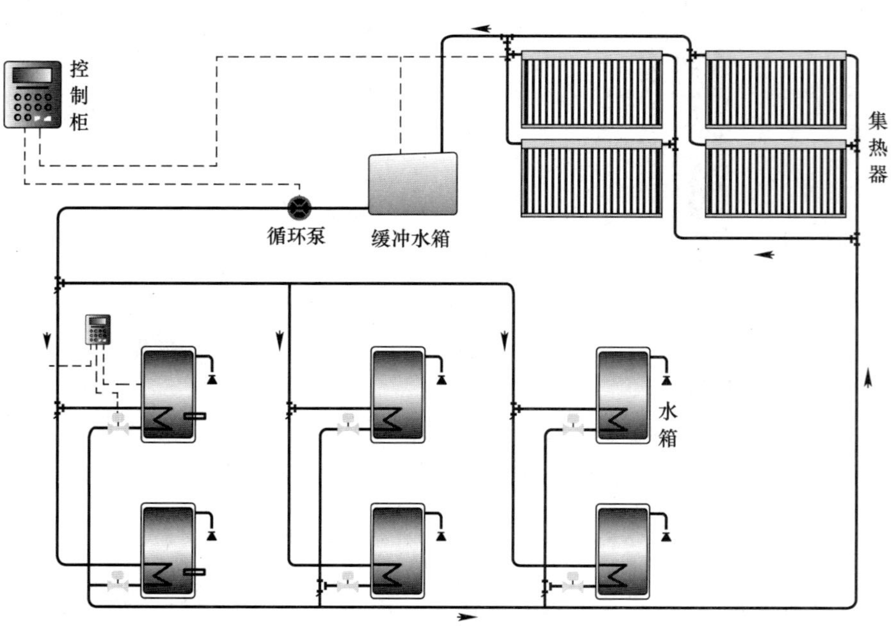

图 6-13　半集中式太阳能热水系统图

用，热水资源分配均匀，集热部分可承压运行，系统闭式循环，避免因水质引起管路和集热器结垢，运行控制方式简单。该系统的最大特点是将热水储存于每户中，这样可以节省水箱的占地面积。

2. 公共建筑中常用的热水系统应用形式

（1）校园热水

《教育部关于勤俭节约办教育建设节约型校园的通知》要求对学校的大型物业实行专业化、现代化管理，促进节能减排。广泛开展节水节电节纸活动，以实际行动降低能源资源消耗。党的十九大报告中明确提出“绿色校园”建设目标。学校作为国家最大规模的公共部门，承担着培养下一代人才的重任，应严格遵守国家的绿色发展方针政策，为推进节能减排、促进生态环保发挥示范性作用。通过太阳能等清洁能源技术的引入，实现节电、节水、节能，为学校节省运行费用；通过不同的商业模式，还可以实现设备零投资。

幼儿园、中小学及高等学校的常见热水系统如图 6-14～图 6-16 所示。

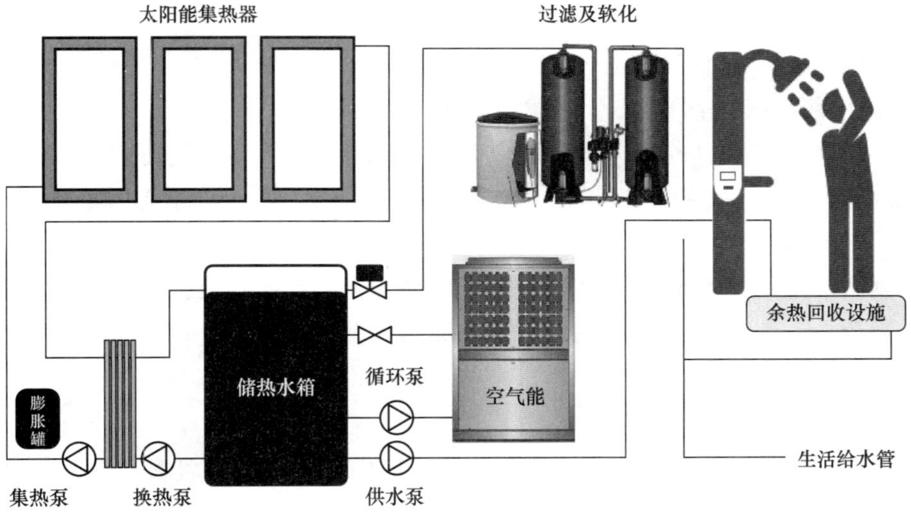

图 6-14　幼儿园太阳能＋空气源热泵热水系统

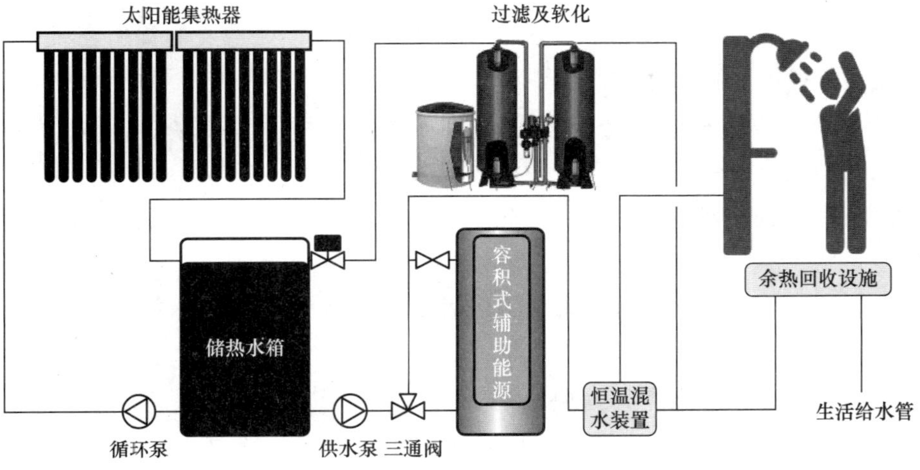

图 6-15　中小学太阳能＋辅助热源热水系统图

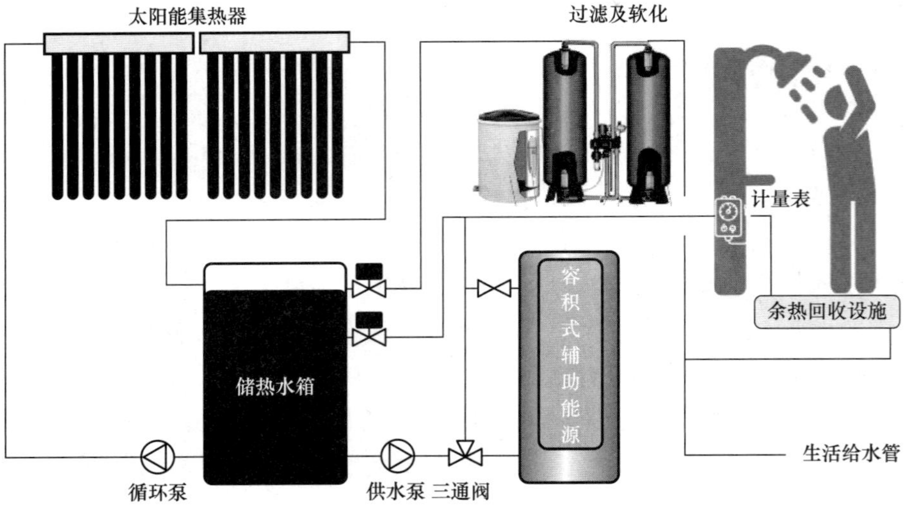

图 6-16　高校太阳能＋辅助源热热水系统图

(2) 酒店热水

酒店是一种需快速回收成本的建筑，常规酒店的装修期在 5～7 年，采用集中式能源，对室内重新装修时，热源主要部分无需进行更换；运行费用上，采用清洁能源大大降低了运行费用，对于酒店这种耗能大户来说，运行费用上的优势更为凸显。

对于酒店来说，选择节能减排、低碳环保，不只是企业履行社会责任，更是酒店以一种全新的视角来审视自身的定位，从而降低酒店经营成本，增加效益，创造价值并形成不可被同行模仿的竞争优势。

1) 需求分析

① 用水安全：若出现烫伤、水质等对顾客的使用安全和健康威胁的问题，对酒店经营将是一个很大的损失。

② 初始投资：设备初期投资涵盖设备投入、土建费用、开口费用等。

③ 运行费用：酒店成本不仅仅是系统初期投入费用，更重要的费用在设备运营上，合理的运营会节省大量的费用。

④ 可延续性：酒店一般为 5～7 年的装修期，热水系统具有延续性，不因装修而发生更换设备或者移机的大量费用。

⑤ 技术成熟：符合酒店用水习惯的热水解决方案，其具有大量案例验证和全国的用户群体。

⑥ 使用寿命：对于一次投入，后期的使用年限问题也是需要关注的，这样可以确定年均费用的分摊问题。

2) 递进式太阳能低能耗热水解决方案

递进加热，运行成本低，保障率高，相较于传统的太阳能热水系统，该系统采用递进式加热的方式进行热水供应，优先使用太阳能系统进行热水供应，太阳能不足时，提供基础水温，由辅助能源二次升温，降低传统能源消耗，节省运行成本（图 6-17）。

① 适用范围：快捷酒店等，零下 40℃系统皆可正常使用。

② 系统组成：太阳能集热器、控制系统、循环泵、储热水箱、容积式电（燃气）热水器、水处理系统、管路系统等。

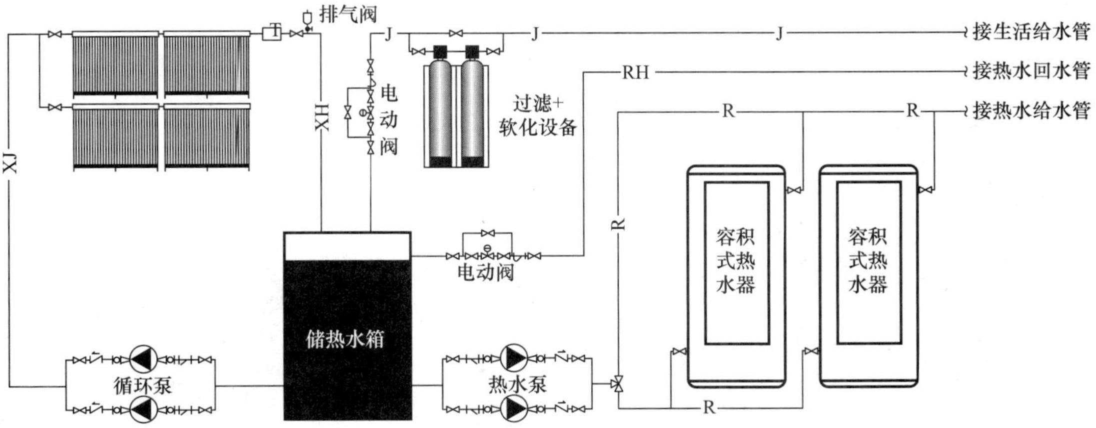

图 6-17　递进式太阳能低能耗热水系统图

（3）医院热水

医院也是热水需求大户，能耗巨大。医院是一个以拯救生命为天职的部门，绿色、低碳的医院形象有助于提升在人们心目中的良好印象。

1）设计关键点

① 用水需求部门：一般来说，医院的病房卫生间、手术室洗手、产科病房、洗婴室、中心供应室宜设置集中供水热水系统，而门急诊、医技各科室和后勤行政部门由于用水点分散，对热水供应的要求不高，一般可不设置热水供水。

② 系统设计形式：对于设置集中热水供水的项目，热水机房宜集中设置，但管道要根据使用功能分为不同的系统，便于运行管理维护。大部分医院，病房楼内的热水供应除有独立卫生间的病房外，基本为定时供应；中心供应、手术室洗手、产房热水为全天候供应。

③ 军团菌问题：人们对水质要求越来越高，尤其是生活热水中发现军团菌致病的实例，引起人们的高度重视。主要是因为在 30～45℃水中最容易繁殖军团菌，因此《建筑给水排水设计标准》GB 50015-2019 明确规定医院建筑不得采用有滞水区的容积式水加热器。

④ 全循环供水方式：在一些标准较高的医院建筑中，由于卫生器具布置相对分散、数量多、配水支管长，难以按半循环方式保证大多数配水点的水温，设计中有必要采用全循环供水方式。

2）运行原理

① 冷热同源供水技术：冷热同源供水技术出水压力稳定，无滞水区，避免军团菌大量繁殖。

② 承压分布储热技术：承压储热，热量损失降低 20%以上，节能更高效；承压密闭系统，系统不与大气接触，避免水污染。

③ 水处理技术：配备水处理设施，涵盖软化及 AOT 杀菌技术，实现洗澡热水的健康优质供应。

医院太阳能＋辅助热源热水系统图如图 6-18 所示。

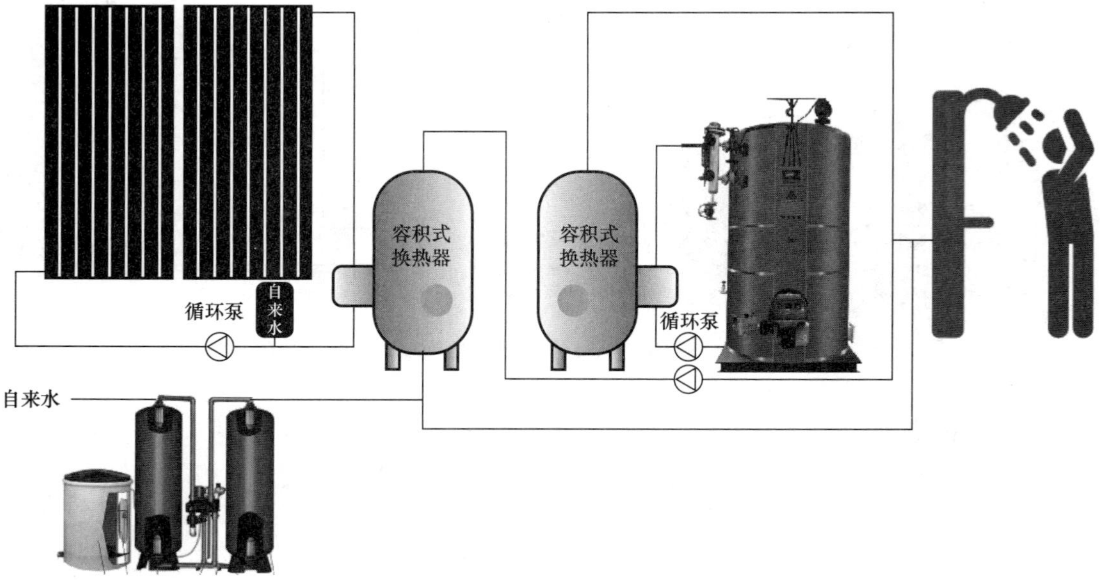

图 6-18　医院太阳能＋辅助热源热水系统图

（4）太阳能泳池及热水

1）设计关键点

① 温度设定：恒温泳池，就是游泳池水的温度常年都能保持在 26～28℃，适合人体的温度。

② 技术成熟度：该技术在国外已经比较成熟。有资料介绍，在美国 70%的太阳能热水系统应用在游泳池池水加热上。

③ 系统形式：集热器中与泳池水接触的材料，应既不污染水，也不应被水腐蚀。除铬—镍钢外，其他金属不能用于系统中与泳池水接触的部件，故系统采用间接换热形式。

④ 需求状况：对于泳池系统来说，一般情况都需要洗澡及泳池恒温同步进行。

2）运行原理

① 热水优先：在系统设计时，采用一切以热水洗浴为先，其次为泳池加热，目的是为了提升用户体验，同时提高能源利用率，双水箱选择性加热，避免高温。

② 多能复合：根据不同的用户需求选择合适的太阳能集热器，采用多种能源复合，

实现热水及泳池双重应用。

③ 递进式加热系统：对于生活用水部分采用容积式换热器，无滞水区，同时提升了太阳能能源运行效率（图 6-19）。

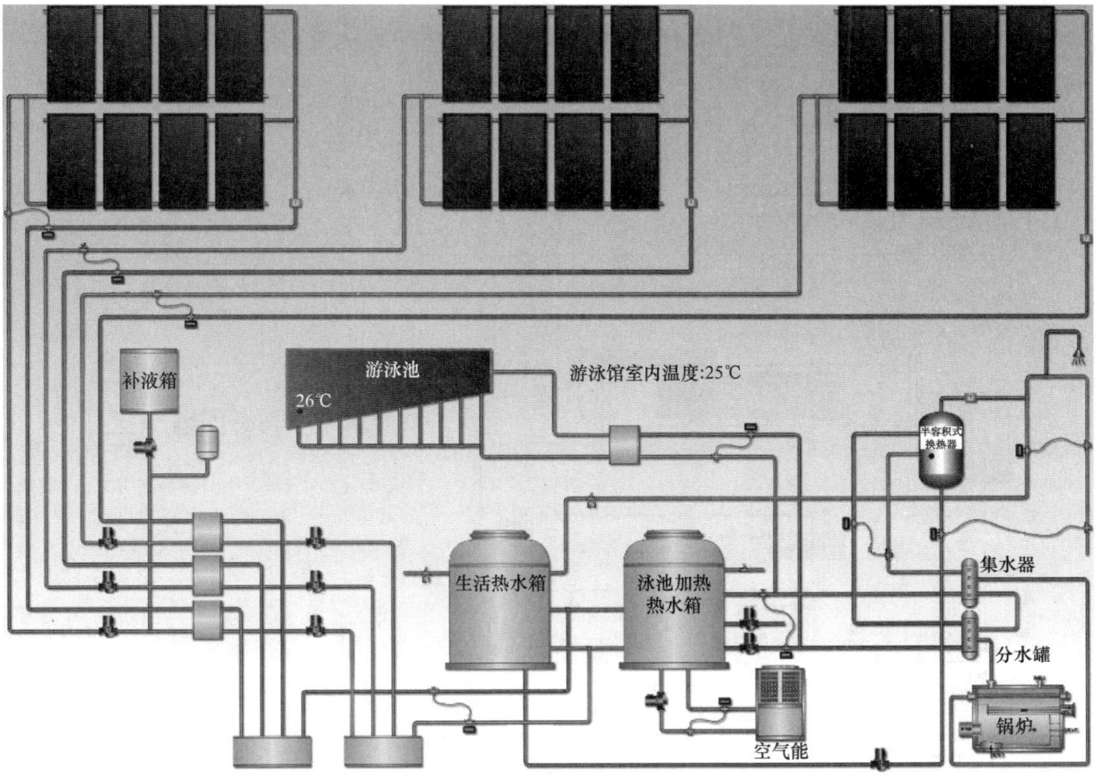

图 6-19 泳池热水及供热系统图

6.4 净零能耗建筑双源热泵互补供热耦合系统

6.4.1 双源热泵工作原理及运行模式

热泵是一种能从自然界的空气、水或土壤中获取低品位热能，经过电力做功，提供可被人们所用的高品位热能的装置。双源热泵采用的是双蒸发器（空气源侧和土壤源侧），共用压缩机、冷凝器、节流阀。在北方地区冬季，由于昼夜温差较大，白天室外温度一般在 0℃左右，甚至更高，空气源热泵在此期间可以高效运行，室内供暖完全依靠空气源热泵即可，夜间室外环境温度逐渐降至约－10℃，甚至更低，空气源热泵运行效率较低，自动切换到地源热泵运行模式。

双源热泵机组将空气源蒸发器和土壤源蒸发器同时放在一台机组内，与常规单一空气源热泵和土壤源热泵相比，其在管路及控制上有很大差别。双源热泵机组的运行原理如图 6-20 所示，模型图如图 6-21 所示。

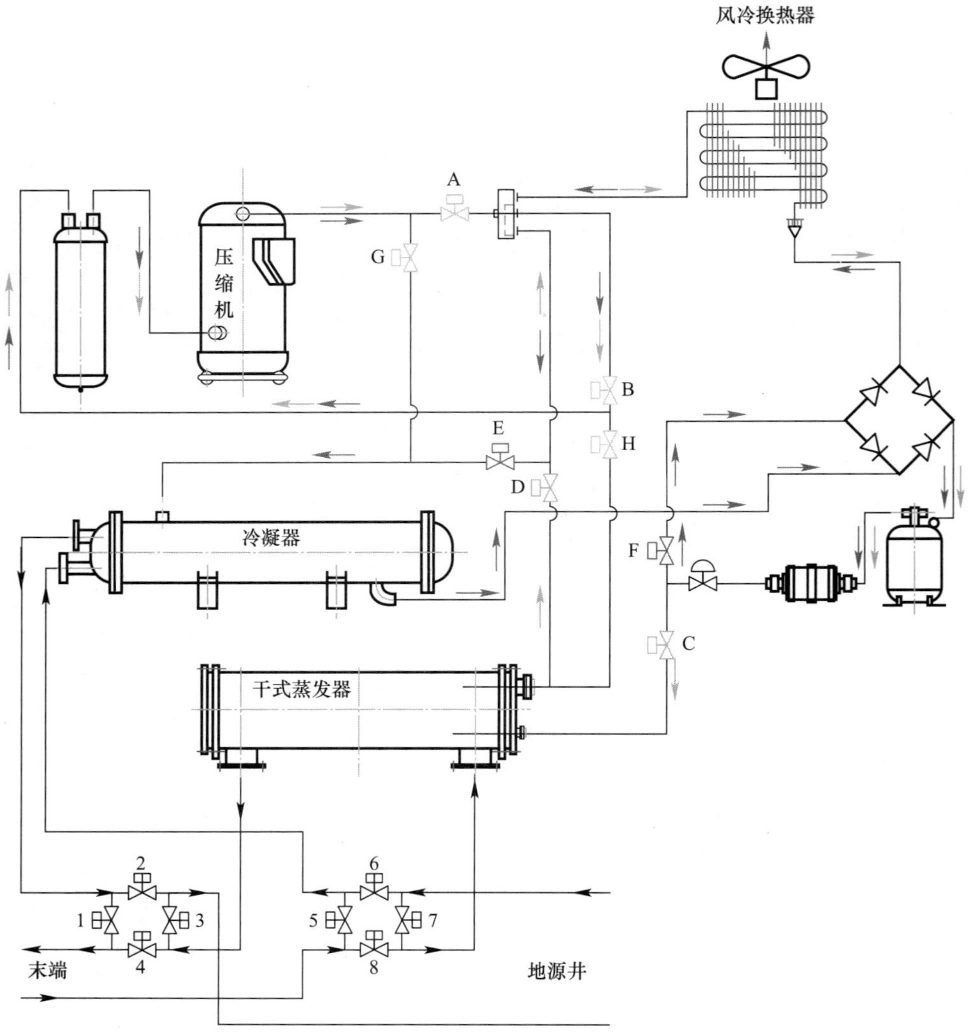

图 6-20　双源热泵机组系统运行原理

注：风冷热泵制冷模式：电磁阀 A、B、C、D 开；电磁阀 E、F、G、H 关；
风冷热泵供暖模式：电磁阀 A、B、E、F 开；电磁阀 C、D、G、H 关；
地源热泵模式：电磁阀 C、G、H 开；电磁阀 A、B、D、E、F 关；
供暖模式：电磁阀 1、3、5、7 开；电磁阀 2、4、6、8 关；
制冷模式：电磁阀 2、4、6、8 开；电磁阀 1、3、5、7 关。

6.4.2　双源热泵互补供热耦合系统原理及运行模式

双源热泵互补供热耦合系统由双源热泵机组、光伏幕墙集热系统、补热装置、蓄热装置、自动控制监测系统组成。

双源热泵互补供热耦合系统的运行模式主要分为以下三种（通过电动阀控制各个模块）：过渡季地埋侧补热、蓄热运行策略（蓄热模式）；夏季用户末端供冷运行策略（相变水箱不运行）（供冷模式）；冬季双源热泵机组与水箱（普通蓄热水箱＋相变储能水箱）的运行策略（供热模式）。

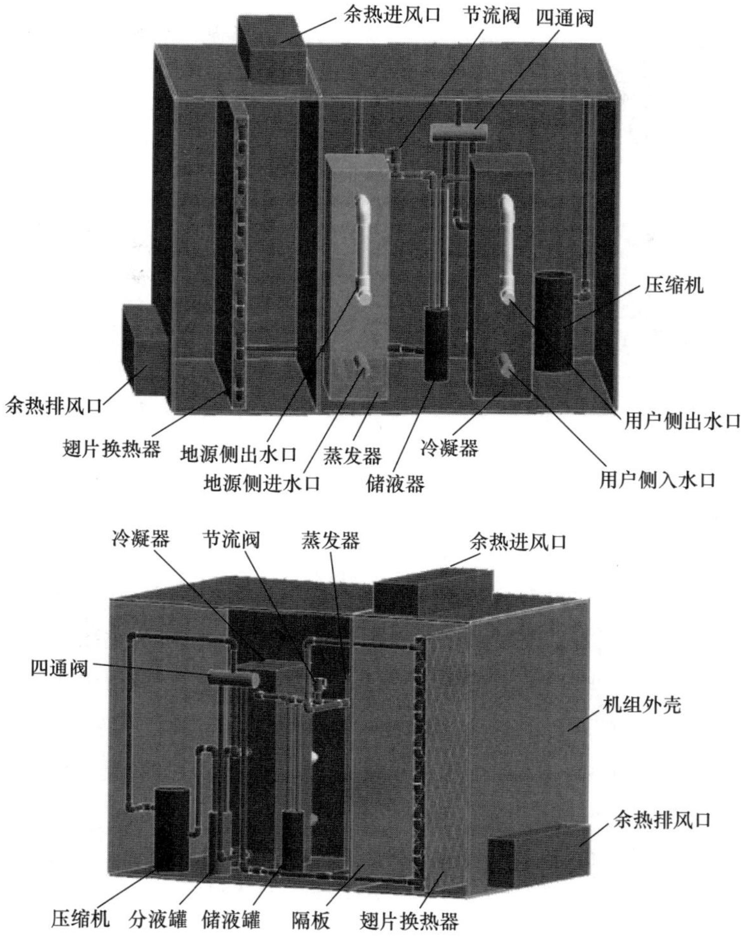

图 6-21　双源热泵机组模型图

1. 过渡季运行模式

在过渡季，优先使用风—水换热器，其次使用加热塔蓄热，如图 6-22 所示。

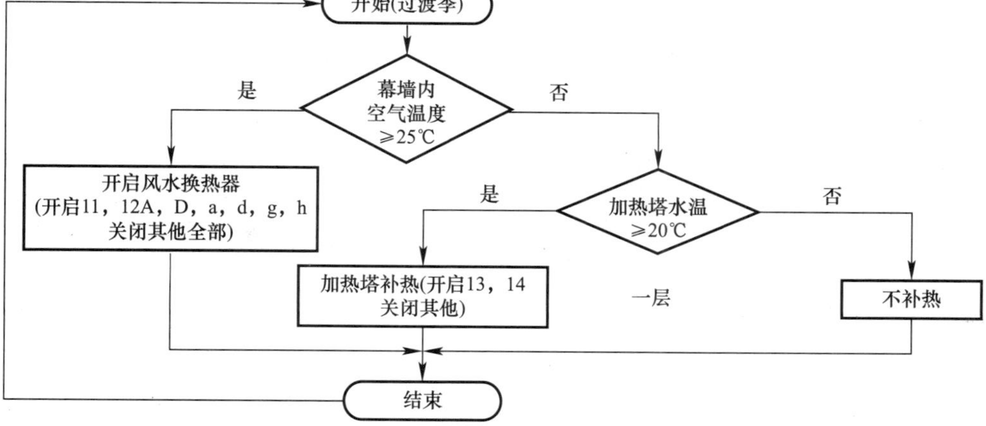

图 6-22　过渡季运行模式

2. 夏季运行模式

夏季制冷以土壤源热泵机组直接制冷，运行流程如图 6-23 所示。

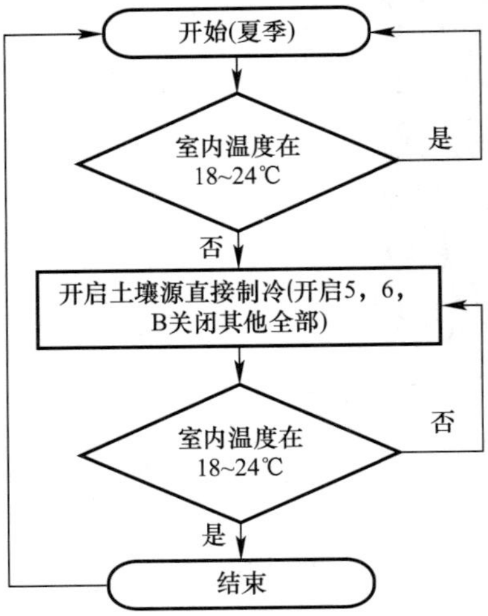

图 6-23　夏季制冷运行模式

3. 冬季运行模式

（1）机组源侧：当 PVT 通道温度高于 5℃时，先打开双源热泵（DSHP）的气源侧，如果 PVT 通道温度低于 5℃，则打开地源侧进行加热。

（2）蓄热侧：当水箱内水温达到 50℃时，关闭双源热泵机组。当水箱内水温低于 40℃时，开启双源热泵机组，水箱内的水温始终可以稳定在 40～50℃。

（3）用户末端侧：末端加热方式采用水箱直接加热，以保持室内温度为 18～24℃。

冬季水箱侧蓄热和用户负荷侧供热流程如图 6-24 所示，以相变储能水箱为中心，优先将相变储能水箱中的水加热，在相变储能水箱中的水满足要求后，再为普通水箱进行蓄热。为减少严寒地区冷堆积现象，优先采用空气源热泵进行供热，当空气源热泵难以满足室内供暖时，采用土壤源热泵供热。冬季用户侧供热，以室内温度是否在 18～24℃为核心，如果需要供热则优先采用相变水箱供热，其次采用普通水箱供热，如果二者皆不能为用户供热，则利用机组直接供热，而机组供热要考虑空气源热泵与土壤源热泵择其一运行。

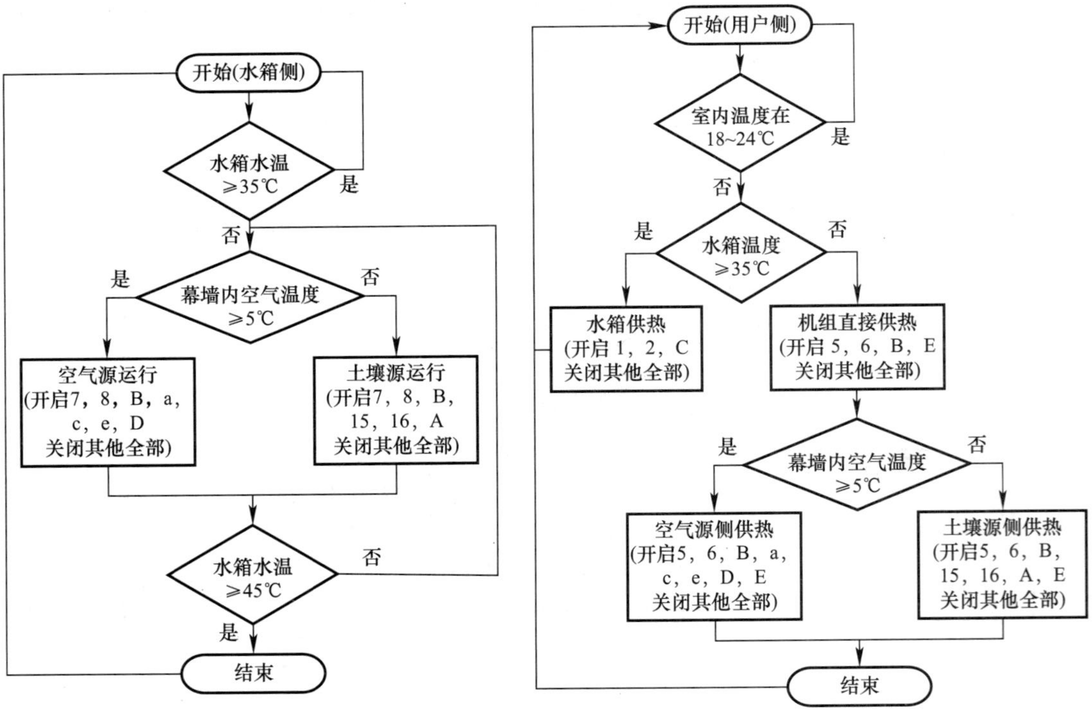

图 6-24　冬季供热运行模式

6.4.3 双源热泵互补供热耦合系统实践案例

1. 工程概况

在沈阳建筑大学某近零能耗建筑进行工程实践，该工程用地总面积为 336m²。地上 2 层，一层层高 3.3m，二层层高 3.6m，总建筑高度 7.2m。体形系数为 0.54，建筑尺寸为 18m×8.4m×6.9m（长×宽×高）。针对实际工程进行土壤一空气双源热泵互补供热耦合系统研发，系统机房如图 6-25 所示。

图 6-25 双源热泵机房示意图

2. 实测分析

(1) 净零能耗建筑示范中心云平台

为使双源热泵互补供热耦合系统与自动控制高度结合，实现网络云端的实时控制，建立自动控制监测平台，如图 6-26 所示，对互补供热耦合系统的运行效果进行长时间的监控和监测。

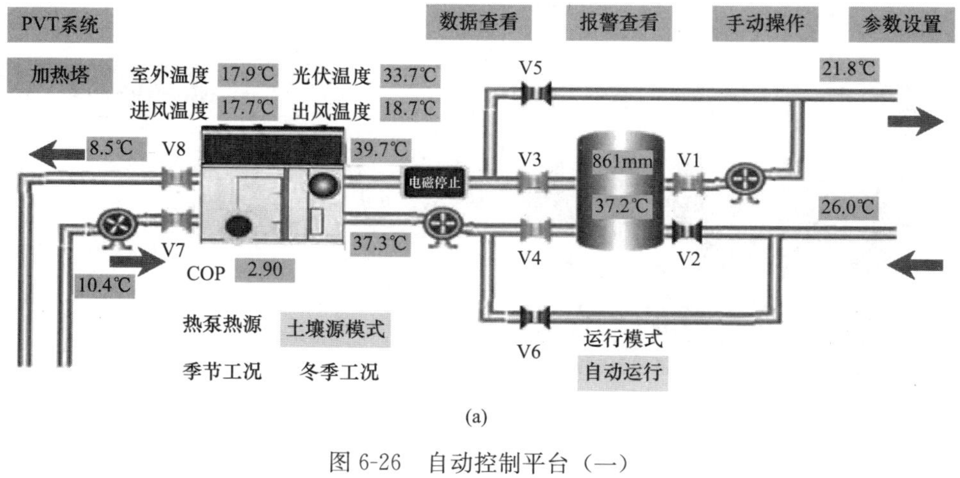

(a)

图 6-26 自动控制平台（一）

(a) 双源热泵操作界面

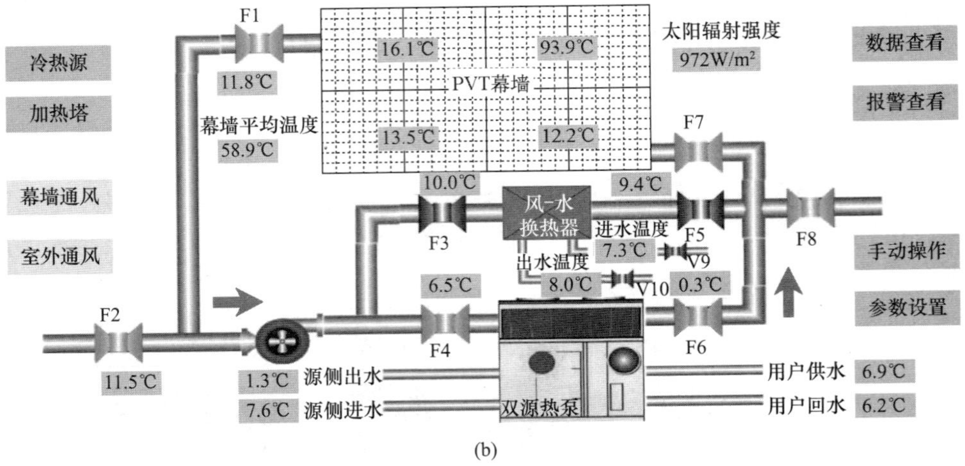

图 6-26　自动控制平台（二）

（b）PVT 系统操作界面

（2）系统性能分析

热泵机组在夜间连续运行，白天间歇运行，11 月 11 日，机组 *COP* 最高可达 5.82，这是由于 12:00 时外界环境温度较高，适合双源热泵的空气源侧蒸发器运行。由图 6-27 可以看出：热泵机组在测试期间多次采用空气源侧蒸发器运行，其 *COP* 均能达到 3.2 以上，由图 6-28、图 6-29 可知，双源热泵机组极大地提高了在严寒地区运行的稳定性。

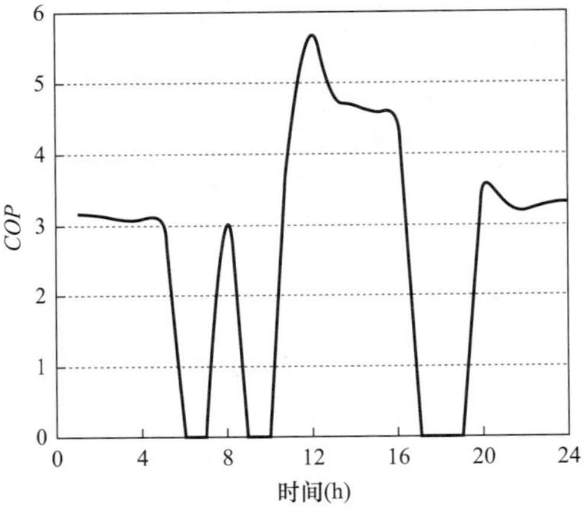

图 6-27　2021 年 11 月 11 日机组 *COP*

如图 6-30 和图 6-31 所示，双源热泵机组

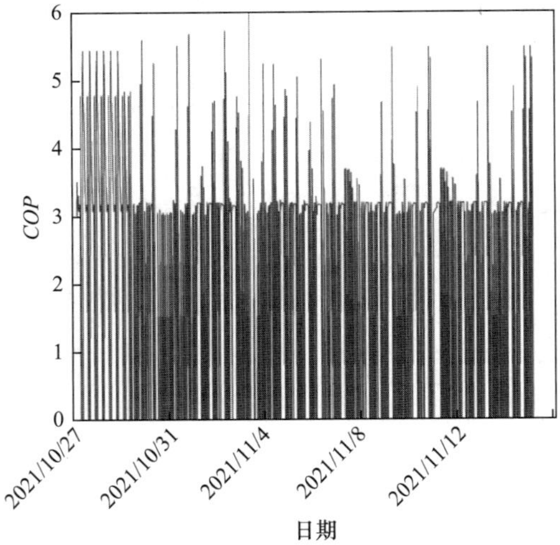

图 6-28　2021 年 10 月 28 日～11 月 11 日机组 *COP*

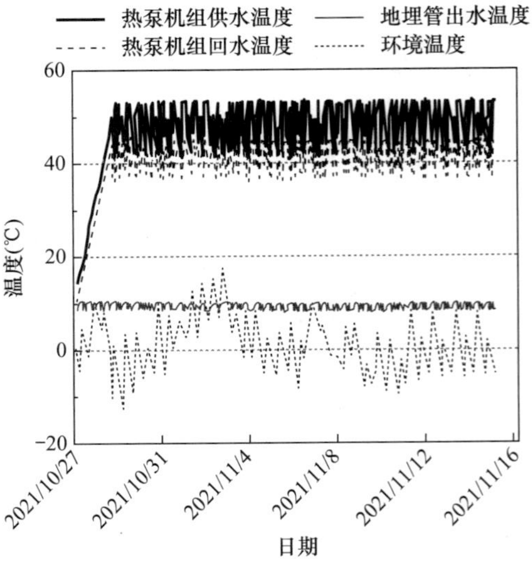

图 6-29　机组供回水温度

在 20 天内，累计供热量为 2873kW，累计总耗电量为 936.7kWh，其中水泵耗电量为 119.7kWh。由此得出，双源热泵机组的 *COP* 为 3.52，双源热泵系统的 *COP* 为 3.07。

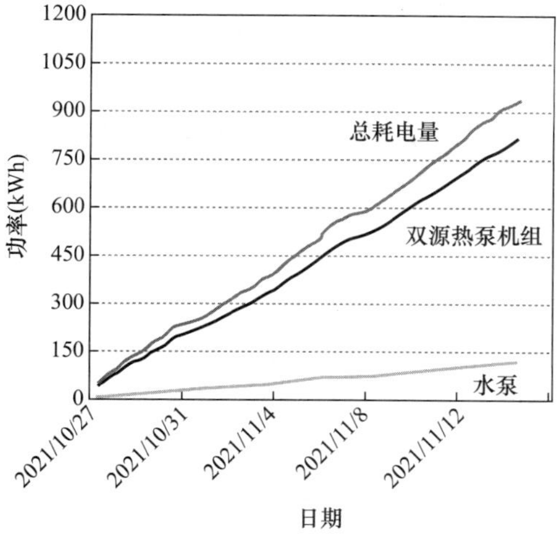

图 6-30　半个月的能耗分析

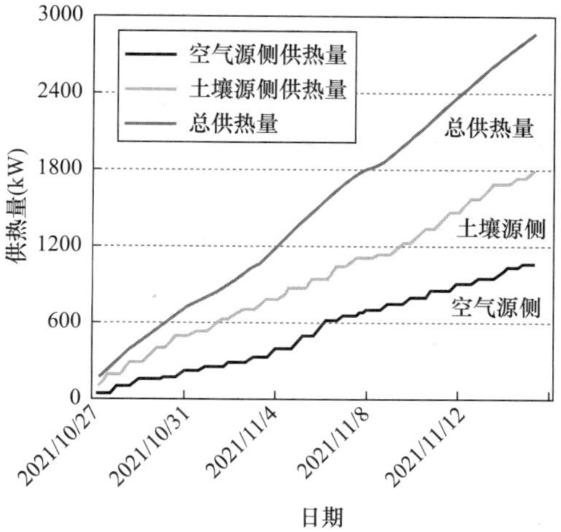

图 6-31　半个月的供热量分析

上述实测结果表明，双源热泵机组在冬季供暖初期供热性能较好，尤其在中午开启空气源热泵，*COP* 可达 5.8；单日平均 *COP* 为 3.58；在实测期间，热泵机组运行稳定，供热性能较好。

双源热泵通过空气源和土壤源蒸发器的灵活切换，在保证用户末端供热的情况下，可以提高热泵性能并且有效缓解严寒地区土壤热失衡问题。分别选取天气状况相似的三天来比较单独空气源热泵、单独土壤源热泵和双源热泵的性能，在 2021 年 11 月 21 日采用空气源热泵，2021 年 11 月 22 日采用土壤源热泵，2021 年 11 月 23 日采用双源热泵的模式进行对比分析，如图 6-32 所示。

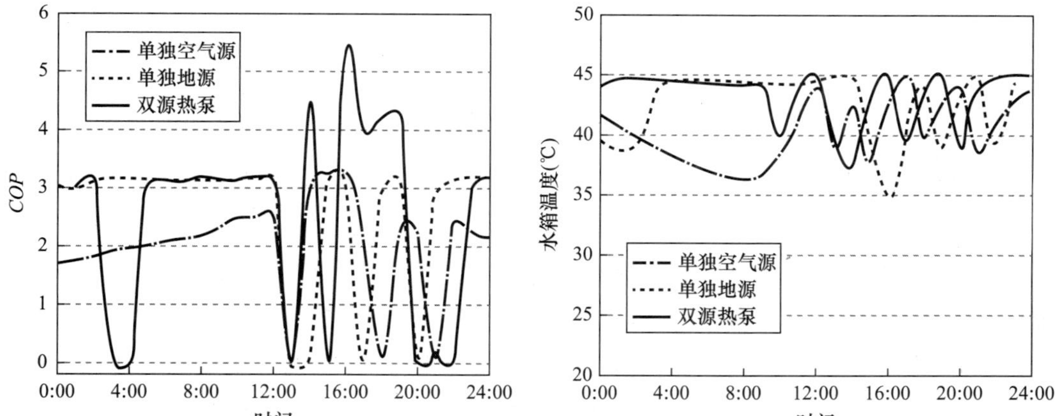

图 6-32　三种模式对比分析

（a）*COP*；（b）水箱温度

结果表明，水箱内温度为 35～45℃，总体上波动不大，均能保证用户末端的供热。在冬季的初期，外界环境温度仍有部分时间处于5℃以上，能够满足空气源热泵运行条件，但是随着气温逐渐降低，空气源热泵的运行时间将会进一步缩短。由图6-34（a）可知：双源热泵的*COP*较高，相对于土壤源热泵至少提高6%，相对于空气源热泵性能至少提高12.8%。

6.5 净零能耗建筑污水源热泵与太阳能耦合蓄能联供技术

6.5.1 系统构成及基本原理

污水源泵与太阳能耦合蓄能联供系统主要由三个子系统组成，分别是太阳能热水循环子系统、室内供热子系统及太阳能—污水源双源热泵子系统。系统原理如图6-33所示。

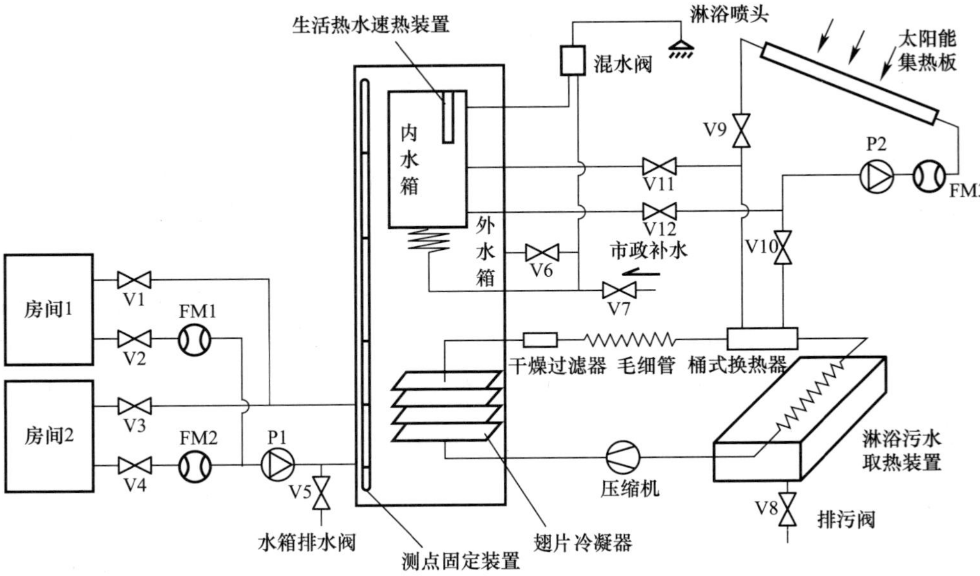

图6-33 太阳能—污水源热泵原理图

太阳能热水循环系统主要包含如下部分：太阳能集热器、温控器、循环水泵P1、循环管路。冬季工况下，太阳能热水循环的路径为：集热器→太阳能热泵蒸发器→循环水泵→集热器；夏季工况下，热水循环路径则为：集热器→嵌套水箱内水箱→循环水泵→集热器。在冬季工况下，可以通过放置在太阳能集热器水箱内的温控器TC的测温点来测量水箱内温度T_s，当温度高于设定阈值时，循环水泵P1启动；低于一定温度，循环水泵关闭。其中启停温度根据不同工况条件，可以通过在温控器上进行调节，进而起到通过温控器控制循环水泵启停的作用，并对太阳能集热器内的热水循环进行控制，最终控制制冷剂与制热剂之间的热交换。

在夏季，太阳能集热器直接将其制得热水通过循环泵供给内水箱，并对市政补水进行循环加热，从而在更长时间区间内满足用户生活热水的需求。

室内热水循环系统主要由嵌套水箱、室内供暖循环泵、混水阀、淋浴喷头等设备组成，嵌套水箱是该系统制取和供给热水的主要装置。嵌套水箱包括内、外两层水箱，外层水箱用于供给供暖循环水，内层水箱用于供给生活用水。其中，外层水箱的内部水体与下层热泵系统冷凝器进行换热，并通过直接接触将热量传递给内层小水箱。内层小水箱为承压水箱，在小水箱底部进水口设有预热盘管，用于给小水箱生活用水补水进行预热。整体而言，嵌套水箱结构实现了供暖水箱和生活用水水箱的有机整合，并且可以直接完成生活热水及市政补水的预热，从而有效简化系统形式、减少系统占地面积，并且提高热效率。

室内热水循环系统运行流程为：室内地暖循环水通过供暖循环泵 P1 带动，通过管件连接到外水箱，嵌套水箱外水箱上侧为供暖供水口，下侧为供暖回水口。通过控制循环水泵的启停，可控制是否对室内进行供暖。生活热水从小水箱顶侧出口，通过管件与外水箱连接并从外水箱侧壁穿出，经过 PPR 管路输送到混水器，与市政冷水混合后由喷淋头送出。小水箱底部预热盘管连接市政管网进行补水。水箱顶部封装速热装置，用于在生活热水出口温度低于供水温度时对水箱内部水体进行加热。在夏季，小水箱与太阳能集热器相连，通过太阳能集热器循环加热内水箱补水，从而实现生活热水的供给。

作为将各个系统的热量联通的重要换热装置，太阳能—污水源双蒸发器热泵循环系统是整个系统中最复杂的一部分。热泵系统主要由压缩机、桶式换热器、污水取热装置内盘管、毛细管、干燥过滤器、冷凝器等组成。热泵系统各部件通过 Φ10mm 的紫铜管连接。高温高压制冷剂从压缩机排出后，通过制冷管路从水箱侧壁穿入，进入水箱内部的冷凝器；冷凝器位于嵌套水箱外水箱内部下侧，与外水箱内的水体进行换热。制冷剂在冷凝器中换热后从水箱侧壁穿出，经干燥过滤器吸湿过滤后接入毛细管节流，节流后制冷剂首先连接至桶式换热器。桶式换热器作为太阳能热泵循环系统的蒸发器，负责在太阳能热泵工况下与太阳能循环水进行换热。制冷剂自桶式换热器流出后送入污水取热装置内的换热盘管，在污水源热泵工况下与淋浴污水进行换热，作为污水源热泵系统的蒸发器。

与市面上常见的家用热泵系统相比，双源热泵系统将污水源热泵、太阳能热泵系统进行了有效结合，在降低能耗的同时能够简化系统形式，并有效提升能源利用率。该系统使用太阳能作为主要能源，节能环保效益突出；使用污水能作为次要能源，对污水废热进行有效回收，从而减少热量浪费和城市热污染。

6.5.2 系统运行模式

由于一天中各时刻的用热需求不同，供热系统需要在每天不同时段采用不同的供热模式。针对该种需求设计了系统在一个供热周期内的运行模式，如表 6-1 所示。

系统运行模式对照表 **表 6-1**

序号	时间	设备启停时间节点	供热模式
1	9:00～19:20	太阳能循环泵开启—太阳能循环泵关闭	太阳能热泵供暖模式
2	19:20～19:35	生活用水开启—污水源热泵开启	生活热水供应模式
3	19:35～20:20	污水源热泵开启—生活用水关闭	生活热水供应模式＋污水源热泵制热模式

续表

序号	时间	设备启停时间节点	供热模式
4	20:20～21:10	生活用水关闭—污水温度降低，集热装置停止换热	污水源热泵制热模式
5	21:10～次日	—	系统关闭

太阳能热泵供暖模式是系统初始运行模式，也是热泵系统持续时间最长的工作模式。太阳能集热器通过收集热量加热集热器内的水体，通过水泵实现楼顶集热器与室内太阳能热泵蒸发器之间的循环。蒸发器通过热泵循环，将从循环水中吸收的热量传递至水箱内的冷凝器，进而对水箱内的水体进行加热。在该工作模式下，热泵系统制热量基本可以满足房间日间的供暖负荷。同时，由于嵌套水箱的结构特性，系统在供热的同时也对小水箱内储存的生活用水进行预热。

生活热水供应模式是复合热泵系统的主要功能之一，生活热水的热量来源包括：太阳能热泵系统、污水源热泵系统、小水箱内封装的速热装置。

污水源热泵系统主要用于更有效地利用淋浴废热，并且在室外太阳辐射强度较低时满足供暖需求。当污水集热装置内废水浸没换热盘管时，污水源热泵系统即开启。在淋浴结束后，若淋浴污水集热装置内废水仍有一定的余热，可以继续通过热泵系统提供热量。

6.5.3　系统实践案例

1. 太阳能热泵供暖模式

在该工作模式下，记录太阳能集热器进出口水温变化、水箱内温度变化、供暖供回水温度变化以及室内环境黑球温度变化，同时记录制冷剂状态，以监控制冷剂是否正常工作。

加热过程中水箱温度变化曲线如图 6-34 所示。热泵系统运行时需首先对室内地暖盘管内存水进行加热。在 16:00 供水温度达到 45℃，此时热泵系统停止运行。由于室内供暖过程持续进行，建筑热负荷持续消耗热量，水箱存水水温降低，循环水温呈下降趋势，在 17:50 时，回水温度低于 35℃，热泵系统重新运行。根据实验过程中记录数据，绘制出太阳能热泵供暖工况下水箱各层温度变化曲线图，如图 6-35 所示。

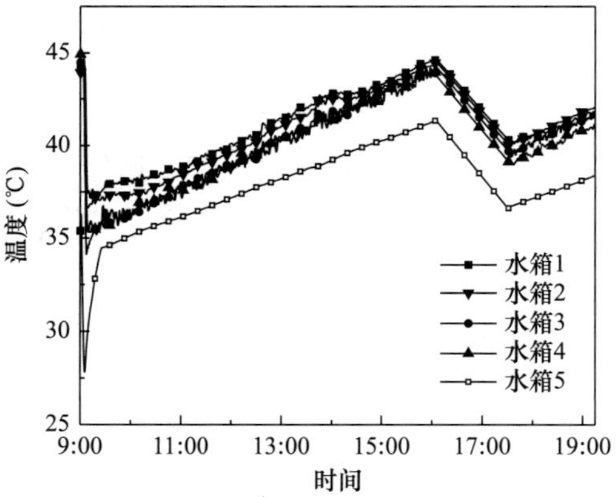

图 6-34　水箱温度变化曲线图

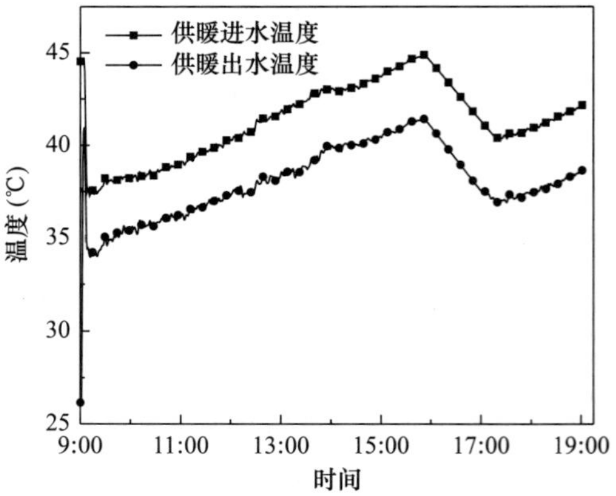

图 6-35　室内供暖供回水温度变化曲线

分析水箱温度变化曲线图及室内供暖供回水温度变化曲线，可见，由于室内地暖盘管存水水温较低，开启供暖循环泵后水箱各层温度经历了6～7℃的温降，约20min后水箱内温度趋于稳定，开始对循环水体进行加热。水箱下部冷凝器对外水箱水体加热，水箱各层温度不断升高。加热7h后，水箱上层供水温度达到45℃，为节省电量，热泵系统压缩机停止工作。同时由于水箱最下层温度测点设置于冷凝器下方，并位于供暖回水口附近，水箱内部存在分层现象，最下层温度测点与水箱上侧4个温度测点存在3～5℃温差。符合供暖供回水存在的温差现象。

2. 生活热水供应模式

在该工作模式下，记录生活热水出水口温度、水箱内温度变化，同时记录制冷剂状态，以监控制冷系统工作是否正常。

图6-36为在生活热水供应模式下，生活热水出水温度变化曲线。

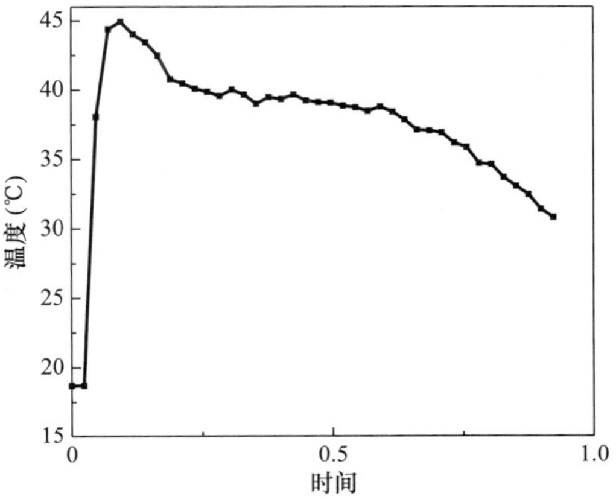

图6-36 生活热水出水温度曲线图

分析生活热水出水温度变化曲线图可知，由于管道内有部分冷水残留，初始出水时水温较低；但随着小水箱内热水通过市政补水水压送出，在3min内淋浴出水温度迅速升高。在淋浴模式开启的初始10min内，水箱内电补热装置未开启、污水源热泵系统未运行，生活热水出水温度随时间降低的速率较快。在污水源热泵系统运行及补热装置开启后，生活热水出水温降速度减缓，出水温度可维持在39℃左右30min。随着生活用水时间的不断增加，生活热水出水温度不断降低，逐渐远离淋浴用水温度需求，且温降速率逐渐加快。这是由于出水温度逐渐降低，导致污水集热器内温度逐渐降低，集热器内集热盘管换热效率降低，制热速率下降。

3. 污水源热泵制热模式

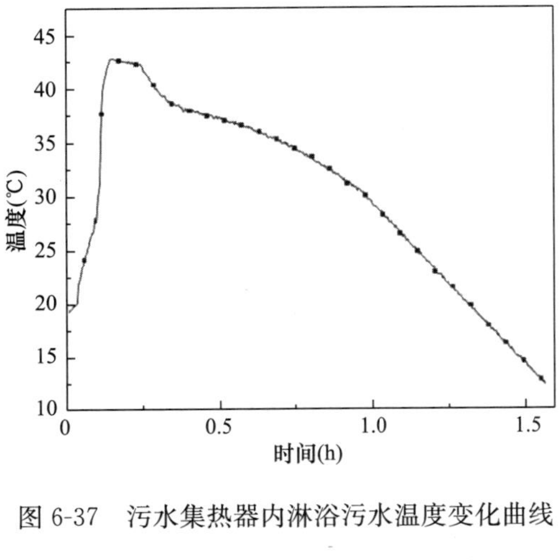

图6-37 污水集热器内淋浴污水温度变化曲线

在该工作模式下，记录淋浴污水集热装置内温度变化、水箱内温度变化，同时记录制冷剂状态，以监控制冷系统工作状态是否正常。

图6-37为在生活热水供应模式下，污水集热器内淋浴污水温度变化曲线。可以看出，随着污水集热装置内液面高度不断上升，污水集热器内温度随出水温度的升高而不断升高，直至浸没集热器内温度探头。在生活热水供应模式开始10min后，由于热泵系统启动，通过集热器内盘管蒸发器与污水进行换

热，污水温度受出水温度及热泵盘管吸热影响逐渐下降。在淋浴过程结束后，集热器内污水仍有余热，污水源热泵换热盘管持续与集热器内的污水进行换热。由于此时污水集热器内无热水补充，集热器内温降速率要比淋浴工况下的温降速率快，约为 0.5℃/min。当污水集热装置内温度下降至 12℃时，污水源热泵工况结束，系统关闭。

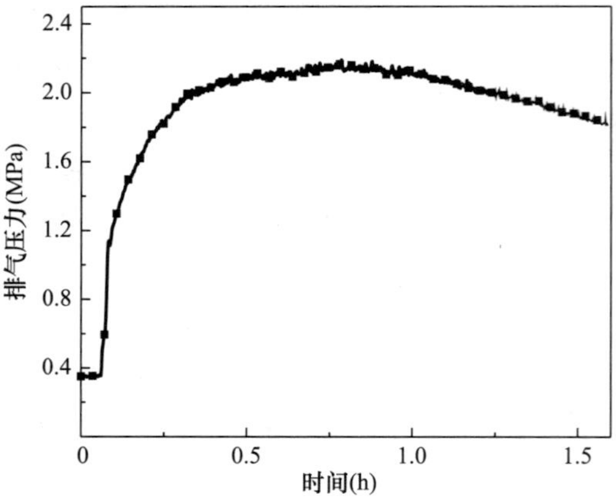

图 6-38　压缩机排气压力变化曲线

图 6-38 为压缩机排气压力变化情况。在热泵系统未开启时，压缩机排气压力稳定于系统未运行时的制冷剂压力（0.35MPa）；在热泵系统开启后，压缩机排气压力随时间的推移迅速升高，在 20min 时达到 2.1MPa。在淋浴工况结束后，随着蒸发器侧温度明显降低，换热温差减小，随着时间推移，压缩机排气压力逐渐降低，直至热泵工况结束。

6.6　净零能耗建筑预冷通风蓄能关键技术

建筑的室内热环境会受到室外气温和太阳辐射的综合作用，因而建筑围护结构的热工性能需要满足一定要求。以过渡季或夏季为例，如果围护结构的隔热性能不够好，则可能导致墙体内壁温度较高。即使此时室内气温不高，但室内热环境也可能较差，人们仍然会感到不舒适。改善室内热环境最简单的方法是开窗通风，以将室内空气温度降低到人体热舒适温度范围内。

自然通风是一种低成本利用风能的技术形式。一般来讲，自然通风指不借助机械设备，仅依靠室外风力造成的风压和室内外空气温度差造成的热压，促使空气流动，使得建筑室内外进行空气交换的过程。采用自然通风的根本目的是取代（或部分取代）空调制冷系统。

6.6.1　预冷通风的基本概念

为了改善室内热环境并降低空调系统的能耗，自然通风被世界各地的建筑广泛采用。该技术通过优化建筑形态和围护结构的热特性，利用太阳能、风能等天然资源进行室内热环境的改善与营造。自然通风最典型和最传统的做法是在外界温度适宜时，直接向室内引入室外空气进行通风降温，以减少空调的运行时间与能耗。

预冷通风是在过渡季或夏季，当室外气温适宜时开窗进行通风换气的一种方式。需要注意的是，预冷通风与常规的自然通风是有差异的：进行预冷通风必须根据建筑热过程和热特性，利用室外气温变化规律，人为地按照降低室内温度或改善室内热环境的需求进行受控的通风。预冷通风可以采用机械通风、自然通风以及机械通风与自然通风相结合的混合通风方式进行。通常情况下，预冷通风比自然通风的降温效率更高，且预冷通风除了能降低室内温度、改善室内热环境外，还可以显著降低空调能耗。因此，预冷通风是建筑降温最有效、最经济的节能措施之一。

在夏热冬冷地区，冬季一般没有集中供暖，室内空气湿度大，气温较低；夏季又十分炎热，太阳辐射强，室外气温高。因此，在夏热冬冷地区，冬、夏季建筑室内热环境极差，大多数建筑只能使用空调设备来控制室内热环境。然而在春、秋季，虽然太阳辐射较强，但室外气温在早晚和夜间有相当长的时间处于人体热舒适的范围。长期以来，建筑界及普通居民一直在这些时段进行自然通风，以为建筑降温，改善室内热环境，提高室内空气品质。

采用间歇机械通风和采用自然通风的建筑主要依靠夜间建筑周围环境的空气来降低室内气温。如果建筑周边区域夜间气温不能迅速下降，间歇机械通风和自然通风也就失去了作用。通风降温改善室内热环境还与城市规划、建筑布局有关。现代城市区域内的建筑密度大，难以靠夜间长波辐射快速冷却室外空气。因此，要得到一个良好的室外空气温度和湿度环境，在规划设计时就要注意加强城市区域的通风，尽量减少城市热岛效应；在沿城市周边规划的住宅区可利用夜间城市热岛环流，将远郊和乡间的冷空气引入城区，以提高建筑夜间强化通风的降温效果。因此，要获得良好的预冷通风效果，必须从城市规划、建筑布局、单体形态、通风方式、通风时间等方面进行全面考虑，在时间和空间等多个维度加以综合优化。

6.6.2　预冷通风分类

以通风动力作为划分依据，预冷通风主要分为自然通风预冷及机械通风预冷两种形式。自然通风预冷即通过合理的房间布局及开口设置，利用风压和热压自然地将室外冷空气引入室内，在进行降温的同时达到预冷蓄能，如图 6-39 所示。在住宅建筑中普遍采用自然通风的方法进行降温和空气质量改善。但由于自然通风的冷空气引入量有限，因此对于大型建筑而言，单纯通过自然通风很难将冷空气引入至所有角落，造成通风预冷效果较差。

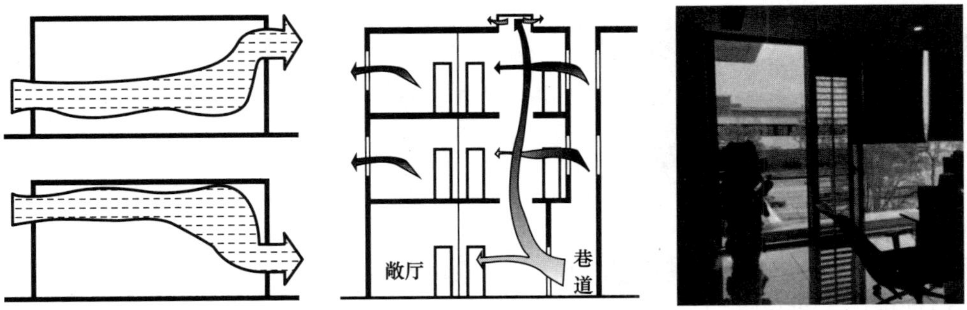

图 6-39　自然通风预冷方式

如图 6-40 所示，机械通风通过风机的作用，将室外冷空气强制送到房间，其通风量大，预冷效果好。但机械通风需要消耗电能，在应用时要进行评估，以权衡风机的耗电量及预冷节约的空调耗电量的大小。

图 6-40　建筑中庭机械通风预冷方式

以通风方式进行分类，预冷通风可分为房间直接通风和利用吊顶或架空地板等建筑构件进行通风预冷蓄能。房间通风预冷蓄能即将室外冷空气直接引入建筑室内，以对围护结构、室内家具等进行冷却。该方式通风量大，但需要房间窗户一直处于打开状态，安全性较差，且无法应对雨天等情况。除直接通风外，还可以利用建筑围护结构及其构件进行预冷通风蓄能。如图 6-41 所示，可以将冷空气引至吊顶内部，对吊顶内的围护结构进行冷却。该方式风口隐蔽，但通风量较小，冷却效率受到制约。

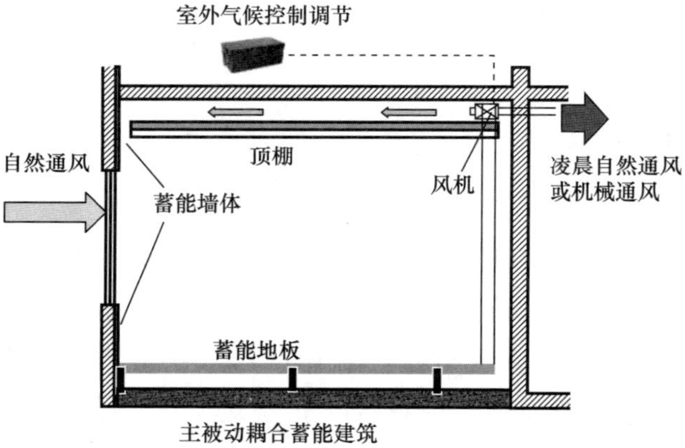

图 6-41　吊顶结合蓄能围护结构的预冷通风方式

为了加大房间预冷通风的蓄冷能力，还可以采用相变材料等热容较大的建筑材料和构件（如蓄能架空地板）进行辅助蓄冷，以增强预冷通风效果，同时提高房间的热稳定性。

6.6.3　预冷通风实践案例

1. 工程概况

选择中国建筑西南设计研究院滨湖办公区绿建中心进行实际案例分析。该项目位于成都市天府新区，南临兴隆湖，用地较为规整，项目净用地面积 4192.51m²，其中净零能耗建筑示范项目是面积为 1960.4m² 的 2 层办公楼。

建筑预冷通风设计采用建筑幕墙隔栅窗导风通风和中庭天窗混合通风预冷蓄能技术。图 6-42 为幕墙隔栅建筑直接通风方式，当室外气温满足预冷通风要求时，开启幕墙隔栅外窗，室外空气直接进入室内。

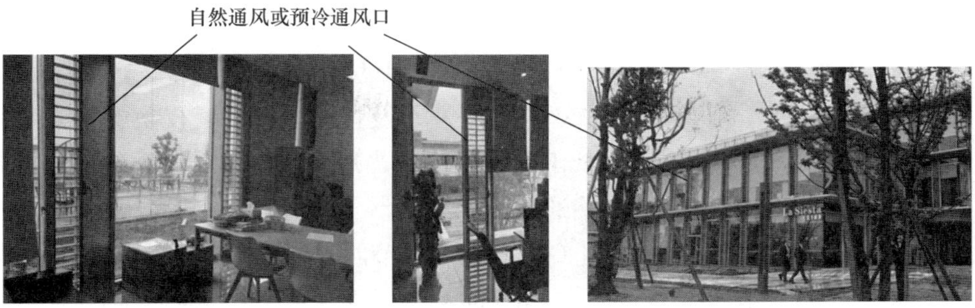

图 6-42　幕墙隔栅建筑通风

可控的通风阳光中庭可带走室内余热，同时满足室内人员的新风需求。方案采用热压自然通风和适当的机械抽风辅助两种形式，可实现独立和耦合运行。采用热压自然通风方式时，中庭设计避开了梁的位置，靠上侧开窗，以优化热压拔风的效果，如图 6-43 所示。

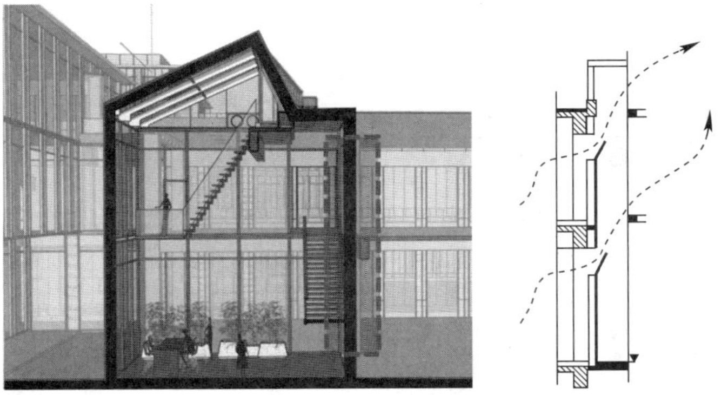

图 6-43　阳光中庭模型及立面图

2. 预冷通风效果分析

(1) 预冷通风气候潜力分析

选择成都累年 8 月气温数据进行分析，其日最高气温与最低气温如图 6-44 所示，白天的最高温度与夜晚的最低温度之间的差值可达 10℃以上，说明昼夜温度较大；夜间平均温度 22.1℃，最低温差为 8℃，最高温差为 1℃，平均预冷通风温差为 3.9℃，具有较好的预冷通风温差。

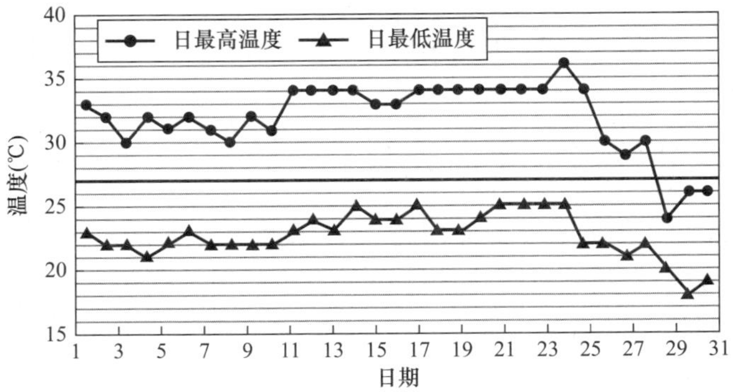

图 6-44　成都 8 月日最高气温与最低气温变化情况

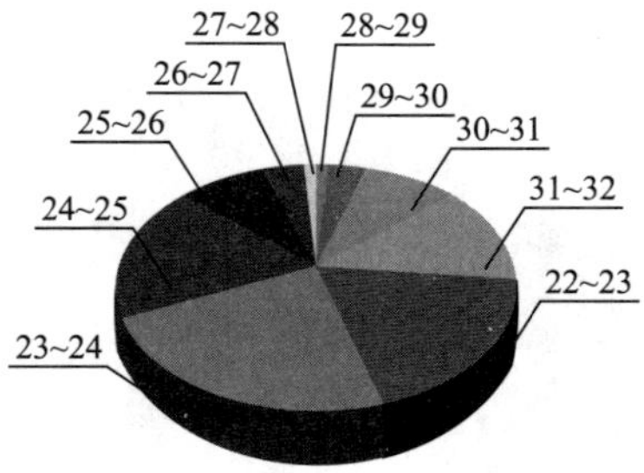

图 6-45 成都地区夏季及过渡季室外温度分布（单位：℃）

将成都地区夏季及过渡季夜间（22:00～次日 8:00）室外不同气温区间所占的比例进行整理得到图 6-45。由图可知，在整个夏季及过渡季期间，夜晚的室外温度基本都低于 26℃，说明当地在夏季及过渡季的夜间始终存在预冷通风节能潜力。

（2）预冷通风节能潜力分析

采用房间夜间通风方式（通风时段 1:00～6:00），不同通风量下的房间制冷负荷变化情况如图 6-46 和图 6-47 所示。由图可知，采用夜间通风模式可显著降低空调负荷，且节能率随着通风量的加大而加大。当通风量达到 $2h^{-1}$ 时，过渡季的通风预冷节能率为 40%，夏季的通风预冷节能率为 15%。过渡季的节能效果远好于夏季，主要原因为过渡季建筑热负荷小且室外空气温度低，更有利于夜晚的通风预冷。

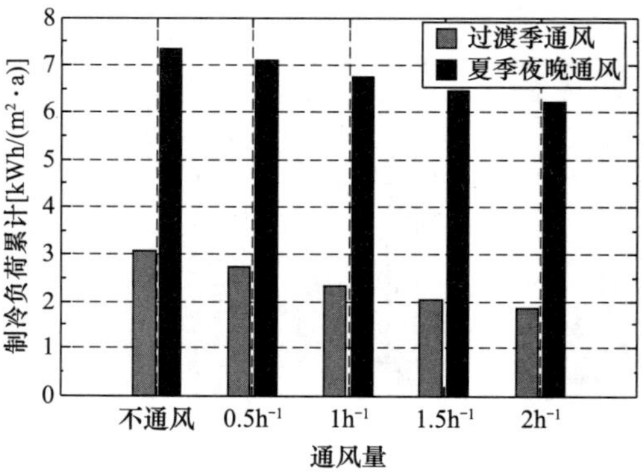

图 6-46 不同通风量下的制冷负荷

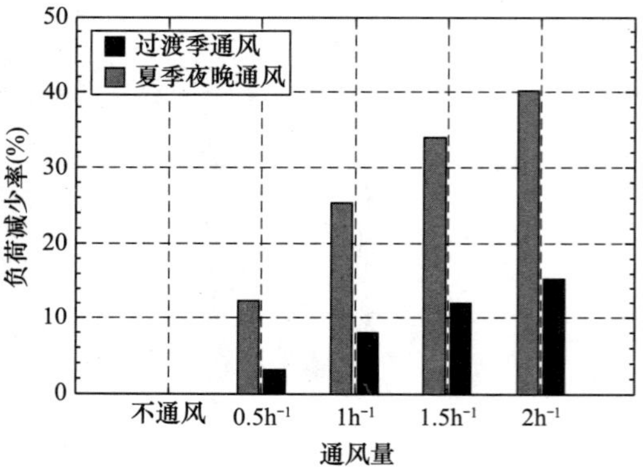

图 6-47 不同通风量下的制冷负荷减少率

该示范工程经过预冷通风效果分析，结果表明，在成都地区进行夜间预冷通风具有明显的节能效果，且房间通风预冷的效果好于吊顶。在过渡季和夏季，即使夜间换气次数仅为 $0.5h^{-1}$，房间的夜间通风蓄冷节能率也能达到 12%和 4%。随着换气次数的增加，节能效果将进一步提升。

6.7 净零能耗建筑应用风光互补混合电力储能系统

6.7.1 净零能耗建筑应用风光互补混合电力储能系统背景

随着化石能源的日益匮乏与环境问题的日渐严重，为满足人们日常生产生活的需要，使用对环境无污染、清洁可再生的绿色可再生能源替代传统的煤、石油、天然气等化石能源成为能源转型的关键。据国际可再生能源署（IRENA）2019 年的预测，到 2050 年，可再生能源提供的电力将占全球电力消耗的 86%。而在风能、太阳能、潮汐能、地热能、生物质能等多种新型可再生绿色能源中，太阳能与风能因其潜力巨大、就地取材、分散使用的灵活应用特性而备受关注。在全球降低二氧化碳排放以应对温室效应的碳中和目标背景下，太阳能光伏与风能的装机容量近年来发展迅速，二者在过去十年分别从 72040MW 与 220019MW 增长到了 707495MW 与 733276MW，幅度均超过 200%（图 6-48）。

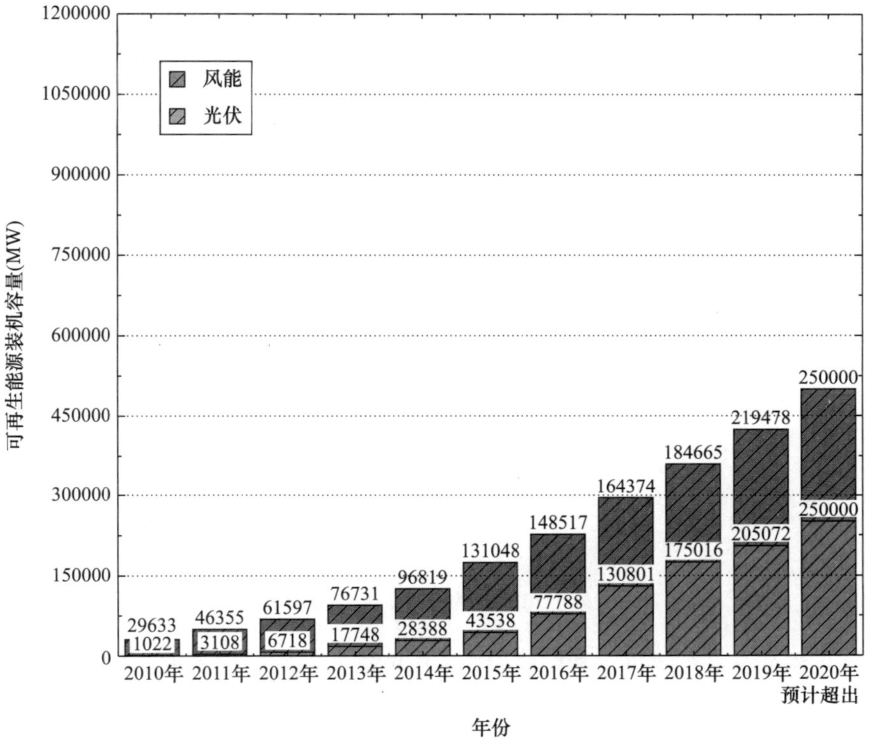

图 6-48 近十年我国风能与太阳能光伏装机容量增长情况

虽然我国对新能源的利用起步较晚，但由于政府的重视与不断更新的政策支持，我国新能源产业规模已经达到可观程度。根据国际能源署的统计，我国太阳能光伏与风能的装机容量在 2020 年已达到 253834MW 与 281993MW，在全球范围都是体量可观的可再生能源大国。随着“碳达峰、碳中和”目标的提出，“十四五”时期我国可再生能源的发展将持续保持增长势头，预计到 2030 年风光装机容量将达到 12 亿 kW 以上。

建筑行业能耗占全球总能源消耗的 30%以上，建筑行业也是最大的碳排放来源（约占 23%）。在建筑中使用可再生能源作为电力供应可以有效降低碳排放。虽然风能、太阳能是颇具前景、增长迅速的可再生能源，但其受天气情况影响的间歇性与波动性等不足之处也限制了二者的快速应用及和电网等系统的互联互通。而由于风能是源于太阳能在地面上照射的温度差引起的压差，其与太阳能在日夜、季节上有着天然的互补性，即夏季太阳能较为充沛、冬季风能较为丰富与日间、晴朗天气太阳辐照较好，夜间、阴雨天气风速较大（图 6-49）。如果将太阳能与风能结合形成互补系统，可以使得系统有更好的稳定性并有效降低蓄电设备的容量与成本。

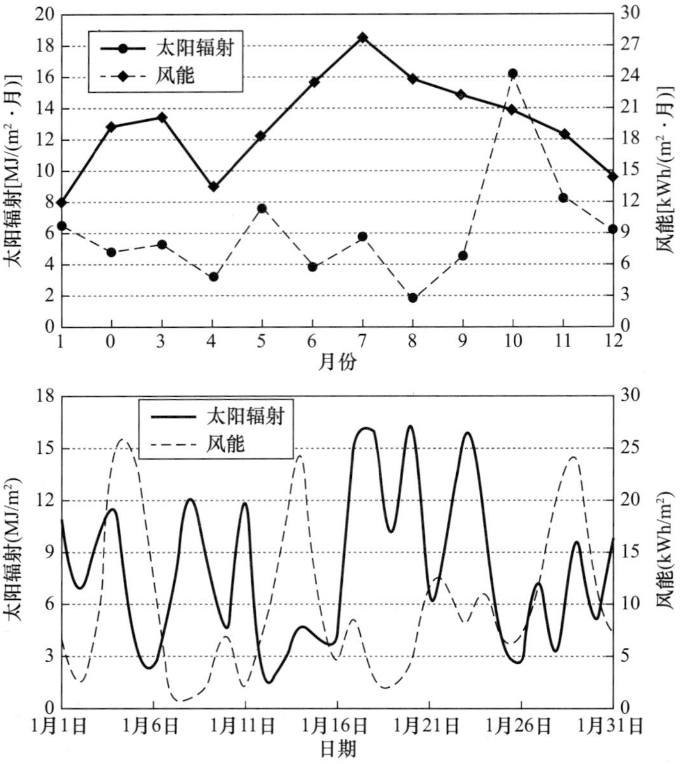

图 6-49 太阳能与风能的季节、日夜互补性（1989 年）

虽然风光互补发电系统可以利用风能、太阳能之间的互补性，但是仅靠风力发电系统与太阳能光伏发电系统无法提供可被电网、用户侧等接纳的可靠电力。因为太阳能和风能具有间歇性、不稳定性和气候依赖性，所以需要集成适宜的电力储能技术（如电池储能、氢能储能和抽水储能等），以提高可再生能源电力储能系统的稳定性和可靠性，储能设备与新能源系统的配套使用近年来成为大势所趋。在离网系统中，储能系统的加入可以存储多余的可再生能源电力、补偿电能、更长时间的提供电力输出，并可作为监控站点等场景的备用电源；并网系统中虽然有电网可以接纳多余电力、在发电不足时补充稳定电网电力，但是受天气影响大、发电间歇性与波动性明显的可再生能源电力会影响电网的电力供应质量与稳定性，出现“弃风”“弃光”等现象，故加入蓄电设备对于离、并网风光互补发现系统都有着重要意义。

微电网中常用的储能技术包括：充放电需要稳压稳流、时间长但价格低的蓄电池储能；释能速度快、损耗低但价格高昂的超导储能；效率高寿命长但维护费用高、商业化应用困难的飞轮储能；功率密度大、充放电速率效率高、成本较低但能量密度低、电压波动大的超级电容储能；传统的成本低但对于地域条件要求高的抽水蓄能储能；技术、成本较高的压缩空气储能等。现有常用的储能技术各有优劣，如果在实际的设计过程中将多种储能技术结合应用，使其优势互补，可以获得成本相对较低、充放电性能更优、能量密度更大的混合储能系统。比如，使用超级电容与蓄电池并联的混合储能系统，在技术性能上，该混合系统使得能量密度高、功率密度低、充放电效率低、寿命短的蓄电池与寿命长、功率密度大、充放电效率高、适合大功率与频繁充放电的超级电容互补结合；在经济性上，价格较高的超级电容器用于充放电启停阶段而价格较低的蓄电池用于充放电总能量较大的中间阶段，两相结合，有更好的系统稳定性与经济性。在实际应用中，有诸多集成混合储能技术的风光互补电力系统可应用于净零能耗建筑，其优化设计和可行性分析与建筑类型和使用地区资源现状有关，需要开展详细的优化设计研究加以确定。

6.7.2　净零能耗建筑应用风光互补混合电力储能系统优化设计概论

1. 研究现状

净零能耗建筑应用风光互补混合电力储能系统主要包括五部分：建筑负荷侧、可再生能源产能侧、电力储能侧、电网整合和能源管理侧。风光互补混合储能系统在发电侧使用太阳能—风能互补发电系统（简称风光互补系统），在储能侧使用混合电力储能系统，为并网、离网的系统提供稳定、可靠的电力来源。如图 6-50 所示，典型的风光互补混合储能系统包括发电系统（太阳能光伏电池阵列、风力发电机组）、逆变整流系统、储能系统（蓄电池、超级电容器、抽水储能、氢能储能等）、控制器、电网端（并网系统）和建筑负载等。

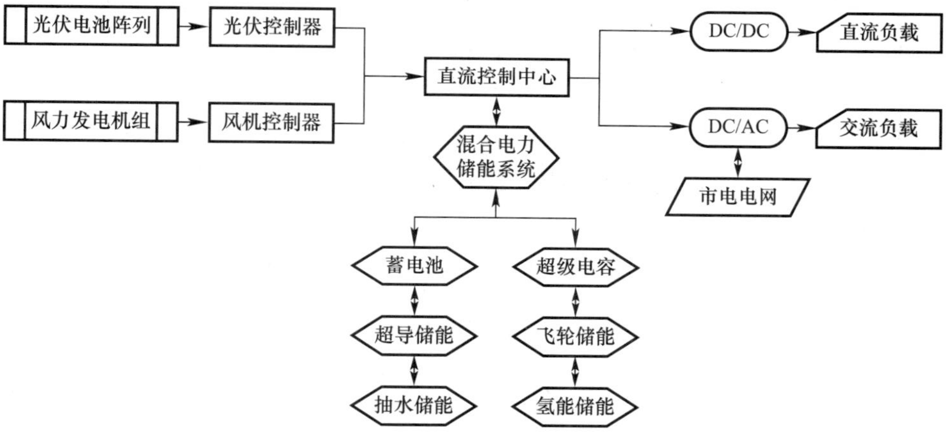

图 6-50　风光互补混合电力储能系统结构示意图

风光互补系统的概念早在 20 世纪 80 年代就被丹麦学者提出，美国、苏联等学者也做出了相应的深入研究与理论完善，国内研究始于 20 世纪 90 年代，但也进展迅速。Habib 等人模拟了一座供给固定离岸负荷的风光互补电场，优化了以设备成本最小化的风力发电系统与太阳能光伏系统的容量配比。Celik 从技术性与经济性角度对比分析了自动运行的风光互补系统与独立的风力与太阳能光伏系统的差别，并基于成本与能量输出的权衡关系优化了风光互补发电系统容量配置。香港理工大学杨洪兴教授的可再生能源研究小组（RERG）在 21 世纪初就太阳能—风能互补发电技术与多能互补储能系统的运行模拟、系统设计、优化研究、实验研究等多方面做了很多开创性的工作，研究成果也受到业界肯定。

近年来，国内外的研究日益丰富，主要集中在系统的优化配置和运行策略设计、部件模型的改进、计算机模拟与实验研究等多方面。Kaabeche 等人的研究引入了蓄电池储能系统，从技术性与经济性的角度分析并优化了风光互补发电系统与蓄电池的容量配置，多种技术性与经济性指标（包括电力供给确实可能性、相对多余生产电力与总净现值、总年化成本、收支平衡点等）都被纳入考量。吴红斌等人以储能初投资与系统全年运行的总成本最低为目标，使用遗传算法优化设计了蓄电池和超级电容器的组合容量。Bekele 等人使用 HOMER 软件基于净现值，分析设计了一座离网以柴油机作为补充能源的风光互补发电厂，通过对风速、太阳辐照、光伏板价格、柴油价格等做了敏感度分析。Belmili 等人对于离网风光互补系统进行了技术经济性分析与优化，设计强调了全年负载缺电率这一关键指标。周天沛等人结合粒子群优化算法和融和模拟退火算法设计模拟退火粒子群优化算法，用以优化配置风光互补发电系统的混合储能单元容量，证实该算法可以降低储能单元的投资和运行成本。Mazzeo 等人使用能量可靠性作为边界条件优化离并网风光互补独立/储能系统容量，该方法可用于多目标优化，并被证实比帕累托方法更加可靠。

2. 净零能耗建筑应用风光互补混合电力储能系统优化方法

本小节提出基于电池汽车和氢能汽车储能的多元化净零能耗建筑社区的能源交易管理和优化方法，如图 6-51 所示为其研究框架。首先，基于瞬态模拟平台建立 4 个净零能耗建筑社区应用风光互补混合电池汽车—氢能汽车储能的模型（4 个模型应用的汽车种类和交易管理策略不同），旨在比较电池汽车和氢能汽车集成的可再生能源系统在不同能源交易模式下的技术—经济—环境优越性。净零能耗建筑社区由香港典型居住建筑群、商业办公建筑和校园建筑群组成，其年逐时负荷基于实际收集数据和瞬态模拟获得。其中不同类型建筑对应的汽车巡航时间不同，电池汽车一方面可以为建筑用户提供日常出行需求，另一方面可以作为移动的可再生能源储能装置。案例 1 中的净零能耗建筑社区匹配三组氢能汽车，能源交易模式为点对电网；案例 2 中的净零能耗建筑社区匹配三组电池汽车，能源

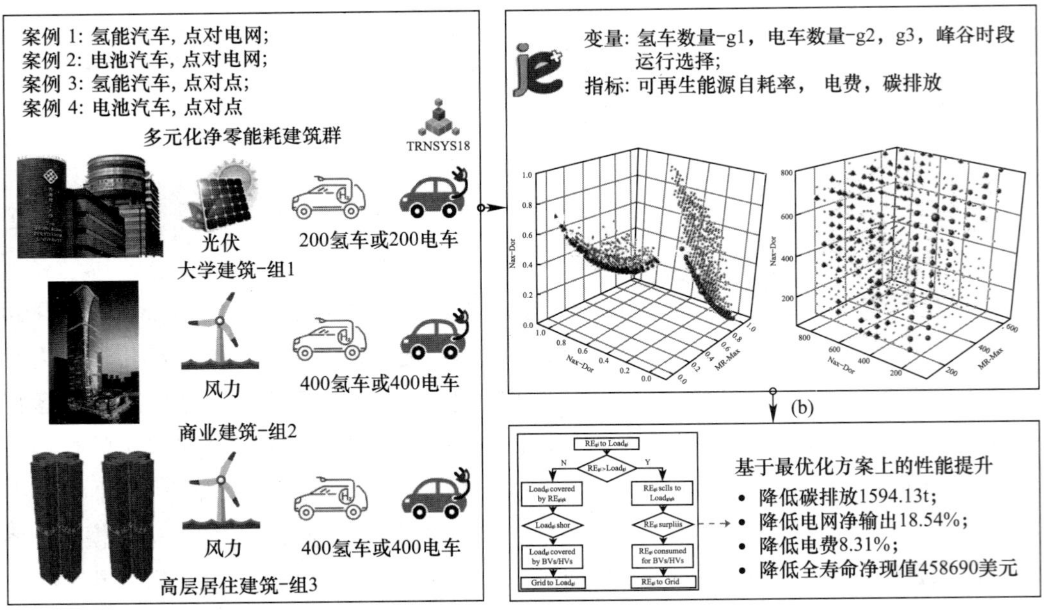

(a) (c)

图 6-51 风光互补混合电力储能系统应用于净零能耗建筑社区的优化设计和能源交易研究框架

（a）不同绿色汽车和能源交易模式的四组案例；（b）整合混合电池汽车和氢能汽车系统的 P2P 能源交易优化；（c）改进 P2P 能源交易管理策略

交易模式为点对电网；案例 3 中的净零能耗建筑社区匹配三组氢能汽车，能源交易模式为点对点；案例 4 中的净零能耗建筑社区匹配三组电池汽车，能源交易模式为点对点。将这四种案例的详细技术—经济—环境性能进行比较，以探讨氢能汽车储能和电池汽车储能系统在点对电网和点对点的不同交易管理策略中的优势，其关注的评价指标包括可再生能源自耗率、负荷覆盖率、电网整合和当量碳排放、年度电费和全寿命净现值等。

6.7.3 净零能耗建筑应用风光互补混合电力储能系统实践案例

1. 工程概况

基于太阳能光伏—风能—锂离子蓄电池—电车储能系统的测试平台开展实验检测，图 6-52 和图 6-53 分别为建筑应用风光互补混合电力储能系统的原理图和现场图。在风光互补混合电力储能系统中，建造了一单层建筑，面积约 120m^2，在建筑屋顶安装有 30 块 305Wp 的太阳能光伏板，3kW 的风力发电机，12kWh 的锂离子蓄电池，以及光伏逆变器和风机逆变器。建筑的电力负荷包括空调、照明灯、电脑设备等，可以根据实验检测要求进行调节。基于净零能耗建筑的概念（建筑全年用电负荷与可再生能源产能基本持平），测试中按照独户居住建筑的用能控制负荷，且保持测试时段内建筑电力消耗与可再生产能基本持平。

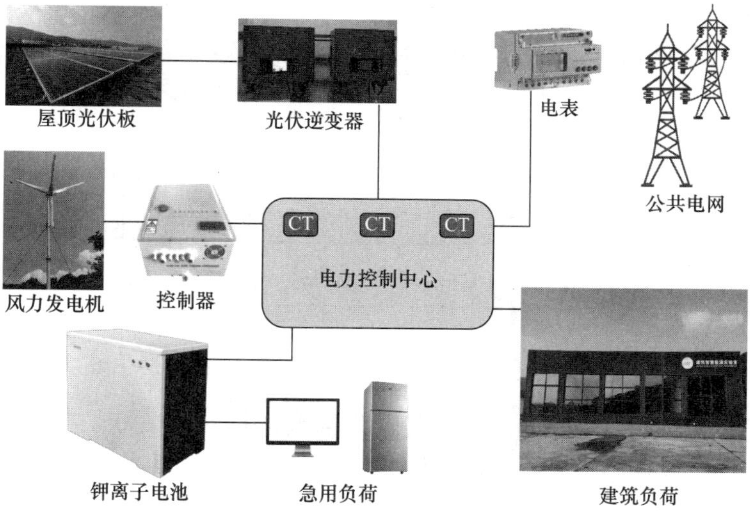

图 6-52 风光互补混合电力储能系统的原理图

图 6-53 风光互补混合电力储能系统现场图（一）

（a）建筑外观；（b）太阳能光伏板；（c）风力发电机

(d)　　　　　　　　　　　　(e)

图 6-53　风光互补混合电力储能系统现场图（二）

（d）蓄电池和逆变器；（e）电力汽车充电桩

2. 实测分析

设置在最大化光伏利用的能源管理策略下，测试太阳能光伏—电池储能系统应用于建筑电力供应的运行性能，计算系统在太阳能光伏自用效率、建筑电力成本与当量二氧化碳排放的性能。最大化光伏利用策略是指可再生产能首先供应到建筑以满足建筑负荷，剩余的可再生能源用于充电池至满负荷状态后并入电网；而对于未满足的建筑负荷，首先由电池放电供应电力，最后从公共电网取电作为电力后备。实验测试结果如图 6-54 所示。

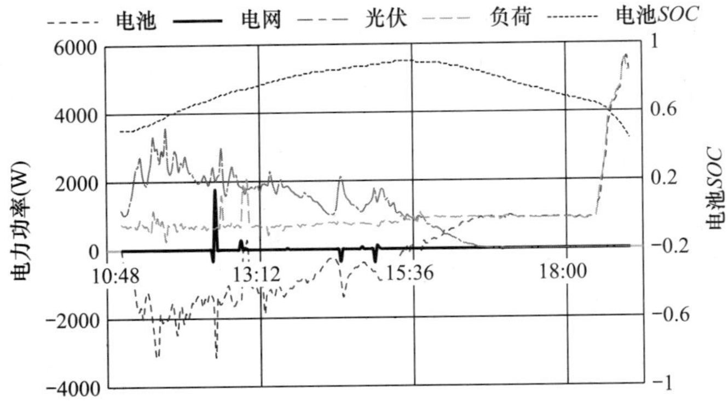

图 6-54　最大化光伏利用能源管理策略下光伏电池储能系统的逐时电力功率

测试工况下，应用锂离子蓄电池后，太阳能光伏的自用效率提升了 52.12%。

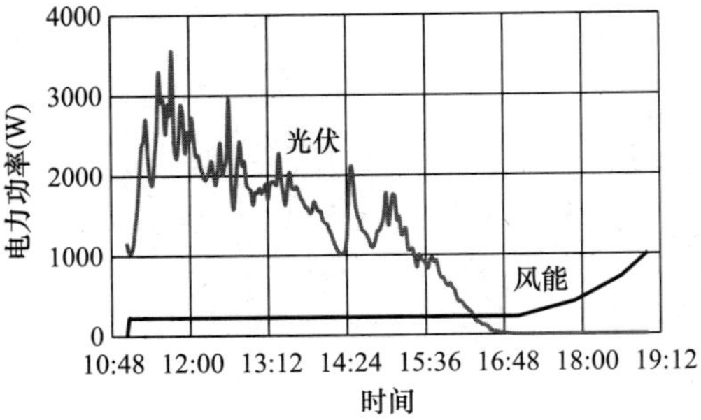

图 6-55　风光互补逐时产能

应用光伏供电和光伏电池供电系统时，相比应用电网供电，建筑的电费显著降低，降低幅度远大于 5%；应用光伏供电和光伏电池供电时，相比电网供电的工况，系统的当量二氧化碳排放量显著降低，降低幅度远大于 5%。测试时段内风力发电机产能相比光伏产能较小，主要是因为白天风速相对较小，风光互补逐时产能如图 6-55 所示。

通过瞬态模拟，风光互补电池储能系统

用于该建筑供电的结果如表6-2所示。在测试时段内，风光互补电池系统的可再生能源自用率相比风光互补供电系统提升了51.24%，因为与建筑不匹配的多余可再生产能够被电池利用。在长沙地区的可再生能源补贴政策下，风光互补供电和风光互补电池供电系统的建筑净电费和当量碳排放远小于电网供电的工况，因为可再生能源电池储能系统应用于建筑电力供应可以显著降低从电网购买的电量，从而降低电费和当量碳排放。

模拟风光互补电池储能应用于建筑供电的性能比较　　表6-2

工况	可再生能源自用率	建筑净电费（元）	当量碳排放（kg）
电网供电	—	5.06	4.92
风光互补供电	48.19%	0.76	−1.50
风光互补电池供电	99.43%	−1.12	−0.04

风光互补混合电力储能系统的性能提升情况（包括太阳能光伏自用效率、建筑电费和当量二氧化碳气体排放）与测试工况的天气、建筑电力负荷消耗、电池荷电状态、系统能源管理策略等因素相关，具体的提升幅度在不同的测试工况下可能不同。但该测试工况可以说明电池储能技术对于提升太阳能光伏自用效率具有显著的效果，风光互补电池储能技术对降低建筑电费和当量二氧化碳气体排放具有显著的作用。

本章参考文献

[1] 住房和城乡建设部科技与产业化发展中心. 中国被动式低能耗建筑年度发展研究报告（2017）[M]. 北京：中国建筑工业出版社，2017.

[2] 徐伟. 中国近零能耗建筑研究和实践 [J]. 科技导报，2017，35（10）：38-43.

[3] 吴于成，施涛. 太阳能光热发电的技术特点与应用研究 [J]. 现代制造，2016（3）：61.

[4] 龙文志. 光电光热建筑一体化（BIPVT）概论 [J]. 中国建筑金属结构，2012（9）：35-43.

[5] Ghoneim A，Mohammedein A. Experimental and Numerical Investigation of Combined Photovoltaic-Thermal Solar System in Hot Climate [J]. British Journal of Applied Science & Technology，2016，16（3）：1-15.

[6] Jarimi H，Bakar M N A，Manaf N A，et al. Investigation on the Thermal Characteristics of a Bi-fluid-Type Hybrid Photovoltaic/Thermal（PV/T）Solar Collector [C] // Renewable Energy in the Service of Mankind Vol II，2016.

[7] 张磊，陈超，梁万军. 居民平均日热水用量研究与分析 [J]. 给水排水，2006，32（9）：66-69.

[8] 邓光蔚，燕达，安晶晶，等. 住宅集中生活热水系统现状调研及能耗模型研究 [J]. 建筑给水排水，2014，40（7）：149-156.

[9] 张西漾. 建筑生活给水系统节水节能的研究 [D]. 重庆：重庆大学，2010.

[10] 陈海峰. 高校学生生活热水需求模式研究 [D]. 长沙：湖南大学，2013.

[11] 王永峰，马芳，刘晓丹. 节能住宅的热水供应 [J]. 建筑节能，2008，205（36）.

[12] 王珊珊，郝斌，陈希琳，等. 居民生活热水需求与用能方式调查研究 [J]. 给水排水，2015，51（11）：73-77.

[13] 陈苏. 住宅集中太阳能热水系统优化设计探讨 [J]. 建筑节能，2009，220（37）：51-53.

[14] 万水. 住宅建筑太阳能热水系统设计参数取值的探讨 [J]. 中国给水排水，2011，27 (18)：51-54.
[15] 彭琛，郝斌，王珊珊等. 从“太阳能”到太阳“能”——太阳能热水系统的效能与设计 [M]. 北京：中国建筑工业出版社，2018.
[16] 周训，刘东. 欧洲地下蓄能的发展现状 [C] //2009 年地温资源开发与地源热泵技术应用论坛论文集，2009.
[17] M Renato，Lazzarin. Dual source heat pump systems：Operation and performance. [J]. Energy and Buildings. 2012，52：77-85.
[18] F. B. Zou. The heat transfer performance study of paraffin phase change materials [D]. Shang hai：Shanghai Maritime University，2006.
[19] 王亮，王曦，卢军. 横流式冷却塔传热模型与影响因素研究 [J]. 热科学与技术，2015，14 (4)：5.
[20] 李龙. 机械通风冷却塔变工况节能分析 [J]. 节能，2019.
[21] 雷博，董建锴，等. 家用淋浴污水源热泵热水器系统实验 [J]. 暖通空调，2014，44 (4)：14-17.
[22] 余晓平，付祥钊，黄光德，等. 夏热冬冷地区采暖期/空调期划分对居住建筑能耗限值的影响分析 [J]. 建筑科学，2007，23 (8)：27-31.
[23] Jiwei Guo，Jiankai Dong，Hongjue Wang. A dynamic state-space model for predicting the thermal performance of ventilated electric heating mortar blocks integrated with phase change material [J]. Energy and Buildings，2021 (244)：111010.
[24] Jiwei Guo，Bin Zou，Yuan Wang. Space heating performance of novel ventilated mortar blocks integrated with phase change material for floor heating [J]. Building and Environment，2020 (185)：107175.
[25] Jiwei Guo，Yiqiang Jiang，Yuan Wang. Thermal storage and thermal management properties of a novel ventilated mortar block integrated with phase change material for floor heating：an experimental study [J]. Energy Conversion and Management，2020 (205)：112288.
[26] Jiwei Guo，Jiankai Dong，Bin Zou. Experimental investigation on the effects of phase change material and different ventilation modes on the thermal storage，space heating and energy consumption characteristics of ventilated mortar blocks [J]. Journal of Energy Storage，2021 (41)：102817.
[27] Jiwei Guo，Jiankai Dong，Hongjue Wang. On-site measurement of the thermal performance of a novel ventilated thermal storage heating floor in a nearly zero energy building [J]. Building and Environment，2021 (201)：107993.
[28] Jiwei Guo，Yiqiang Jiang. A semi-analytical model for evaluating the thermal storage capacity and heat use efficiency of flexible thermal storage heating floor [J]. Applied Thermal Engineering，2021 (198)：117448.
[29] 住房和城乡建设部科技与产业化发展中心（住房和城乡建设部住宅产业化促进中心），北京康居认证中心，天津格亚德新材料科技有限公司. 中国被动式低能耗建筑年度发展研究报告（2020）[M]. 北京：中国建筑工业出版社，2020.
[30] 中国建筑节能协会能耗统计专业委员会. 中国建筑能耗研究报告（2020）[R]. 2020.
[31] 付祥钊. 夏热冬冷地区建筑节能技术 [M]. 北京：中国建筑工业出版社，2002.
[32] 王亮，卢军，赵娟，胡磊，刘雨曦. 窗户开启方式对居室内部自然通风的影响分析 [J]. 重庆大学学报，2011，34 (S1)：75-79.
[33] 朱颖心. 建筑环境学 [M]. 4 版. 北京：中国建筑工业出版社，2016.

[34] 段双平. 自然通风和混合通风潜力的预测 [J]. 制冷与空调（四川），2007，21（4）：17-21.
[35] 刘皓. 重庆地区住宅建筑混合通风调控策略研究 [D]. 重庆：重庆大学，2014.
[36] IRENA. Global energy transformation：A roadmap to 2050（2019 edition）[M]. Abu Dhabi：International Renewable Energy Agency；2019.
[37] 杨洪兴，吕琳，马涛. 太阳能—风能互补发电技术及应用 [M]. 北京：中国建筑工业出版社；2015.
[38] （IRENA）IREA. RENEWABLE CAPACITY STATISTICS 2021 [R]. 2021.
[39] International Energy Agency. 2019 global status report for buildings and construction：towards a zero-emissions，efficient and resilient buildings and construction sector [R]. 2018.
[40] Yang HX，Lu L，Burnett J. Weather data and probability analysis of hybrid photovoltaic-wind power generation systems in Hong Kong [J]. Renewable Energy. 2003，28：1813-24.
[41] 周林，黄勇，郭珂，等. 微电网储能技术研究综述 [J]. 电力系统保护与控制，2011，39：147-52.

第 7 章　建筑电气化与低压直流供配电技术

7.1　净零能耗建筑与建筑电气化

自 20 世纪 90 年代起，我国建筑节能经历了“30%-50%-65%”的三步式发展，目前建筑节能 65%的设计标准已经基本普及，越来越多的地方逐步实施节能 75%、80%节能设计标准。2015 年，国家标准《公共建筑节能设计标准》GB 50189-2015 发布实施。该标准适用于新建、扩建和改建的公共建筑节能设计，并根据建筑所在地的气候条件，给出了众多代表城市的热工设计分区以及不同地区的围护结构热工参数范围。其建筑节能设计包括供暖通风与空气调节、给水排水、电气照明以及可再生能源的利用。然而，单纯提高围护结构性能和空调供暖设备能效在建筑节能中的整体贡献逐渐减弱。分布式可再生能源和电力储能在建筑领域的应用价值也越来越受到重视，零能耗建筑被定义为充分利用建筑本体和周边的可再生能源资源，使可再生能源年产能大于或等于建筑全年全部用能的建筑《近零能耗建筑技术标准》GB/T 51350-2019。高比例建筑场地内可再生能源建筑应用将会是低碳建筑的主要特征和实现路径。

为了实现建筑零碳化，技术路线将综合主动式和被动式低碳技术，将能源与信息技术融合，使用电负荷具备灵活调整能力，能够优化用电负荷曲线，与电网友好互动，实现城市供能可靠性、用能经济性和环境友好性三者综合最优的集成技术，对降低建筑领域碳排放强度、促进尽早达峰具有重要意义。零碳建筑的技术路径主要包括建筑电气化、超低零能耗、和光储直柔，各部分相辅相成（图 7-1）。

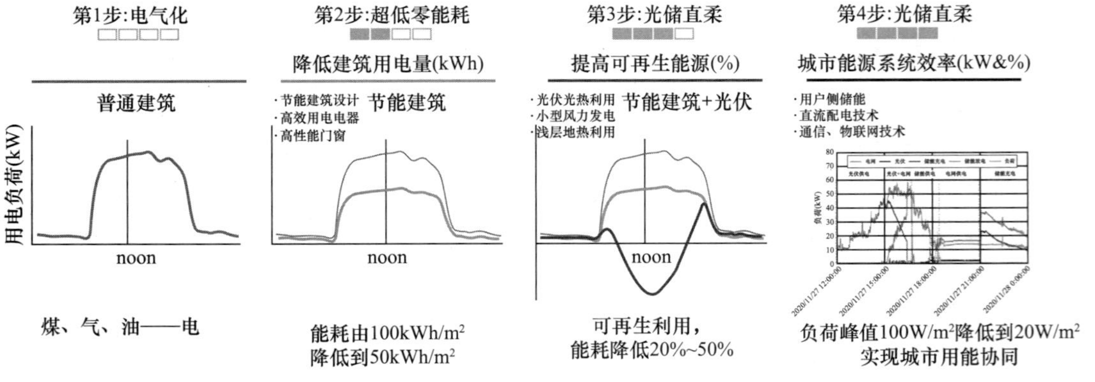

图 7-1　建筑零碳化技术路径

第 1 步：电气化

目前的可再生能源或者零碳能源主要以电能形式存在，生物质能开发程度较低而且还主要集中在农村和边远地区，城市内部的生物质资源匮乏。因此，建筑电气化旨在转变建筑能源消费结构，以适应以电能为主的高比例可再生能源供给结构，是城市能源转型的重要趋势。有研究指出，我国当前建筑用电量占全社会用电量的26%，建筑电气化率48%。相比欧美发达国家还有很大发展潜力。在《巴黎协定》2℃温升目标的情景下，建筑电气化率要从当前的48%提高到2050年的90%以上。通过推进生活热水、炊事、供暖等领域的高效电能替代，未来建筑用能将会呈现出高度电气化的形态。

第2步：超低零能耗

民用建筑节能设计标准从20世纪80年代提出至今，节能设计水平不断提升，建筑能耗强度显著下降。降低建筑能耗的途径归纳为两方面：一方面通过被动式建筑节能技术，合理优化建筑布局、朝向、体形系数和功能布局，充分利用自然通风、天然采光、遮阳与隔热措施，适度提高围护结构保温及气密性，最大幅度降低建筑冷热需求。另一方面通过主动技术措施最大幅度提高建筑设备效率，再结合智能控制技术精准匹配用户的差异化多变需求，最大幅度提高建筑能源系统效率。近年来，低零能耗建筑、近零能耗建筑、零能耗建筑、被动房等新型节能建筑概念风靡，控制建筑能耗总量、降低建筑能耗强度仍然是建筑节能低碳发展的重点工作。

第3、4步：光储直柔

一方面，建筑外表面是发展分布式光伏的宝贵资源，充分利用建筑外表面发展分布式光伏是解决建筑零碳电力供应的有效手段。另一方面，虽然安装了大量分布式光伏，建筑仍然依赖电网的电力供应和安全保障，大型城市建筑普遍有超过一半的用电需求要由城市电网供给。所以发展储能、直流、柔性用电技术，使建筑用电模式从原来的“源随荷动”变为“荷随源动”的柔性用电模式，可以增强建筑对可再生能源的消纳能力，在提高建筑自身可靠性的同时也能缓解电力系统的负荷峰值挑战。

未来城市电力系统的电源形式正在从以集中为主的形式向集中与分散并存的形式转变。未来城市建筑也不再是单纯的电力消费者，而是集生产、消费、储藏于一体的新型用户。光储直柔也会成为未来建筑低碳发展的新趋势。

7.2 建筑电气化发展驱动因素

7.2.1 低碳发展成为全球共识

国内外众多观测事实和研究表明，近一个世纪来，全球气候正经历着一场前所未有、以变暖为主要特征的显著变化。由此引发的极端天气增多、原生态系统内生物多样性锐减等问题正严重威胁着人类社会的生存与发展。如何控制和减缓温室气体排放在全球范围内受到了高度重视。2016年4月至今，全球已有170多个国家和地区签署《巴黎协定》，正式确定了未来全球温升控制在低于2℃且尽可能争取1.5℃的奋斗目标。

目前，全球众多国家和地区已经制定了明确的减碳政策目标。例如美国加利福尼亚州前州长在2018年签署了碳中和令，超过25个城镇采取措施要求或大力支持新建建筑的电气化，另有超过 50 个城镇正在考虑制定类似法规措施。丹麦政府在 2018 年制定了 2050 气候中性社会的计划。德国的气候法规定德国将在 2050 年前追求温室气体中立（表 7-1）。

典型国家和地区指定的减排目标 **表 7-1**

国家和地区	政策目标
美国加利福尼亚	2045 年前实现电力 100%可再生
丹麦	2050 年实现 100%可再生能源
欧盟	2050 年实现净零排放
德国	2050 年追求温室气体中立
奥地利	2030 年实现 100%清洁电力 2040 年实现气候中立
中国	2030 年之前碳达峰 2060 年之前碳中和

我国是碳排放的大国，2017 年由于使用化石能源所造成的二氧化碳排放总量已超过 100 亿 t。我国也在积极地参与全球气候治理，2020 年 9 月我国提出，将提高国家自主贡献力度，采取更加有力的政策和措施，二氧化碳排放力争于 2030 年前达到峰值，努力争取 2060 年前实现碳中和。

为了实现低碳发展的目标。包括国际能源署（IEA）、国网能源研究院、清华大学建筑节能研究中心在内，很多机构都对我国未来能源转型趋势做过预测，我国的能源结构必须转变为以可再生能源为主，通过大力发展风电、光电、核电和生物质能，使 2050 年一次能源消费中非化石能源占比超过 50%。

在能源供给侧转型的同时，需求侧应该进行电气化。电气化指的是从任何一种非电力能源消耗（例如天然气和煤炭等化石燃料）转变为电力能源消耗。通过加速能源电气化进程，可实现污染物减排、集中控碳脱碳、提高效率和精细控制，从而推动能源向清洁、低碳、高效、智慧方向转型。根据美国能源信息署（EIA）的研究，2018 年电力在全球总终端能耗中约占 17.5%，并且未来会呈现不断上升的趋势（图 7-2）。电气化会对整个经济领域的参与者产生重大影响，交通运输，工业，建筑业（包括商业建筑和居住建筑）等每个部门的发展都与能源和电力息息相关。

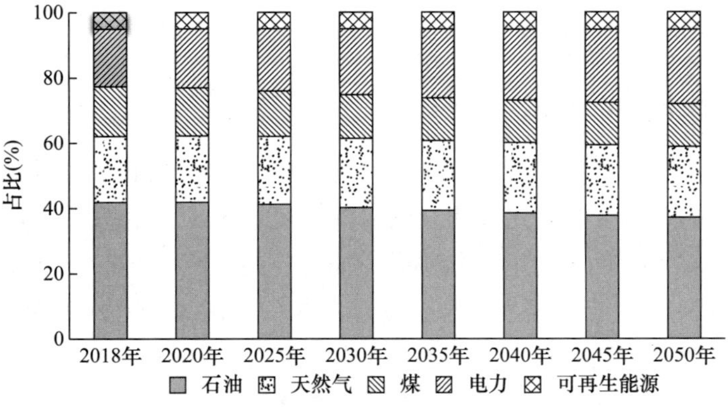

图 7-2 世界总终端能源消耗类型

电气化具有多方面的潜在好处。首先从能源系统角度，通过更好的电网支持和辅助服务，电气化可以直接受益于能源系统。电气化还可以灵活地整合多种能源资源，并且可以与电动汽车、分布式发电和能源储存之间协同。此外，电气化也显著地引入了一些非能源相关的间接效益。例如降低燃料价格风险，并且在某些应用中降低消费者成本，电气化的增加减少了天然气等燃料的现场燃烧并消除了终端使用过程中排放的污染物，进而改善空气质量。电气化与低碳和零碳发电技术相结合可以作为能源系统脱碳的重要途径。

2019年国际可再生能源署（IRENA）在其“可再生能源路线（REmap）”中预测，2050年电力将占据全球总能耗的49%；同时，REmap的理想发展状态下，到2050年，电气化、可再生能源、能源利用效率的提升在全球将带来超过75%的碳排放减少（图7-3）：供暖和交通的电气化可以带来36%的能源相关碳排放，可再生能源的使用可以减少39%，而用能效率的提高等方法可以进一步减少25%的能源相关碳排放。

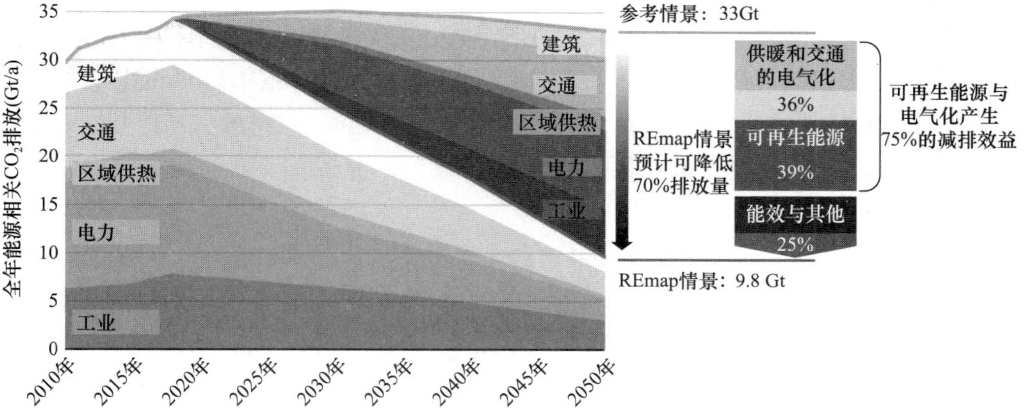

图7-3　电气化、可再生能源、能源利用效率的提升带来超过75%的碳排放减少

其中建筑领域的电力消耗将上升到建筑能耗的55%～68%，其中86%的电能将来自于可再生能源，将在清洁能源改革中扮演重要角色。国际能源署（IEA）2019年的报告也预计，在快速发展电气化的情景下，到2050年建筑中直接燃烧化石能源产生的排放将减少75%。该报告同时预测，为了达到这一减排目标，建筑将完全放弃燃煤供能，燃油供能和燃气供能将在现状的基础上分别减少85%和50%。

综上，在低碳发展成为全球共识的背景下，电气化在减少温室气体排放方面有巨大的潜力，而建筑领域的电气化将在未来减排和清洁能源转型的道路上扮演重要的一环。提升建筑电气化水平和电力灵活调节能力，对于城市能源系统转型至关重要。

7.2.2 可再生能源蓬勃发展

可再生能源大多数以电力的形式存在，因此建筑电气化成为可再生能源在建筑领域运用的必要途径，电气化可以使更高层次的可再生能源得到整合。目前高比例的可再生能源应用已成为国际社会应对气候变化、实现2℃温升控制目标的必然道路和广泛共识。目前很多国家都采取了实质性的措施来推动“高比例可再生能源发展”。

可再生能源对建筑电气化的推动作用体现在多个方面。第一，风电、光电、核电的发展提高了电力供给中非化石能源的比重，建筑从城市电网中能够获取更高比例的可再生电能。第二，风能、太阳能具有能量密度低、分布分散的特点，因此分布式是风、光电源发展的重要形式，建筑场地周边的分布式风、光电可以直接接入建筑配电系统，构成建筑尺度的微电网，推动建筑分布式能源及供配电系统的发展。第三，鉴于可再生能源以电能形式为主，能源低碳转型在推动供给侧可再生电能发展的同时，也要求在需求侧提高其电能占比以适应供给侧的变化。能源低碳转型推动着建筑能源系统为适应可再生、分布式电力的发展而发生转变。

美国、中国等对2050年能源结构进行了展望，其中一点就是可再生能源在能源应用中的占比。2015年，国家发展和改革委员会能源研究所等多家能源研究机构联合发布的《中国2050高比例可再生能源发展情景暨路径研究》指出，可再生能源电力是实现化石能源替代的根本途径，中国可再生能源在2050年能够供应60%以上的一次能源消费，其中风电和太阳能发电成为未来绿色电力系统的主要电力供应来源。基于自下而上的情景分析模型，有研究结果表明，最大限度地利用非常规电力和可再生技术可以帮助中国最早在2025年达到CO_2排放峰值，中国2050年将额外减少70亿tCO_2排放。加速利用非常规电力和可再生技术为中国提供了额外的CO_2减排机会，同时还需要新的政策和战略来改变需求部门的技术选择。

美国可再生能源实验室（NREL）发布的《可再生能源发展前景研究》指出，美国未来的电力需求将有80%来自商用的可再生发电技术（包括风力发电、屋顶光伏发电、太阳能发电、水力发电、地热发电和生物质能发电等）。美国可再生资源的丰富和多样性可以支持多种可再生技术的组合，从而大幅减少电力行业的温室气体排放。加利福尼亚州科学技术委员会发布的《加利福尼亚州能源的未来展望——2050年》指出，加利福尼亚州有多种可利用的可再生资源（风能、太阳能、生物质能、地热、水能和海洋能源），据评估，现有的可再生总资源足以满足加利福尼亚州2050年及以后的电力需求。传统的地热和水电资源已经是加利福尼亚州成本最低的资源之一。得益于联邦和州的税收优惠，在近期的电力购买协议中，太阳能光伏设施的价格相当于或低于新的天然气设施的价格，这使得它们能够与电网电力竞争。考虑到同样的税收优惠，风能资源丰富地区的风能发电在成本上也具备竞争力。

可再生电力的很大一部分来自不可调度资源，特别是风能和太阳能光伏发电，它们的日变化和季节性变化需要与能源需求相匹配，因此可再生能源的大量整合带来了显著的间歇性问题。例如意大利是欧洲可再生能源发电比例最高的国家之一，尽管其水力发电厂是欧洲最大的可再生能源发电厂，但根据意大利国家能源和气候计划的中期和长期目标，间歇性可再生能源的贡献预计将大幅增长。有研究利用EnergyPLAN软件评估了私人运输和空间供暖的电气化对意大利能源系统的影响，以及电力需求在多大程度上支持可再生能源的发展。结果表明，当间歇性可再生能源容量增长到2017年水平的9.5倍左右时，通过运输和空间供暖电气化可以显著减少CO_2排放，约降低到2017年水平的70%～75%，整体可再生能源的普及率约达到全国电力需求的65%。私人运输电气化支持在全国发电组合中纳入更高的间歇性可再生能源，因为供暖需求和间歇性可再生能源供应的每小时配置不匹配，实际上供暖电气化降低了可再生能源渗透。这是由于当潜在的可再生能源供应相对较低时，供暖需求处于最高水平。

然而，可再生电力能源的高比例渗透将对城市能源系统的安全可靠性构成严峻挑战，构建“源网荷储控”一体化模式和“热电气”多能协同模式是应对这一挑战、实现城市能源系统可持续发展的关键。挖掘建筑分布式储能和可调节负荷，提高建筑能源的灵活性正在逐渐成为建筑节能除能效提升外的新维度。

7.2.3　建筑外表资源化利用

风能、太阳能具有能量密度低、分布分散的特点，因此分布式是风、光电源发展的重要形式。建筑屋顶以及可能接受到足够多的太阳辐射的建筑垂直表面，都将成为安装太阳能光伏的最佳场景。事实上，近十年光伏组件及光伏系统的价格总体呈现明显的下降趋势，仅为 10 年前的 1/20。2018 年地面光伏电站的系统价格为 4.92 元/Wp，而分布式光伏系统的价格为 4.18 元/Wp，这是由于分布式系统的支架成本、建安费用、电网接入、屋顶租赁/加固等费用相对较低。因此，近年来分布式在光伏装机中的占比越来越高，未来也将成为光伏发展的主要形式。

截至 2018 年，我国建筑面积（不含工业厂房）超过 600 亿 m^2，粗略估算我国民用建筑屋顶可安装光伏的表面面积超过 100 亿 m^2（图 7-4）。如果充分利用好这些屋顶面积资源，可以安装 20 亿 kW 的光伏板，年发电量可达 2 万亿 kWh。用好建筑外表面，使其成为建筑用电的主要来源，将成为建筑节能的新途径。

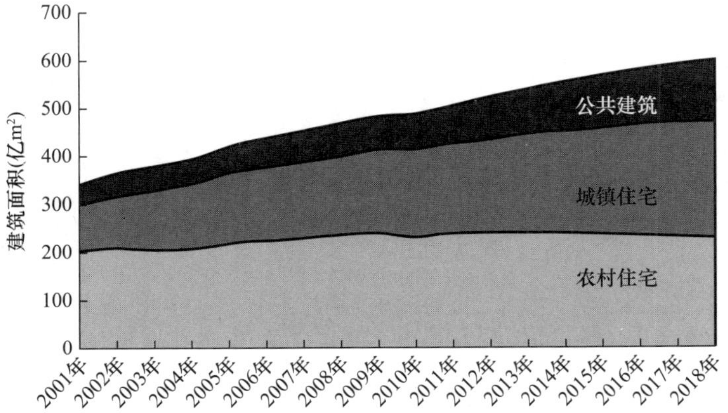

图 7-4　我国民用建筑面积

7.2.4　城市发展进入后半程

我国经历了城镇化高速发展和国民经济高速增长的阶段。2001—2017 年，我国城镇化率从 37.7%提升到 58.5%，居民消费水平从 3954 元提升到 23070 元。城镇化和居民消费水平增长推动着电力基础设施完善和电器设备数量的增加。主要呈增长趋势的城镇居民耐用消费品情况如图 7-5 所示。2001 年空调拥有量为每百户 35.8 台，2018 年增长到每百户 128.6 台，增长了 260%。此外，热水器、计算机、微波炉、移动电话、家用汽车等设备拥有量也快速增加，从而推动建筑分项能耗（空调、生活热水、炊事、数字化设备等）的快速增长。建筑人均用电量增长与全国居民消费水平增长具有很强的正相关性（图 7-6）。

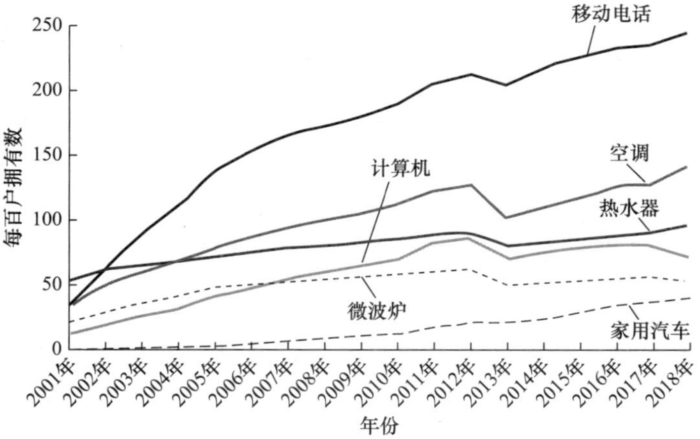

图 7-5　主要增长的城镇居民耐用消费品数量

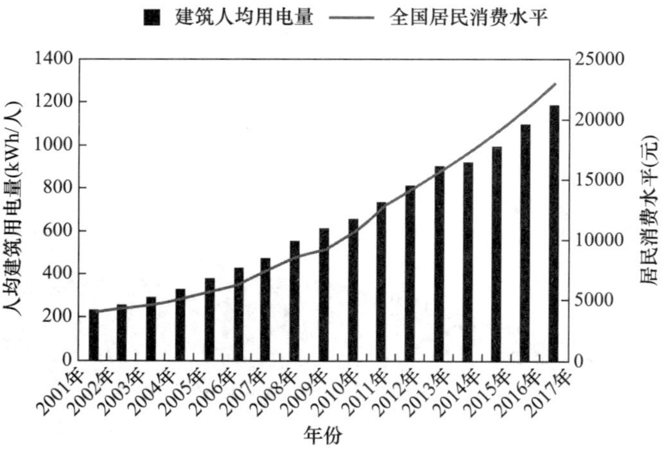

图 7-6　建筑人均用电量与全国居民消费水平的相关性

与此同时，我国的经济发展模式也开始发生转变。由钢筋水泥等传统建材产业带动的国内生产总值（GDP）增长逐渐减缓，而高端制造业和第三产业成为 GDP 增长的新引擎。2010—2017 年，第二产业 GDP 占比从 46.5%下降到 39.9%，而第三产业的 GDP 占比则从 44.2%提高到 52.7%。第三产业的活动主要依托于城市公共建筑设施，因此其 GDP 增长与建筑能耗密切相关。图 7-7 反映了建筑用电量占全社会的比重与第三产业 GDP 占全社会的比重的关联十分紧密。未来，随着经济产业结构调整的深入，高能耗工业产业比重逐渐降低，工业重心由东向西转移，东部城市建筑用电量占全社会用电量的比重还会进一步上升。

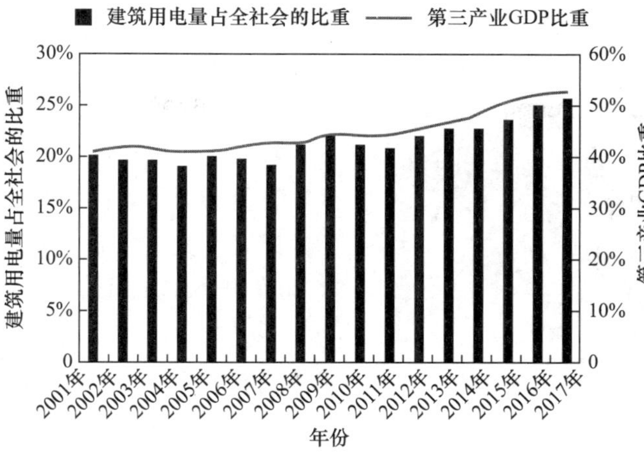

图 7-7 建筑用电量占比与产业结构的相关性

然而，人们对生活工作品质的追求从未停歇。在新时期，人们对用能设备的便捷性、安全性、智能化有着更高的追求。在这些方面，电器设备比燃料燃烧等其他方式更有优势。一方面，电能作为二次能源，室内使用无污染无排放，因此采用电热水器和电炊具替代传统的燃气热水器和燃气灶可以减少室内污染源，同时也相应减少燃气安全隐患和输运损失。另一方面，电能是信息化发展的支撑和载体，随着建筑物联网技术的大规模应用，未来建筑能耗中数字设备的数量将会快速增加，国际能源署（IEA）的研究报告指出，全球人均数字设备拥有量将从 2017 年的 2.4 台增长到 2022 年的 3.6 台，年均增长率 8%。因此，建筑电气化仍将成为驱动城市在后城镇化阶段进一步发展的重要驱动。

7.2.5 农村和西部地区经济振兴

我国农村能源消费模式发生了显著变化，主要能源从生物质能转变为了商品能（图 7-8）。而商品能中又以电能增长尤为迅速，从 2001 年的每户 400kWh 增长到 2018 年的每户 1700kWh。而且随着农民生活水平的进一步提高，以及家电数量和供冷暖需求量的进一步增加，农村商品能占比还会提升、电气化进程还会加速。然而，农村的能源转型不只局限

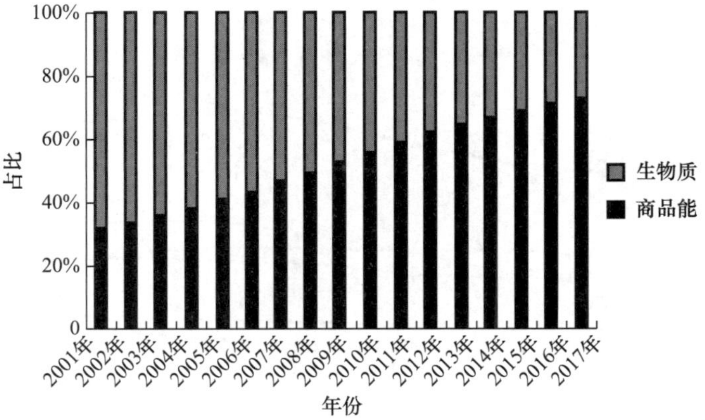

图 7-8 农村能源结构变化

于消费侧，能源供给模式和与之相应的技术政策也应彻底改变。

图 7-9 芮城县光伏领跑技术基地

近年来发展最快、与农民生产生活最为密切的要数太阳能光伏。在光伏扶贫等政策推动下，农村光伏规模迅速发展，在生产绿色电力的同时也带动了农村地区的社会经济发展。以山西芮城县光伏领跑技术基地为例（图 7-9），其 2016 年 6 月获国家能源局批复，建设期限为 2016 年 9 月至 2018 年 9 月，是全国八个光伏领跑技术基地之一。项目总投资 88 亿元，总装机容量 102 万 kW，占地约 4 万亩，涉及全县七个乡镇。光伏基地的建成带动了县域经济社会的发展：基地年产值 12 亿元，增加财政收入 1.5 亿元；项目建设流转土地租金及光伏板维护为沿山农民增加年收入 1600 万元；此外，项目建设还助推县城金融业发展和旅游业发展。

农村和西部地区有丰富的土地资源，是发展太阳能、风能、生物质能等多种可再生能源产业的基础。基于资源禀赋，生活热水、供暖、农用器械等的电气化可以提高能源利用效率、减少散煤使用，对于改善农民生活水平、减少环境污染、推动农村经济建设有重要意义。

7.3 国内外建筑电气化路径

7.3.1 国内外电气化进程对比

2017 年我国建筑人均用电量为 1186kWh，根据国际能源署（IEA）的统计数据，美国、丹麦、德国、日本和全球的建筑人均用电量分别为 8382kWh、3566kWh、3377kWh、4708kWh 和 1386kWh（图 7-10）。我国的建筑人均用电量已经接近全球平均水平，但是距离欧美发达国家还有一定差距。而且从趋势看，我国的建筑人均用电量还处于上升阶段，说明我国的建筑电气化还有很大的增长潜力。

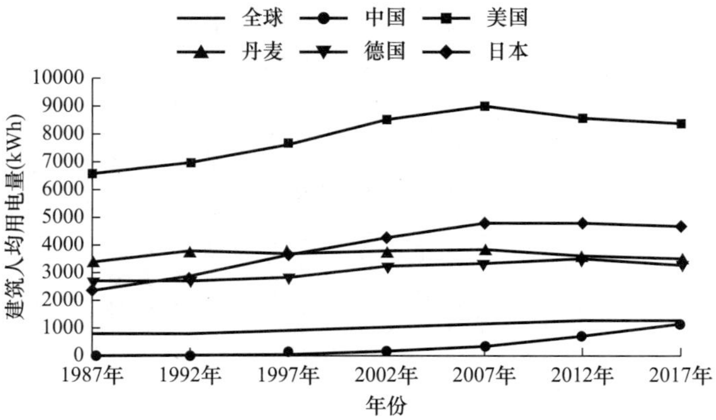

图 7-10 不同国家建筑人均用电量

应该注意到，尽管发达国家的建筑人均用电量已经处于平稳变化阶段，但水平并不相同，这主要取决于不同国家的用能模式和节能水平。因此，未来我国的建筑人均用电量也不一定就会增长到欧美国家的水平，而取决于我国的用能模式转变和节能水平提升。

从建筑电气化率看，按电热当量法计算得到的我国建筑电气化率是27%，与丹麦、德国和全球平均水平相近，而与美国、日本有一定差距（图7-11）。

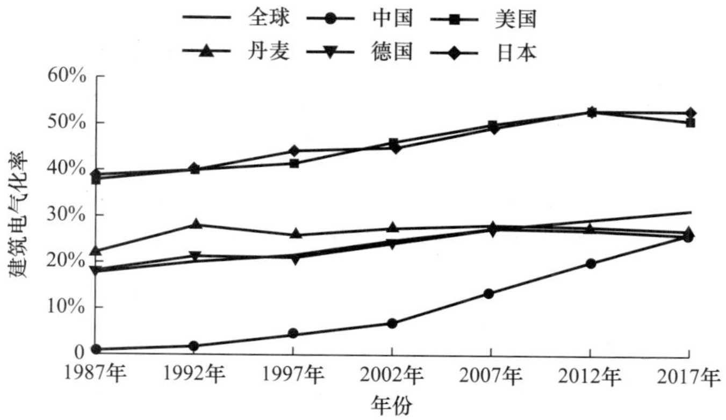

图7-11 不同国家建筑电气化率

从建筑终端用电量占全社会用电量的比重看，我国水平明显低于发达国家乃至全球平均水平（图7-12）。这是由于我国是工业大国，工业能耗占全社会能耗的70%，而欧美发达国家的工业比重相对较低，同时居民生活水平和电气化水平都比较高，因此建筑用电量在全社会用电量中的比重明显高于我国。从趋势看，随着我国产业结构调整，我国建筑用电量占全社会比重正在逐渐提升。

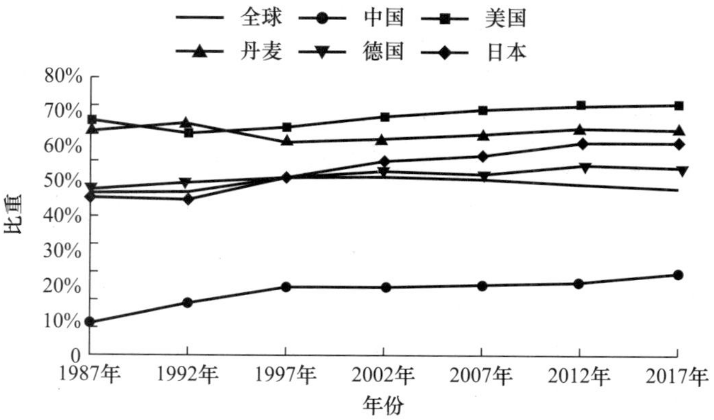

图7-12 不同国家建筑终端用电量占全社会用电量的比重

7.3.2 美国加利福尼亚州建筑电气化路径

加利福尼亚州建筑物排放的温室气体目前约占该州总排放量的25%，其中建筑中直接化石能源燃烧带来的温室气体排放量占据州排放量的10%。为了实现加利福尼亚州2030年整个经济范围内减少40%的温室气体排放（Senate Bill 32），2045年达到全面碳中和（Executive Order B-55-18）的减排气候目标，加利福尼亚州建筑未来十年的温室气体排放量需要减少至少40%。这同时意味着加利福尼亚州需要大幅减少建筑中化石能源燃烧带来的温室气体排放，在已有建筑和新建建筑中进行能源结构的巨大变革。

2019年，伯克利率先立法禁止新建建筑中使用天然气，随后除伯克利外美国加利福尼亚州超过25个城镇采取措施要求或大力支持新建建筑的电气化，另有50余个城镇正在考虑制定类似的措施，推进建筑电气化。如洛杉矶《2019可持续发展计划》要求2030年在洛杉矶实现新建建筑零排放，到2050年完成所有已有建筑的零排放改造；圣何塞的目标是在2030年实现47%的建筑电气化。这些推进建筑电气化的相关政策的出台，都致力于推进加利福尼亚州实现2045年达到碳中和的目标。

对于住宅建筑而言，温室气体排放主要可以分为三类：天然气等燃料燃烧的直接排放，电力消耗的间接化石燃料燃烧排放，甲烷和制冷剂气体的泄漏排放（天然气中甲烷泄漏，空调、热泵、冰箱和冰柜等高温室效应制冷剂泄漏）。电气化替代天然气在减少直接燃烧排放的同时避免了天然气开采和输送过程中甲烷的泄漏。天然气的基础设施在生产和分配过程中的许多步骤都存在泄漏。甲烷是天然气的主要成分，它比天然气燃烧具有更高的全球变暖潜力。每1%的天然气泄漏量意味着实际温室气体排放量增加9%。近期一项被广泛引用的研究估计美国全国的天然气供应链平均泄漏率为2.3%。加利福尼亚州能源委员会估计加利福尼亚州地区的总泄漏率为2.8%。

2018年，美国能源与环境经济学公司（E3）建立预测模型为加利福尼亚州能源委员会（CEC）评估了加利福尼亚州应如何实现2050年的气候目标。该预测模型以加利福尼亚州的两类典型住宅（单户和低层多户）为例，评估了建筑电气化对温室气体减排量的影响，同时还考虑了消费者经济学。该模型使用行业内标准的建筑模拟工具（BEopt软件和EnergyPlus模拟引擎）获取天然气和电力技术的逐时能耗以及温室气体排放量。对于每种建筑类型，对照组采用天然气来提供空间供暖、生活热水、烹饪和衣物烘干等。实验组实现全电力，将燃气器具转换为电力器具，例如用于空调和供暖的电动空气源热泵、用于生活热水的热泵热水器、用于烹饪的电炉和感应炉，以及电炉和热泵干衣机。

该模型预测了与住宅建筑相关的温室气体排放，结果表明：与对照组相比，全电力的单户住宅在2020年每年温室气体排放可减少33%～56%，2050年减少76%～88%；全电力的低层多户住宅在2020年每年温室气体排放量可减少25%～46%，2050年可减少74%～85%（图7-13）。其中范围波动反映了不同年份和气候区的差异，例如北加利福尼亚州在空间供热和制冷方面需要更多的能源，因此与南加利福尼亚州相比全电力具有更大的减排潜力。

在该预测模型中，生命周期成本以设备寿命周期内均摊后的年值形式呈现，包括投资成本和能源账单成本。如图7-14所示，约76%的新建建筑电气化会导致全生命周期成本降低，而剩余的24%的新建建筑却相反，这是因为这些建筑所处的气候条件导致其一般不会安装空调，而对于新建建筑而言，供暖和空调设备的电气化会导致生命周期成本的降低。对于改造建筑而言，非单户住宅和低层多户住宅的电气化可以节省生命周期成本的比重差异较大，分别为84%和8%。主要原因是在改造项目中，供暖、制冷和生活热水的电气化所节省的生命周期成本主要与设备的使用量有关。而单户住宅对供暖、制冷以及生活热水具有相对较高的需求，因此更有可能降低生命周期成本。相比之下，在低层多户住宅中，供暖、制冷以及生活热水的电气化更有可能增加生命周期成本。

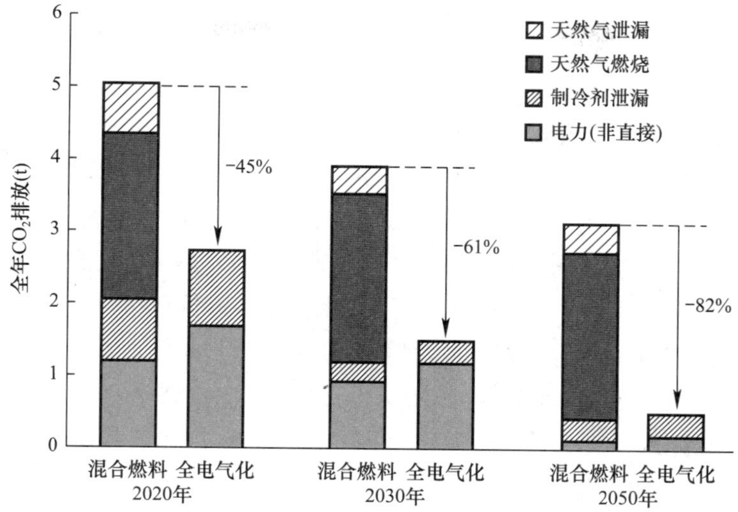

图 7-13　电气化后萨克拉门托 20 世纪 90 年代老式单户住宅的温室气体排放情况

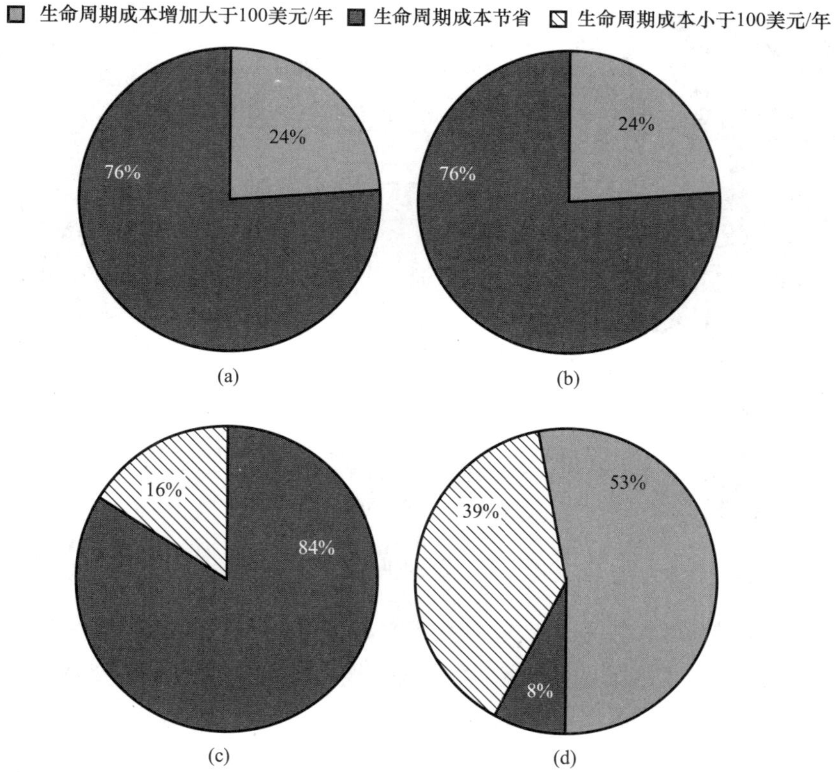

图 7-14　电气化导致的生命周期成本变化

（a）单户住宅-新建建筑；（b）低层多户住宅-新建建筑；

（c）单户住宅-改造建筑；（d）低层多户住宅-改造建筑

注：改造建筑主要涉及暖通空调用热泵和热泵式热水器。

7.3.3 欧洲供暖电气化路径

建筑供热和制冷所消耗的能源约占欧洲总能耗的一半左右。2012 年欧洲供热制冷所消耗的一次能源中约 75%来源于化石能源，主要是燃气、燃煤和燃油，而低碳一次能源如生物质、风能、太阳能、地热能、核能等仅占 25%。如何降低建筑供热和制冷用能需求，提高技术能效，并促进非化石能源替代是欧洲国家实现低碳发展目标的重要任务。

从 2012 年开始，欧洲学者已经开始探索未来欧洲建筑的低碳供热和制冷的路径。2018 年发布的欧洲供热路线图（Heat Roadmap Europe4）展望了欧洲主要国家未来低碳供热和制冷的发展趋势（图 7-15），制定情景预测实现以下目标：（1）相比于 1990 年的水平，2050 年的供热和制冷领域的碳排放量降低 434 万 t 或 86%；（2）相比于常规减碳模式，新的减碳技术路线可以减少每年 6%的投资成本；（3）相比 2015 年，2050 年的供热和制冷领域的化石能源消耗量降低 10.4TWh；（4）天然气和低效电供暖技术完全替代；（5）供热和制冷领域的技术能够支撑整个能源系统实现 100%可再生能源。

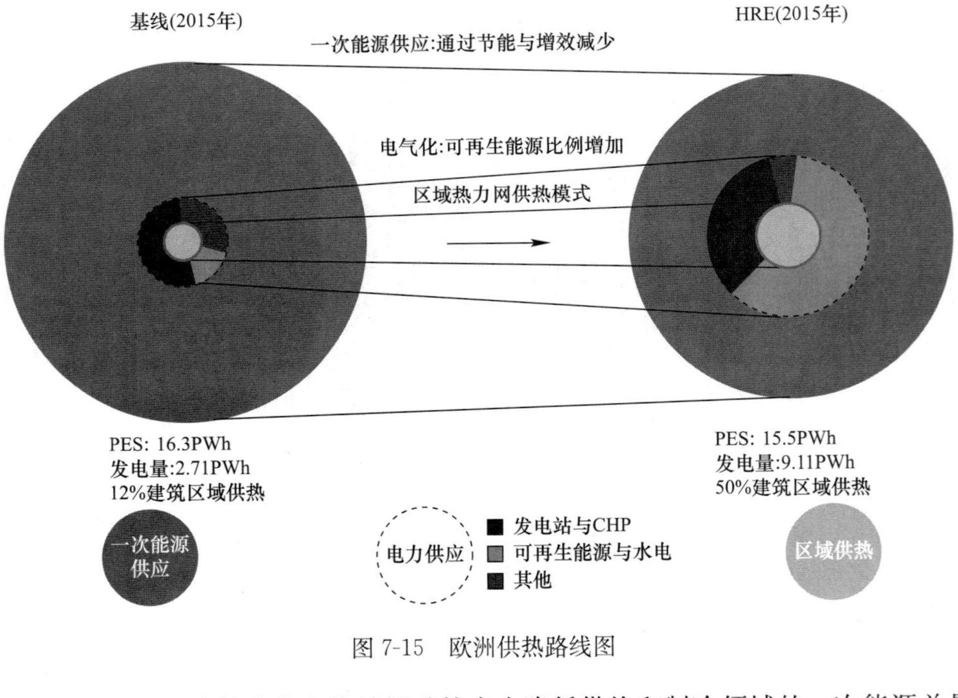

图 7-15 欧洲供热路线图

路线图计划通过建筑节能和能效提升技术来降低供热和制冷领域的一次能源总量，降低幅度达 30%。另外，路线图还计划扩展热网的规模，集中供热量占比从 2015 年的 12%发展到 2050 年的近 50%，以促进多热源开发和多能源交互。路线图还计划通过发展热泵等电气化供热技术来挖掘城市周边和农村地区的余热资源和可再生低温热量资源。

在未来欧洲城镇集中供暖系统中，热源以热电联产、大型热泵和工业余热为主，其中热电联产在集中供热总热量中的占比将达到 38%，大型热泵占 25%，工业余热占 14%，剩余热量由地热、太阳能等可再生能源提供。大型热泵之所以会在未来欧洲集中供热中发挥如此重要的角色，一方面是它有较高的能量转换效率，另一方面可以消纳可再生电力。

由于供热系统自身具有热惯性，而且可以配置成本比储电系统低得多的大型储热系统，因此与大型热网结合的热泵技术可以充分发挥它的灵活性，帮助电网消纳更多的可再生电力，同时促进热力系统和电力系统的低碳发展。

在集中供热管网不可及的地区，例如农村，高效热泵是实现这些地区低碳供热和制冷的最佳方案。在欧洲供热路线图的预测情景下，高效热泵提供的热量将提供分散供暖区域的热量的近 50%。为了提高热泵的能效（*COP*）以及改善室内舒适度，在采用热泵供暖之前应该对既有建筑进行翻新改造，提高建筑的节能标准。热泵在非集中供热地区的大量利用有利于减少锅炉的应用，从而减少对化石燃料的需求。同时，与城市中的大型热泵类似，利用建筑热惯性或设置小型储热系统，分散式的热泵系统也可以发挥其电力灵活性来消纳更多的波动性可再生电力。

由此可见，电气化对于供暖领域低碳发展和能源系统协同发展具有重要意义。但需要注意的是，供暖领域完全电气化不一定是好事。欧洲供热路线图中也明确提出，过度的电气化会抑制热电联产余热和工业余热的利用，导致整个供热系统不经济且低效。因此，供热领域不应盲目追求完全电气化，而应根据资源禀赋，将供热电气化率控制在合理范围。

7.4　建筑直流供电与智能微网整合

7.4.1　整合优势

直流电技术的逐渐发展成熟为建筑领域低碳发展开辟了一种有效的解决方法，相比于传统的交流供电，直流配电显示出了巨大的优势。当下而言，直流设备的使用也越来越广泛，各种电子元件均由直流电驱动，各类电子产品如手机、笔记本电脑等也均使用直流电；在建筑行业，建筑的照明、供暖、通风、空调等也都可以采用直流供电，尤其是近年来发展迅速的直流变频空调、洗衣机等；而 21 世纪以来发展迅速的电动汽车行业也有极大的直流电需求，电动车的蓄电池都使用直流充电；全世界数据中心的能耗以每年 12%的速度增长，其总能耗相当于全球能耗排名第五的国家的全年能耗，目前大多数数据中心都使用直流供电。可再生能源（风力发电、光伏发电等）则能免去 DC/AC 的转化过程直接接入直流电网，大大减少了电能转化的损耗。

除了大多数用电设备需要使用直流电之外，直流电网相比交流电网具有如下优势：

(1) 降低线路损耗。在同样的电压等级下，输送相同的电功率时直流电的电流相对交流电的有效电流更小，因此直流供电的线损相对较低，并且直流系统架构能更好地减小设备体积，简化输配电系统结构，可以进一步降低线路损耗。而直流电由于不存在集肤效应和涡流效应，同时没有无功功率损失，直流电网的总体损耗要比交流电网小很多。纯交流系统、直流—交流混合系统、纯直流系统在相同情况下的计算和实验显示，直流系统的整体损失比前两者都要小，具有很高的经济效益。

(2) 提高传输效率。在传统的交流系统中，存在大量交变直、直变交的转换，转换次数越多，电力损失越大，在直流供电系统中则可以免去这些转换，大大减少转化和传输损失，在采用了直流系统之后，整个系统的转化电力损耗可以降低17%。美国Starline公司也深入探讨了直流电的经济效益问题，得到的结论是直流电能大大降低数据中心的能耗。

（3）提高电能质量。交流供电存在电压不稳定、谐波污染、电压瞬时跌落、无功损失、三相失衡等各种问题，严重影响了供电质量，而直流系统则不存在电流频率的波动和无功损失，可以很好地提高供电质量。

（4）提高系统的稳定性。由于交流电的特性，在交流系统中，同步发电机需要保持同步运行的状态，并且由于三相的特性，当其中任何一相发生故障时，整个输电系统都会产生故障，并导致全线停电。而在直流配电系统中，当采用两极三线的架构时，无论哪一极出现问题，都仅需关闭出现问题的一极，未发生故障的另一极仍然可以继续输配不低于50%的电力。

（5）具有更好的环保效益。交流线路中通常会产生较强的电磁场强度，磁场的影响范围较大，电磁辐射的危害也更大。前文中提到，直流系统采用两根极性相反的电缆，大小相同，距离比较近，因此可以几乎抵消全部的磁场。有人对直流输电线路产生的对地磁场进行了测试，发现直流系统产生磁场较小，相对于交流系统具有更好的环保效益。

（6）更好的接入分布式能源和分布式蓄能系统。21世纪以来，光伏发电、风力发电等新兴的可再生能源发展迅速，而在传统的交流系统中，可再生能源需要经过DC/AC的转化过程才能入网，不但增加了传输的损失，也增加了系统的初投资。而在直流系统中可再生能源则更便于接入，无需交直流转化即可入网；同时在直流系统中，本地储能系统如蓄电池、超级电容等的接入也更加简化，其控制系统也更为简单。

考虑到如上直流电的强大优越性和出色的系统性能，针对建筑供电系统当前问题提出了一个全新的思路：全直流供电和分布式蓄能相结合，不仅可以对建筑用电负荷进行削峰填谷，而且能够更好地利用和消纳可再生能源，减少其损失，提高供电质量。

7.4.2 建筑直流配电系统蓄电池容量设计方法

蓄电池的主要作用：利用其充放电来平衡电网、光伏发电等电源侧和建筑负载侧的不匹配，以一天为一个周期，实现蓄电池的一个充放电循环，由此来确定从电网每天所需的取电功率，取电功率可以是恒功率（每日）取电，也可以是基于峰谷平电价差的经济最优策略取电。在蓄电池容量确定时采用恒功率取电来简化计算，计算目标是蓄电池在一天的周期内，其充放电达到平衡，即一天之内总蓄电量和放电量相等。

计算步骤：

（1）计算建筑物净用电负荷

$$P(t)=P_{\text{load}}(t)-P_{\text{gen}}(t) \tag{7-1}$$

式中 $P_{\text{load}}(t)$ ——t时刻建筑负载用电功率，kW；

$P_{\text{gen}}(t)$ ——t时刻光伏发电功率，kW。

（2）计算电网取电功率

$$P_{\text{set}}=\alpha\frac{\int_0^T P(t)\mathrm{d}t}{T} \tag{7-2}$$

式中　P_{set}——电网恒功率取电目标，kW（当光伏发电量大于用电负荷时，取电功率为 0）；

α——电路损耗系数。

（3）求出每天所需蓄电池最大容量

为了平衡供电侧与用电侧的用电功率不匹配，蓄电池的充电功率 P_{bat} 需满足 $P_{bat}(t)=P_{set}(t)-P(t)$，因此，当 $P(t)>P_{set}(t)$ 时，电池以 $P-P_{set}$ 功率放电；当 $P(t)<P_{set}(t)$ 时，电池以 $P_{set}-P$ 功率充电。假设蓄电池初始电量为 SOC_0，则 t 时刻蓄电的荷电状态 SOC（State of Charge）为：

$$SOC(t)=SOC_0-\eta\int_0^t[P_{set}(\eta)-P_\eta]d\eta \tag{7-3}$$

式中　$SOC(t)$——t 时刻蓄电池荷电状态，kWh；

SOC_0——蓄电池初始电量，kWh；

η——充放电损失系数，取 0.95。

则每日所需蓄电池容量为 $SOC(t)_{max}$ 与 $SOC(t)_{min}$ 之差（图 7-16）：

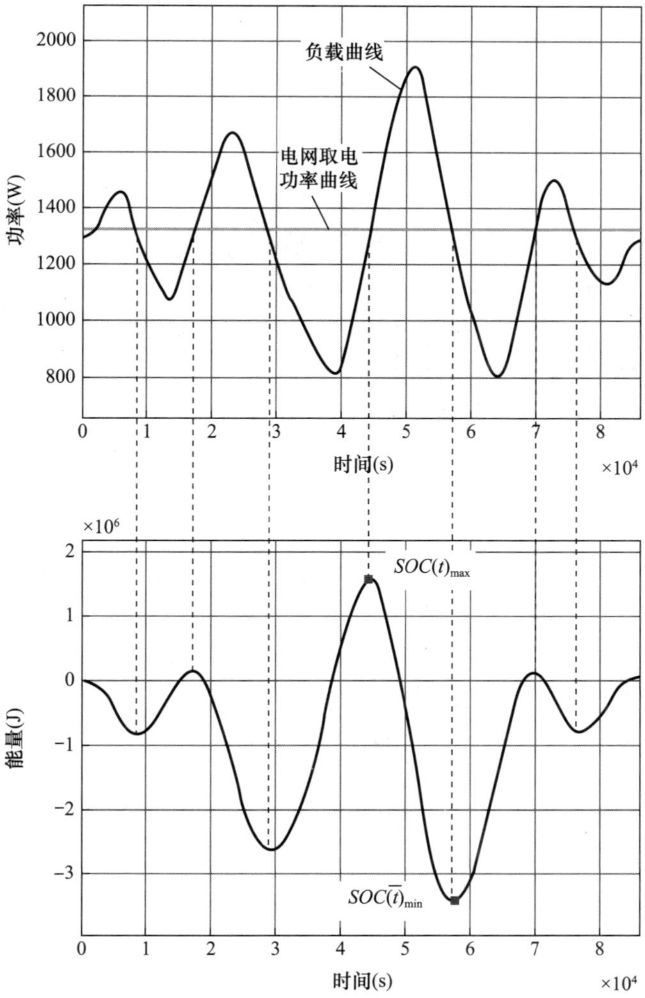

图 7-16　蓄电池容量计算过程

$$Q(d) = SOC(t)_{max} - SOC(t)_{min} \tag{7-4}$$

式中　$Q(d)$ ——第 d 日蓄电池容量，kWh；

$SOC(t)_{max}$——24h 内蓄电池荷电状态最大值，kWh；

$SOC(t)_{min}$——24h 内蓄电池荷电状态最小值，kWh。

每日的蓄电池容量均可以由上述公式确定，因此根据全年 365d 的负荷与光伏发电量，可以确定每日的取电功率，从而逐步计算出每日所需的蓄电池容量。

7.4.3　蓄电池运行策略分析

蓄电池运行策略考虑以下三种：

1. 常规恒功率取电

在常规的恒功率取电策略中，取电功率为全年建筑总负荷和光伏发电量的差值，全天光伏发电量小于建筑总能耗时，取电量为用电量减去发电量，而当光伏发电功率大于建筑负载功率时，取电功率为 0。图 7-17 为基于未来大厦案例计算得到的每日取电功率。

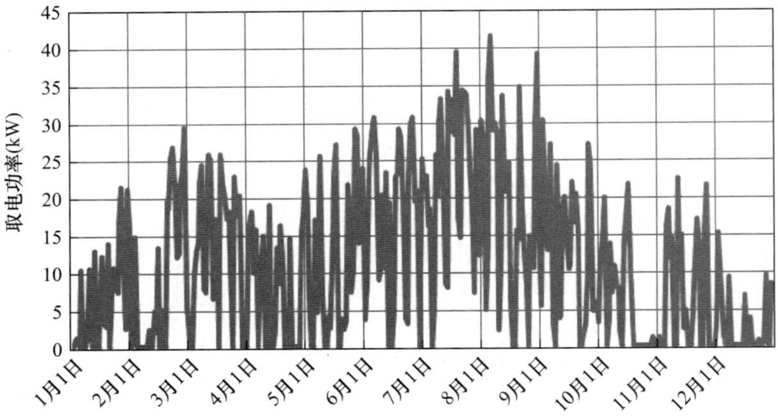

图 7-17　每日取电功率

2. 向电网返电策略

考虑到常规恒功率取电策略的结果会让蓄电池的蓄电量越来越多，实际运行状态则为电量蓄满后不再继续充电，影响后续的电网取电。因此，可以考虑向电网返电的策略，既能对蓄电池容量进行一定的削减，减少初投资，又能合理利用剩下的光伏发电量，提高电网对可再生能源的利用率，并获得一定的经济收益。

在返电策略中，每日光伏发电功率小于建筑负载功率时，电网取电功率不变；而光伏发电功率大于负载功率时，电网取电功率为负值，即向电网输电。计算结果如图 7-18 所示，蓄电池容量的最大值为 526.5kWh，平均容量为 206.3kWh。

3. 适当弃光策略

考虑到存在光伏发电量过大的问题，且这些天数并不多，因此可以尝试对这些情况进行适当弃光处理，在光伏发电量大于建筑总负荷时，通过调整充电机的充电功率，使当日蓄电池充放电量达到平衡。

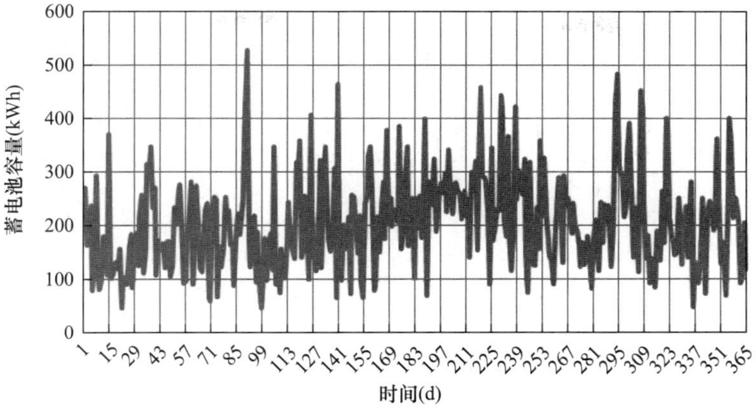

图 7-18　返电策略下每日所需蓄电池容量

弃光策略如下：根据当日预测的光伏发电总量与建筑总负荷的值作差，求得光伏发电量多余的值，充电功率按照多余发电量的比例进行相应减小；光伏发电量不足的天数无需进行处理。

计算结果如图 7-19 所示，蓄电池容量最大值为 456.6kWh，平均值为 163.2kWh，其平均值相比前面两个方案又有大幅度降低，而弃光总量为全年 2 万 kWh，约占光伏板总发电量的 10%，占比较小，考虑对蓄电池初投资的节省和运行费用的节省，该弃光比在可以接受的范围内。

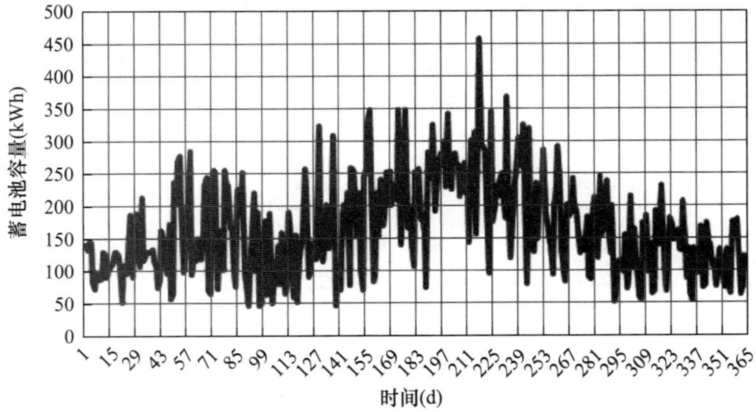

图 7-19　适当弃光策略下每日所需蓄电池容量

经过对常规策略、电网返电策略、适当弃光策略的计算和分析，在这三种不同策略下的每日蓄电池容量如图 7-20、表 7-2 所示，可以看出两种优化过的策略相比原始策略，蓄电池容量有了明显的降低，若采用不满足天数为 30d 的蓄电池容量作为建筑的蓄电池最终容量，适当弃光的策略具有明显的优势。

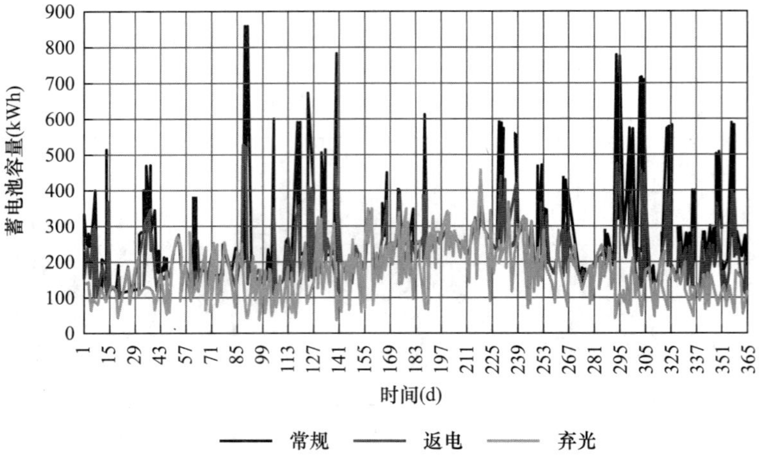

图 7-20　三种不同策略下每日蓄电池容量

三种不同策略下蓄电池容量对比　　表 7-2

策略	容量（kWh）		不满足天数容量（kWh）				
	最大值	平均值	0	5d	10d	20d	30d
恒功率取电	855.8	232.9	855.9	671.6	591.6	514.1	406.9
向电网返电	526.5	206.3	526.5	441.1	416.9	366.1	343.7
适当弃光	456.6	163.2	456.6	343.7	321.7	289.8	275.2

7.4.4　建筑直流供电案例分析

该建筑位于南京市江宁区技术开发区，于 2017 年进行了交变直改造，现采用全直流供电，系统负载主要由光伏发电量提供，当电量不够时需从园区电网取电，同时采用蓄电池进行蓄电。建筑面积为 2400m²，负载装机功率为 74kW，光伏板的装机功率为 40kW，其中直流母线共分为 600V 和 220V 两级，其供电拓扑图如图 7-21 所示。

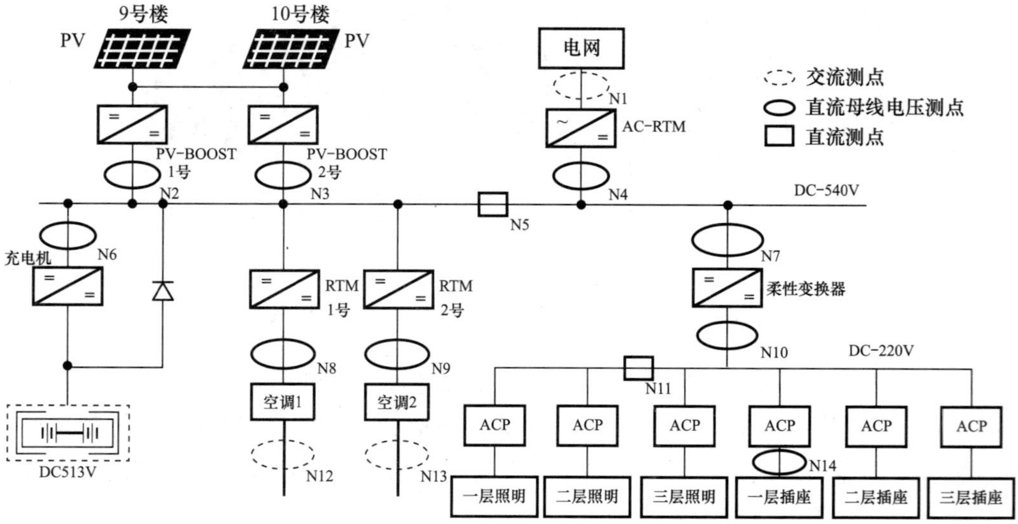

图 7-21　直流供电系统拓扑图

实际运行时600V母线电压为540V，在600V母线上配置了30kW DC/DC变换器，分别与光伏板、蓄电池、空调连接并网。其中空调1通过变换器并网运行，空调2采用直挂的方式并网运行。DC220V母线分别为楼宇照明（共3层，每层额定负载10kW，实际负载5kW）、插座以及日常办公供电。直流母线上变流器控制策略均为恒压限流控制，不同变流器直流侧电压控制目标值不同，其中光伏板为560V，大电网为520V，蓄电池为600V，空调系统启动方式为交流电网启动后转直流电网供电。

在该直流建筑的控制系统中主要有两种运行策略：第一种是恒功率取电模式，可以实现从园区电网的恒功率取电；第二种是经济型的运行模式，主要策略为：在对负载进行供电时，首选光伏，其次为蓄电池，再次为电网，即当光伏发电量充足时，光伏发电同时供给负载并对蓄电池充电，当光伏发电不够时采用蓄电池进行补充，二者皆不够时开始从电网取电。即在原始的经济型取电策略下，几乎不存在电网对蓄电池充电的情况，蓄电池主要由光伏进行充电，电网只在二者功率不能满足负载时才使用。当光伏发电量较充足时，其经济性较好，而当光伏发电量不足时，白天从电网取电量功率较大，不利于电费的节约。选取2019年5月27日（阴天），全天的各部分功率变化曲线如图7-22所示。

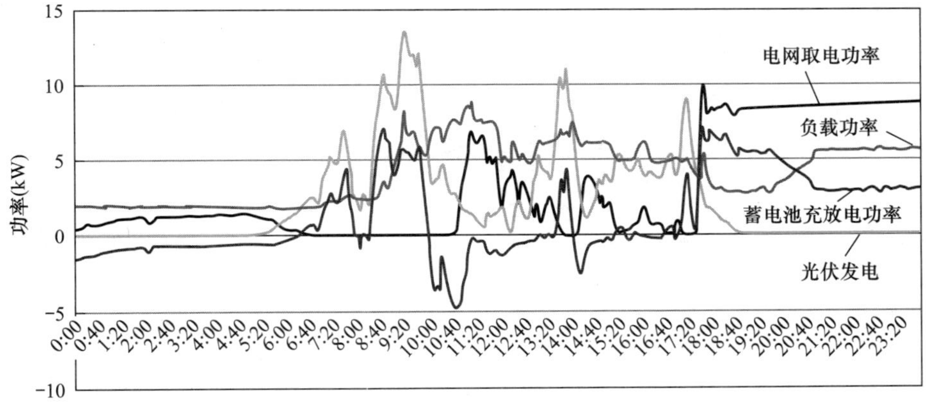

图7-22 2019年5月27日全天各部分功率

其中17:00及之后的电网取电功率为人为设定，故本小节仅讨论0:00～17:00时间段的各部分功率。由图7-22可知，光伏板发电功率在9:00达到峰值，随后降低，主要原因是当天天气条件较差，太阳辐射量较少，在10:00～13:00时间段光伏发电功率达到低谷，此时蓄电池处于放电状态，并且从电网取电用以供给负载，蓄电池只在上午光伏发电较大时进行充电，其余时间均在放电，而电网取电也集中在白天光伏发电不足的时候。因此，在当前的运行策略下并没有考虑到电价因素，而是只在需要电网电量时才进行取电。

由于该建筑夜间无人值班，且自动控制系统并不完善，无法对夜间电网取电功率以及蓄电池充放电功率进行自动控制，因此主要采用的优化方式为前一天人员下班后设置好电网取电，第二天早晨人员上班时（约8:00）停止电网取电，全天由蓄电池以及光伏进行供电，以实现蓄电池低电价取电而高电价放电的基本目标，从而降低运行电费。选取2019年5月28日（晴天）进行计算和分析，其各部分功率如图7-23所示。

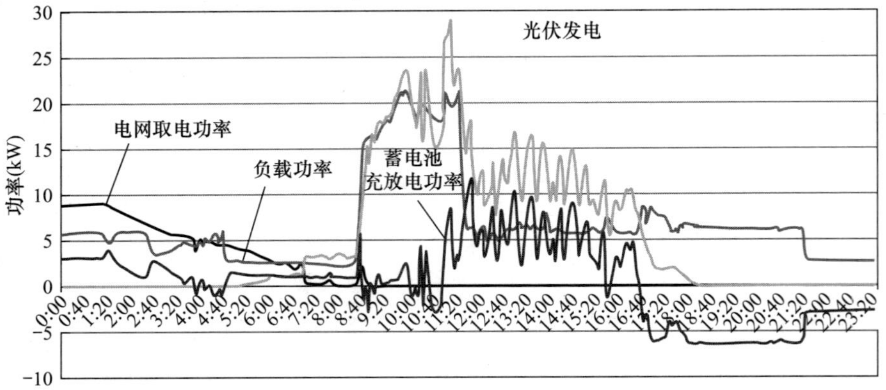

图 7-23　2019 年 5 月 28 日全天各部分功率

图 7-23 中显示的电网取电功率集中在 0:00～8:00，即有人来上班时已经将电网取电关闭，建筑处于离网运行状态，而 5 月 28 日为晴天，光伏发电功率值也较大，在 9:00～12:00 达到 25kW，负载功率在 9:00～12:00 也较大，主要原因是一部分员工使用充电桩对电动汽车充电，蓄电池在凌晨为充电状态，而在光伏发电量较大的下午也为充电状态，18:00 之后光伏发电量逐渐降为 0，负载只由蓄电池进行供电。根据表 7-3 的数据可以计算出全天取电电费为 16.12 元，如果按照原来的策略在白天至晚上 23:00 之前针对光伏发电和蓄电池不满足负载的情况进行取电，则电费为 24.12 元，全天节费率为 33%。

各分项指标全天总量　　**表 7-3**

分项指标	电网取电	负载耗电	光伏发电	电池充电
全天总量（kWh）	45.0	160.6	128.8	10.6

对比图 7-22 和图 7-23 可以发现，优化结果是将白天从电网取的电量转移到了夜间电价较低时，因此其节费效果基本满足预期，如果能增加对第二天负载用电量以及太阳辐射的预测，则能够通过更为具体的计算实现更高的经济效益。

7.5　建筑“光储直柔”新型供配电系统

电气化趋势下未来建筑能源以电为主，因此构建适应未来电力供给和需求模式的新型建筑供配电系统具有重要意义。根据目前的技术和趋势，这种新型的建筑供配电系统至少以“光储柔直”为主要特征（图 7-24）。其中“光”指的是在建筑场地内设置的分布式光伏发电装置；“储”在供配电系统中主要是储能电池；“柔”则是具有可调节、可中断特性的智能建筑用电设备，包括智能空调、智能照明、智能充电桩等智能化设备；“直”是指低压直流配电系统。这种“光储柔直”新型建筑供配电系统与传统的建筑供配电系统相比具有显著的差别，一方面是“源储荷”的布局从分离到融合；另一方面终端建筑的用电需求也将从原来的刚性需求（用户用多少电网供多少）转变为柔性需求（可中断、可调节）。

同时，低压直流配电技术的应用使建筑供配电系统简单化，促进能效提升、可靠性提高和能量智能化控制的发展。

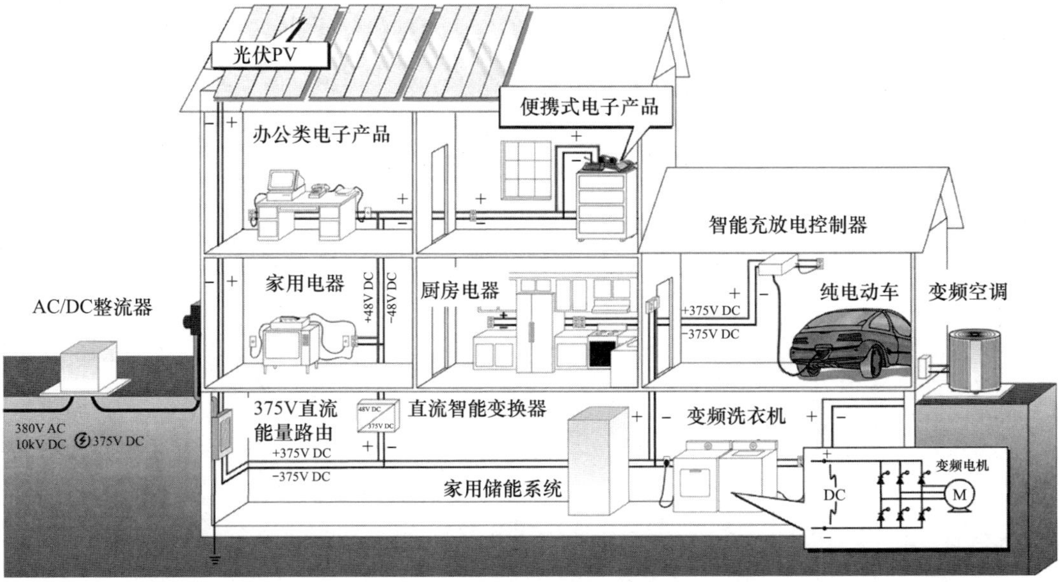

图 7-24 “光储柔直”建筑新型供配电技术

7.5.1 分布式光伏

分布式光伏技术为建筑提供电力。分布式光伏在建筑中应用分为两种方式：一种是安装在建筑屋顶上的屋顶光伏技术；另一种是建筑光伏一体化技术，把太阳能的利用纳入环境的总体设计，把建筑、技术和美学融为一体，太阳能设施与建筑工程同步设计、施工，同时投入使用，成为建筑的一部分，并且相互有机结合，取代了传统太阳能结构对建筑外观及城市景观所造成的破坏。在能源转型的背景下，太阳能光伏发电是未来的主要电源之一。

近年来分布式光伏发展迅速，从 2013 年到 2018 年累计装机容量从不到 500 万 kW 增长到 1.2 亿 kW。截至 2018 年年底，分布式光伏占光伏累计装机容量的比重达 28%，占当年新增容量的比重达 50%。根据《中国能源电力发展展望报告》预测，未来光伏并网发电装机容量将大幅增长，到 2030 年和 2050 年光伏发电装机容量将增长到现在的 6 倍和 9 倍。按照集中式与分布式并重发展的趋势，分布式光伏，尤其是建筑光伏，在未来还有很大的发展潜力。

光伏组件效率持续提升，2016 年美国 Sun Power 的硅基组件的转换效率为 24.1%，日本 JET 的 IBC 电池组件效率为 24.13%。薄膜电池组件的效率在 12.34%～31.2%，电池组件效率由高到低依次为：砷化镓（31.2%）、碲化镉（18.6%）、铜铟镓硒（17.9%）、硅基薄膜（12.34%）。对我国 6 个太阳能公司在售光伏组件的调研结果显示，单晶硅电池组件效率为 19.3%～19.3%，多晶硅电池组件效率为 16.5%～17.5%，薄膜电池组件效率为9.59%～32%。我国电池组件效率由高到低依次为：砷化镓（32%）、碲化镉（13.1%）、铜铟镓硒（12.6%）、硅基薄膜（9.59%）。2018年，规模生产的单、多晶电池基本采用高效技术，其中多晶电池全面应用黑硅技术，单晶领域则大规模普及PERC技术，预计2～3年内在多晶领域也将全部由PERC技术替代。大规模生产的单、多晶电池平均转换效率也分别从2010年的17.5%和16.5%提升至2018年的21.8%和19.2%（图7-25）。光伏组件效率近10年提升了6%，2018年已有效率超过20%的产品实现商业化。

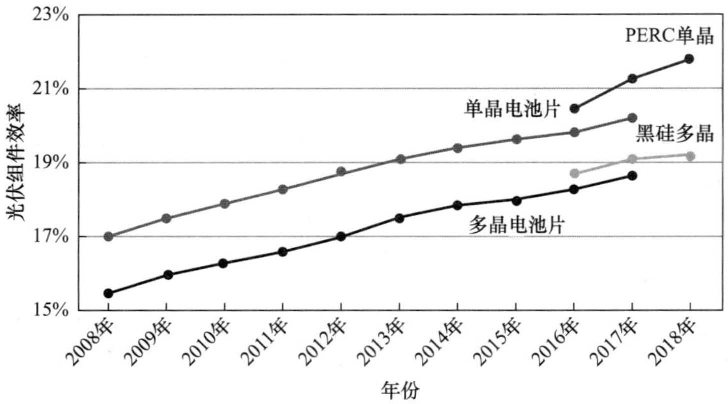

图7-25　2008—2018年不同类型光伏组件效率增长趋势

在光伏发电成本方面，根据《中国光伏产业发展路线图》，2018年地面光伏电站在1200等效利用小时数下的度电成本（LCOE）已经达到了0.46元，预计到2025年将会降到0.35元左右，逐渐具备与煤电竞争的能力。对于分布式光伏，由于节省了土地租赁等一系列投资维护费用，经济性更加优越（图7-26）。再考虑到分布式光伏所发电量可以优先就近使用，对电网降损和支撑有重要作用，势必在未来得到更加重视。

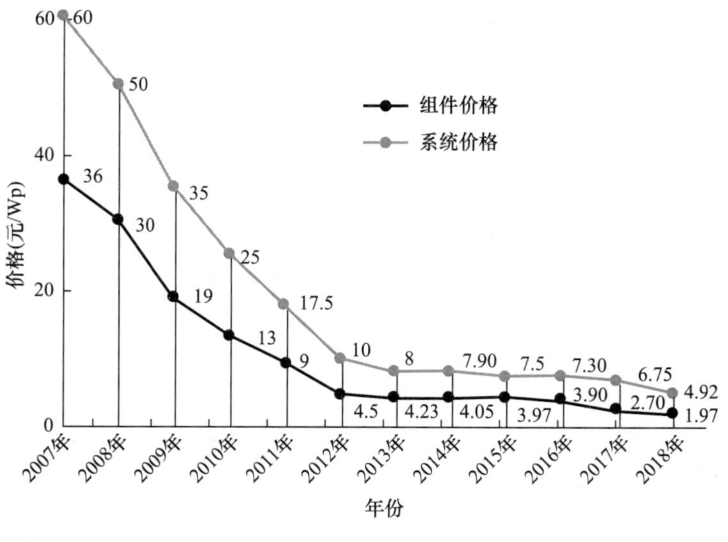

图7-26　2007—2018年光伏组件和系统价格趋势

7.5.2　分布式蓄电池

从电池产业的终端需求看，蓄电池作为备用电源和移动电源的应用较多（图 7-27），用于削峰填谷的储能电池在城市电网中有应用，但是专门应用于建筑削峰填谷的储能电池还比较少。建筑储能电池技术目前还处于初期发展阶段。

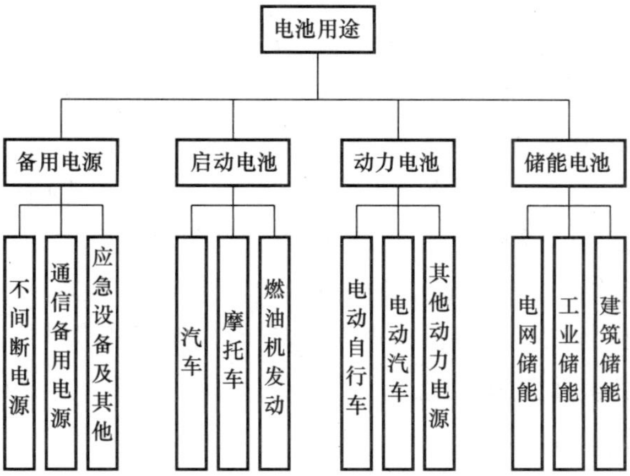

图 7-27　电池用途分类

可用于建筑储能的电池包括锂离子电池、铅酸电池、镍镉电池等。其中，铅酸电池在过去几十年中应用广泛，但由于其放电深度受到限制、循环次数相对较低且存在环境污染等问题，近年来逐渐被锂离子电池所替代。三元锂电池的高能量密度优势，磷酸铁锂电池的经济性优势，钛酸锂电池近 10000 次的循环寿命优势都为建筑场景各式各样的储能需求提供多样化选择。未来，钠离子电池等新型储能技术还会不断迭代更新，电动汽车退役电池也有可能在建筑储能中发挥作用，使建筑储能更加经济、高效。

储能电池技术也呈现出成本降低和收益增加的趋势，因此未来建筑对于储能电池的需求会越来越大。得益于电动汽车和电源电网侧储能的快速发展，储能电池的成本在近年快速降低。例如目前磷酸铁锂电池的初投资价格已经低于 1.5 元/Wh，考虑使用寿命和效率后的单位度电储存成本已经低于 0.7 元/kWh。目前很多城市的电力峰谷差已经高于 0.8 元/kWh，特别是随着灵活性资源逐渐稀缺，未来电价峰谷差逐渐拉大，电池储能的收益会逐渐增加。

当然，建筑储能技术并非是储能电池技术的简单移植，而必须与建筑场景的特点相结合。建筑储能需要更多关注电池的热安全问题，因为锂离子电池对温度非常敏感，其最佳工作温度范围为 20～40℃，在该范围内电池的工作性能较好，安全性能良好，可使用循环次数也相对较高。北京市发布的《用户侧储能系统建设运行规范》中要求锂离子电池工作温度控制在 0～45℃。因此，电池布置如何与建筑设计结合以保证电池散热，电池控制如何与建筑负荷特性匹配以防止过热事故发生，都是储能电池应用于建筑场景所必须解决的关键问题。

7.5.3 建筑直流配电技术

直流配电技术同样是建筑场景的新技术，发展势头迅猛。早在21世纪初就已经有学者意识到可再生能源和电器直流化的发展趋势，提出了将直流微网技术应用于建筑场景。今天，建筑低压直流供配电技术在国内外已经有了大量的研究。据不完全统计，国内外实际建成运行的采用低压直流配电系统的建筑项目已有不少（表7-4、表7-5），涵盖了办公、校园、住宅和厂房等多个建筑类型，配电容量为300～10kW。这些工程项目中，初期的接入电器（设备）种类比较少，主要是LED照明系统，例如天津大学求实大厦采用直流供电覆盖了全楼120kW的室内外照明、清华大学紫荆公寓室外照明等。大多数初期项目示范的功能也比较单一，主要是示范低压直流配电系统在建筑中应用的可行性。随着直流配电技术的发展和终端直流负载的丰富，综合性的实验和示范项目逐步涌现。较新的综合性直流建筑项目如深圳建科院未来大厦R3办公模块，建筑面积超过5000m^2，内部配电系统容量为400kW，所有设备均采用直流供电，包括150kW的光伏、200kWh的分布式储能、电动车充电桩、直流多联机空调、直流LED照明系统以及各类常用办公设备，其于2019年年底完成施工并已投入科研使用。

国内直流建筑示范工程 **表7-4**

项目名称	城市	建筑类型	时间	规模（kW）	电压等级	直流供电负载	直流电源
厦门大学的光伏建筑一体化直流微网工程	厦门	展示实验	2014年	150	DC380V	LED照明、空调、直流电动汽车充电桩	AC/DC变换器、光伏、蓄电池
广日电气技术研发及体验中心	广州	办公	2014年	50	DC220V/24V	插座、窗帘控制、空调室内机、充电桩供电	AC/DC变换器、光伏、蓄电池、氢燃料电池
天津大学求实大厦	天津	办公	2016年	120	—	LED照明、室外路灯	AC/DC变换器、光伏、蓄电池
清华四川能源研究院A区5号办公楼	成都	办公	2016年	30	DC375V/48V	充电桩、照明、直流家电	AC/DC变换器、光伏、蓄电池
太原理工大学直流微网实验室	太原	展示实验	2017年	100	DC750V/220V	空调、充电桩、照明、电脑等	AC/DC变换器、光伏、蓄电池
北京低碳能源研究所及神华技术创新基地项目	北京	办公	2018年	100	DC375V/220V	LED屏幕、照明、家用电器等	AC/DC变换器、光伏、蓄电池
泰州经济开发区总部经济园综合能源项目	泰州	厂房	2018年	500	DC750V/220V	充电桩、照明、空调、直流家电	AC/DC变换器、光伏
南京国臣办公楼	南京	办公	2018年	74	DC600V/220V	充电桩、照明、直流家电	AC/DC变换器、光伏、蓄电池
格力直流小屋	珠海	办公	2018年	100	DC400V/48V	充电桩、照明、空调、直流家电	AC/DC变换器、光伏、蓄电池
苏州同里综合能源服务中心直流空调照明工程	苏州	办公	2018年	300	DC750V/540V/220V	照明、空调	AC/DC变换器、光伏、蓄电池
清华大学紫荆公寓室外照明	北京	室外照明	2019年	—	DC24	LED路灯、景观灯	AC/DC变换器

续表

项目名称	城市	建筑类型	时间	规模（kW）	电压等级	直流供电负载	直流电源
大同市国际能源革命科技创新园	大同	办公	2019 年	500	DC750V	照明、空调、计算机	AC/DC 变换器、光伏、蓄电池
虹桥基金小镇直流微网	上海	办公	2019 年	210	DC532V/220V	空调、电脑、照明	AC/DC 变换器、光伏
深圳建科院未来大厦直流配电系统	深圳	办公	2019 年	200	DC375V/48V	全直流建筑	双极 AC/DC 变换器、光伏、蓄电池

国外直流建筑示范工程 **表 7-5**

项目名称	国家	城市	建筑类型	时间	规模（kW）	电压等级	直流供电负载	直流电源
Tohoku Fukushi University DC Microgrid	日本	仙台	办公	2008 年	218	DC400V	住宅电器	集中式能量路由器、光伏
NextEnergy Center building in Detroit	美国	底特律	厂房	2013 年	250	DC380V/24V	LED 照明、通风机	AC/DC 变换器、光伏
NextHome Detroit	美国	底特律	住宅	2013 年	10	DC380V/24V	LED 照明、住宅家电	AC/DC 变换器、光伏
Nushima island DC microgrid	日本	沼岛(Nushima)	住宅	2014 年	10	DC360V	通风机、LED 照明、冰箱、空调、电视机	光伏、蓄电池
Intelligent DC Microgrid Living Lab Aalborg university	丹麦	奥尔堡	展示实验	2015 年	20	DC380V/48V	直流家用电器	AC/DC 变换器、光伏、水平风机、燃料电池
三菱电机香川县丸龟市项目	日本	丸龟	办公	2016 年	10	DC380V	照明、空调、电梯、及楼宇自控设备	AC/DC 变换器、光伏、蓄电池
American Honda Motor Co.，Inc warehouse	美国	加利福尼亚州	厂房	2016 年	300	DC380V	LED 照明、通风机、电动叉车	AC/DC 变换器、光伏、蓄电池
弗劳恩霍夫 IISB building	德国	埃朗根	办公	2016 年	200	DC380V/48V	照明、空调、USB-C、直流插座、直流家电等	AC/DC 变换器、光伏、蓄电池、氢燃料电池
DC Lofts Strijp-S Eindhoven	荷兰	阿姆斯特丹	住宅	2017 年	50	—	住宅电器	户式能量路由器
ABN AMRO Pavilion	荷兰	阿姆斯特丹	办公	2017 年	150	DC350V	LED 照明、通风机、USB-C、直流插座	双向 AC/DC 变换器、光伏
Etratech Inc headquarter	加拿大	伯灵顿	厂房	2017 年	46	DC380V	—	AC/DC 变换器(双极)、光伏、蓄电池、燃气发电机
Pulse Building of Delft University of Technology	荷兰	代尔夫特	办公	2018 年	150	DC350V	LED 照明、USB-C 插座、电蓄热系统	AC/DC 变换器、光伏

直流建筑的供配电系统，在建筑入口处设有 AC/DC 整流器，其将外电网的交流电整流为直流电为建筑供电，或者在建筑电力富余时将直流电逆变为交流电对外电网供电。而建筑内部通过直流电配电网与所有电源和电器（设备）连接。当电源或电器（设备）的电压等级与配电网电压等级不同时，需设置 DC/DC 变压器。

建筑直流配电系统的电压等级一直处于探索当中。早期如 2007 年美国弗吉尼亚理工大学提出采用 DC 380V/24V 两个电压等级的直流母线为未来住宅和楼宇提供电力；2006 年日本大阪大学提出了一种双极±170V 直流微电网系统，在直流母线上通过 DC/DC 变换器接入超级电容器、光伏电池等分布式电源，直流母线通过单相逆变器接入单相交流负载。近期如 2016 年德国弗劳恩霍夫 IISB building 项目采用 DC 380V/48V 为办公建筑供电；2019 年深圳建科院未来大厦 R3 模块采用 DC±375V/48V 为 5000m^2 办公区域供电，其主要是考虑到在近用户侧采用特低安全电压，从根本上提高用电的安全性，而在建筑配电侧采用较高的电压等级，提高配电的经济性。

随着建筑直流配电技术的成熟，推出直流建筑相关标准的呼声也越来越高。目前，《民用建筑直流配电设计标准》即将发布，该标准重在从建筑电气设计工作者的角度出发，解决低压直流配电当前面临的主要问题，包括如何设计、关键设备参数与选型，以及光储直柔系统运行与控制，为促进可再生能源建筑应用，提升用电安全和质量，促进民用建筑低压直流系统稳定和高效运行，规范建筑低压直流配电系统设计，为低压直流供电系统进一步向民用建筑常规领域推广提供技术标准支撑。该标准包括总则、术语、直流配电系统、用户侧储能系统、关键设备参数与设计、直流系统保护与防护、直流配电系统性能、控制与监测等章节，适用于新建或改建的民用建筑工程中采用低压直流配电系统，并且与现行国家标准《民用建筑电气设计标准》GB 51348 相互补充。

7.5.4 建筑柔性用电技术

随着波动性的风电、光电占比的提高，电力系统将面临灵活性资源紧缺的挑战。与此同时，逐年增长的尖峰负荷虽然每年只持续较短的时间，但是可能威胁电力系统的安全稳定。建筑拥有大量的可调节负荷，包括暖通空调系统、照明系统和智能电器等，未来还可以增加电动汽车和各类型的储能装置。这些设备或是可以转移用电负荷，或是可以削减用电负荷，通过智能化手段合理调度这些灵活性资源，可以改变建筑的负荷规律，协调可再生能源波动和建筑用户需求，对于削减城市尖峰负荷、缓解城市配电网增容、提高电力系统的稳定性和经济性都有积极贡献。因此，建筑柔性用电也是新型电力系统的关注重点。

为了鼓励建筑柔性用电技术的发展，多个省份已经出台需求侧响应补偿政策以及示范，包括江苏、浙江、上海、广东等。以广东为例，2020 年 11 月广东省能源局、国家能源局南方监管局印发《关于征求〈广东电力市场容量补偿管理办法（试行，征求意见稿）〉等文件意见的函》，指出用户侧储能、电动汽车、充电桩等其他具备负荷调节能力的资源可以作为市场主体参与，起步阶段独立储能和发电侧储能暂不纳入市场交易范围。要求市场主体响应能力不低于 1MW；需求响应时长不低于 1h。削峰响应补偿价格为 0～4500 元/MWh，填谷响应价格为 0～120 元/MWh。未来如果需求侧响应的补偿额度提高，或者可以通过参与电力市场辅助服务等途径获得额外经济收益，将会刺激建筑柔性用电技术的应用推广。

目前，建筑中的可调节负荷主要是蓄电池、电动汽车、空调系统和可延时使用的智能设备等（图7-28）。

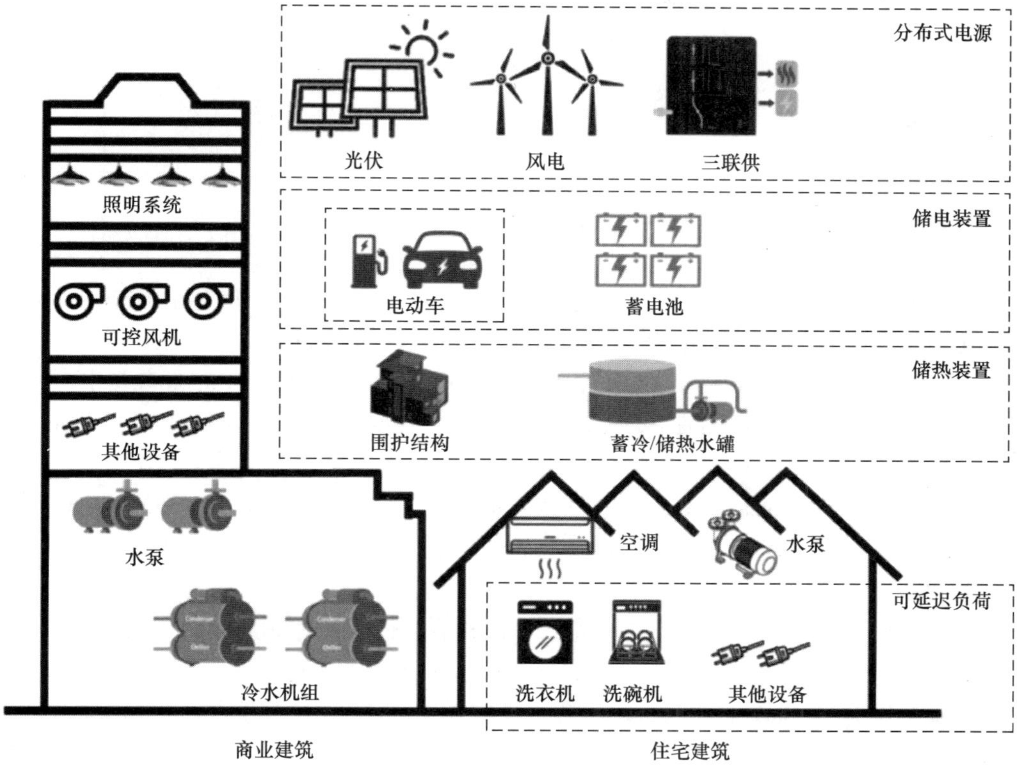

图7-28 建筑中的可调节设备

（1）蓄电池：接入建筑配电网的蓄电池一方面可以作为建筑或者设备的备用电源，在电力供给故障时为建筑或者设备提供短暂的电力供给；另一方面，结合峰谷电价或电力市场价格，蓄电池还可以在低电价时段储存电力，在高电价时段释放电力，从而实现削峰填谷。

（2）电动汽车：电动汽车通过有序充电技术，可以避开用电高峰而选择在用电低谷时段充电，在保障电力安全的同时还可以让用户享受低电价。此外，通过双向充放电技术，电动汽车还可以在保证用车需求的基础上，利用富余的电池容量为电网储存过剩电力或反向输出电力，充当可移动的储电设备。

（3）空调系统：空调系统消耗了主要的建筑用电量，同时也是建筑需求响应技术的重点关注对象。一方面，建筑围护结构、集中空调水系统具有一定的蓄冷和蓄热能力，因此短时间关闭空调或调整空调输出功率并不会显著影响室内环境温度，因此通过控制空调启停、改变变频空调的压缩机频率、切换中央空调末端的风速挡位，或者放开室内温度的控制精度，可以短暂地改变空调用电负荷。新风机组在保证室内二氧化碳浓度在合理范围内时也具有相似的调节能力。另一方面，主动配置蓄冷水箱或蓄冰系统将允许空调系统在更大的时间尺度下转移电力负荷，例如利用夜间谷电蓄冷，削减白天高峰时段的空调负荷。在特殊情况或者用户允许的情况下，还可以放宽室内环境温度的控制精度，使空调系统具有更大的调节能力。

（4）可延迟使用的智能设备：洗衣机、洗碗机等智能设备，在非急用的情况下，可以延迟启动，从而避开用电高峰。

本章参考文献

［1］ 清华大学建筑节能研究中心．中国建筑节能年度发展研究报告 2019［M］．北京：中国建筑工业出版社，2019.

［2］ 国网能源研究院有限公司．中国能源电力发展展望 2019［M］．北京：中国电力出版社，2019.

［3］ EIA. International Energy Outlook 2019［R］. US Energy Information Administration，2019.

［4］ EIA. Annual Energy Outlook 2019［R］. US Energy Information Administration，2019.

［5］ Weiss，R. Hledik，M. Hagerty，and W. Gorman. Electrification Emerging Opportunities for Utility Growth，no. January. The Brattle Group，2017.

［6］ A. Chaouachi，E. Bompard，G. Fulli，M. Masera，M. De Gennaro，and E. Paffumi. Assessment framework for EV and PV synergies in emerging distribution systems［J］. Renew. Sustain. Energy Rev，2016，55：719-728.

［7］ Deason，M. Wei，G. Leventis，S. Smith，and L. Schwartz. Electrification of buildings and industry in the United States：Drivers，barriers，prospects，and policy approaches［R］. Ernest Orlando Lawrence Berkeley National Laboratory，for U. S. Department of Energy' s Office of Energy Policy and Systems Analysis，2018.

［8］ S. Nadel. Comparative Energy Use of Residential Gas Furnaces and Electric Heat Pumps［R］. 2016.

［9］ W. Peng，J. Yang，X. Lu，and D. L. Mauzerall. Potential co-benefits of electrification for air quality，health，and CO_2 mitigation in 2030 China［J］. Applied Energy，2018，218（10）：511-519.

［10］ J. H. Williams et al.. The Technology Path to Deep Greenhouse Gas Emissions Cuts by 2050：The Pivotal Role of Electricity［J］. Science，2012，335（4）：53-60.

［11］ IRENA. Global energy transformation：A roadmap to 2050（2019 edition）［R］. Abu Dhabi：International Renewable Energy Agency，2019.

［12］ IEA. Perspectives for a Clean Energy Transition：The Critical Role of Buildings［R］. International Energy Agency，2019.

［13］ 国家发展和改革委员会能源研究所．中国 2050 高比例可再生能源发展情景暨路径研究［R］．2015.

［14］ J. C. S. Long. California' s Energy Future -The View to 2050 - Presentation［R］. 2011.

［15］ S. Bellocchi，M. Manno，M. Noussan，M. G. Prina，and M. Vellini. Electrification of transport and residential heating sectors in support of renewable penetration：Scenarios for the Italian energy system. Energy，2020，196：117062.

［16］ 国家统计局．中国统计年鉴 2019［M］．北京：中国统计出版社，2019.

[17] IEA. Energy Efficiency 2019 [R]. 2019.

[18] R. A. Alvarez et al. Assessment of methane emissions from the U. S. oil and gas supply chain [J]. Science，2018，6398 (361)：186-188.

[19] A. Mahone，C. Li，Z. Subin，M. Sontag，G. Mantegna，and A. Karolides. Residential Building Electrification in California Consumer economics，greenhouse gases and grid impacts [R]. 2019.

[20] A. M. Naghmeh. Policies directed towards heating systems [R]. 2017.

[21] 李雨桐，郝斌，童亦斌，等.《民用建筑直流配电设计标准》解读 [J]. 建筑电气，2022 (7)：41.

[22] 李叶茂，郝斌，李雨桐. 直流建筑技术展望 [J]. 建筑科学，2022 (2)：38.

[23] 李叶茂，李雨桐，郝斌，等. 低碳发展背景下的建筑“光储直柔”配用电系统关键技术分析 [J]. 供用电，2021，38 (1)：7.

[24] 中国建筑节能协会光储直柔专业委员会，等. 携手零碳——建筑节能与新型电力系统 [M]. 北京：中国建筑工业出版社，2022.

[25] 江亿，郝斌，李雨桐，等. 直流建筑发展路线图 2020-2030(Ⅰ)[J]. 建筑节能（中英文)，2021，49 (8)：10.

[26] 江亿，郝斌，李雨桐，等. 直流建筑发展路线图 2020-2030(Ⅲ)[J]. 建筑节能（中英文)，2021，49 (10)：1-17.

第 8 章　净零能耗建筑设计施工一体化技术

8.1　装配式净零能耗建筑设计施工一体化模式

我国在建筑业，采用现场浇（砌）筑的方式，资源能源利用效率低，建筑垃圾排放量大，扬尘和噪声环境污染严重。另一方面，我国建筑运行阶段碳排放超过 20 亿 tCO_2，约占全社会总碳排放的 21%，相比发达国家和世界平均水平还将持续上升。我国建筑领域迫切需要寻找一条更高能效的节能减排实施路径。要实现由能源活动引起的碳排放控制目标，需要对建筑能耗进行控制。要满足人民对美好生活的需求，提升室内舒适度与环境水平，需要解决日益凸显的建筑用能的刚性增长需求与节能减排紧迫性之间的矛盾。如果不从根本上改变建造方式，粗放建造方式带来的资源能源过度消耗和浪费将无法扭转，经济增长与资源能源的矛盾会更加突出，并将极大地制约我国经济社会的可持续发展。近年来，我国工业化、城镇化快速推进，劳动力减少、高素质建筑工人短缺的问题越来越突出。发展装配式建筑涉及标准化设计、部品部件生产、现场装配、工程施工、质量监管等，构成要素包括技术体系、设计方法、施工组织、产品运输、施工管理、人员培训等。因此，发展装配式净零能耗建筑专项工作符合我国国情，是实现建筑领域“双碳”目标的必经之路，它将改变人们的室内外环境，改变建筑对传统能源的依赖。

装配式净零能耗建筑是以装配式设计施工一体化建造方式为手段，以净零能耗为目标，提出模块生产、结构设计、施工和验收的技术指导和要求，解决此类建筑在安全可靠、节能环保、绿色健康以及产业化发展方面的问题；将复合保温墙板在混凝土墙体中与楼板一起在工厂预先制作的混凝土模块，并以单元模块的形式通过可靠的连接方式装配而成的混凝土装配式结构。同时结合市场需求，采用该方法建造的房屋，可提高建筑的整体寿命、保温性能和防火性能，改善室内环境，降低建筑能耗和减少碳排放。另外，工厂装配化生产也能极大缩短施工工期，减少劳动力的投入，提高生产效率。

我国正在积极探索适合国情的装配式超低能耗建筑技术体系，通过建筑构件优化、高保温隔热性能、高气密性能和新风热回收等技术来降低室内冷热负荷需求，同时搭配高效能源系统来降低能耗，从而建设符合所在地区气候条件的节能建筑。目前我国超低能耗建筑主要以北方地区为主，建筑保温工艺、节能技术等技术体系均基于北方地区超低能耗建筑工程，对于其他气候区技术体系的研究也正在趋于完善化和系统化（图 8-1）。

装配式超低能耗建筑集成了“建筑、结构、机电、装修一体化”“设计、生产、装配一体化”的新型工业化建造方式，同时将信息化与工业化深度融合。装配式建筑的显著特征是其建造过程的系统性，采用在工程建设全过程中一体化的建造方式，主体结构系统、

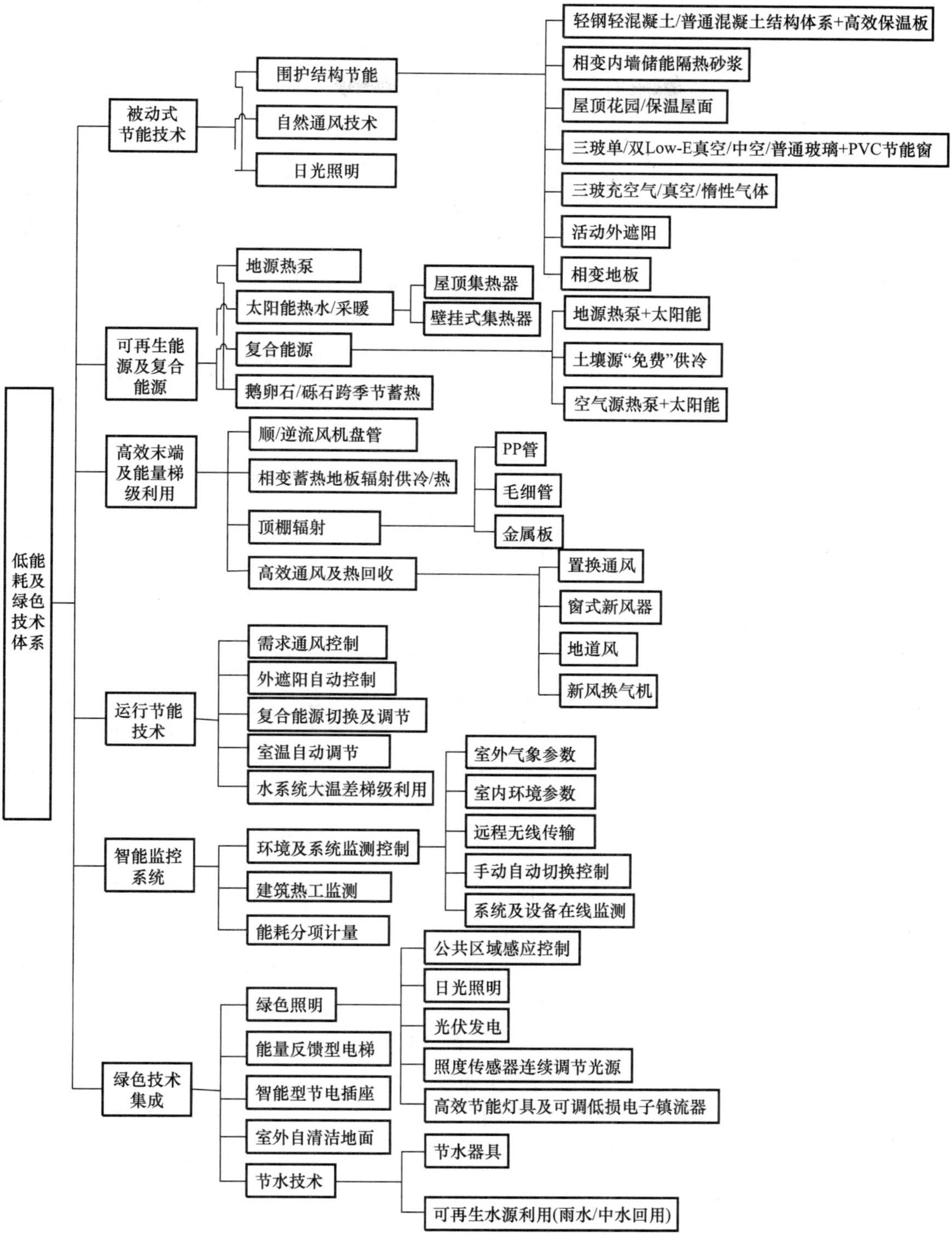

图 8-1　我国超低能耗、净零能耗建筑技术体系

外围护系统、机电设备系统、装饰装修系统通过总体技术优化、多专业协同，按照一定的技术接口和协同原则组装成装配式建筑。装配式超低能耗建筑方案设计充分注重气候、环境等因素，营造健康舒适的室内环境，降低能源消耗。同时，在不同气候区应因地制宜地

采用适宜的技术路线，优化设计方案。推进设计施工一体化体系的有效运行，提供有效组织保障。一体化的真正推进需要有一个统一的上级管理者针对工程总承包项目进行重点管理推进，真正实现对于总承包项目的整体和系统控制和管理。

装配式超低能耗建筑设计施工一体化模式包含设计技术、施工技术、人力资源管理等多个层面，其关键目标与核心理念在于：一方面，设计与施工要在各自领域提升设计施工一体化的能力；另一方面，实现沟通零障碍、发挥合力、高效协同。将 BIM 技术作为推动设计施工一体化管理能力提升的核心竞争力。BIM 技术在实现全专业模型整合后，可实现多样化的拆图功能，解决各专业的关联点问题，工程总承包解决的就是专业间的协同问题，因此应将 BIM 技术作为支撑总承包发展的核心竞争力。

建筑设计与通信技术、大数据技术、智能化技术融合，实现温湿度、亮度等自动调控，达到高标准低能耗、高效能低污染的目标。在设计层面提升设计施工一体化能力包含以下方面：（1）设计时要综合考虑各项因素，体现整体统筹考虑；（2）提升 BIM 设计能力；（3）结合施工需求，提升设计深度，以设计深度补充要求作为支撑；（4）提升设计优化能力，逐步形成标准化设计，以设计优化清单作为支撑；（5）加强标准化设计，通过施工版块积累形成标准化做法；（6）强化现场服务功能。

设计环节是装配式建筑方案从构思到形成的过程，也是建筑信息产生并不断丰富的过程，而装配式建筑系统性的特征对设计环节提出了极高的要求。在设计环节中的建筑、结构、机电、装修各专业需在建筑物设计信息对称的情况下才能相互配合，协同工作。在施工层面提升设计施工一体化能力也包含以下方面：（1）提升施工图优化能力，通过形成施工图优化清单作为支撑；（2）提升施工图深化能力，施工图深化旨在将设计图纸进一步深化、出图，可直接用于现场的施工，通过形成施工图深化清单作为支撑；（3）提升 BIM 技术应用能力，将 BIM 技术作为施工图优化和深化的有效支撑；（4）提升穿插施工能力；（5）拓展设计优化能力，形成设计施工深度交叉。

人力资源管理层面提升设计施工一体化能力包含以下方面：（1）及时形成设计施工一体化管理办法，实现沟通零障碍、发挥合力、高效协同；（2）实施绩效考核制度，明确各方职责、分工、任务、要求，施工人员积极参与提出设计优化建议，促进设计全面考虑，设计人员积极参与施工图优化、深化及确认，发挥合力；（3）设置项目设计施工一体化工作流程，明确关键工作节点与要求，促进实现高效协同。

超低能耗装配式建筑应当依据政府有关批文和现行相关法规、工程建设标准进行设计。相关专业在设计文件中应有装配式建筑的专项设计说明，明确超低能耗装配式建筑的结构体系、预制装配率、预制部品部件品种和规格、主要结构部品部件的连接方式、质量和安全保障措施等。

装配式建筑全过程应用信息化技术，信息技术是推行从构件生产到装饰装修一体化建造方式的重要工具和手段。为实现“设计、生产、装配一体化”，通过现代化的信息技术，建立信息化管理平台，解决设计—生产—装配脱节的问题，实现项目各参与方的信息共享、协同工作。

我国“双碳”目标的提出，促进了超低能耗建筑与装配式建筑建造技术相结合。

这种结合既具备了装配式建筑在使用过程中节能减排的效果，又提高了超低能耗建筑的建造效率，是我国建筑未来发展的必然趋势，也是推进节能减排、实现“双碳目标”的重要保障。超低能耗建筑、近零能耗建筑、零能耗建筑三者之间在控制指标上相互关联，在技术路径上具有共性要求。建筑节能技术措施也从单纯强化围护结构保温，过渡到综合考虑主被动结合设计以及利用可再生能源和智能化等多种技术，共同完成提高建筑低碳节能效果的目标。装配式建筑和建筑节能作为建造和运行阶段的技术手段，通过各阶段的技术融合，已达到全生命期节能减碳目的，最终实现建筑全过程的绿色化。

8.2　装配式净零能耗建筑专项施工技术

装配式净零能耗建筑在其建造阶段，除应满足现行国家标准规范要求外，还应按照经审查通过的设计文件和经批准的方案进行建造。通过细化施工工艺、严格过程控制，保障建造质量，并针对热桥控制、气密性保障等关键环节，制定专项施工方案。以非透明围护结构保温施工、门窗安装、建筑气密性处理和节点无热桥处理、新风系统的安装等为重点。

首先，装配式净零能耗建筑施工和质量控制应针对热桥、气密性等关键环节制定专项施工方案。施工前，应对现场工程师、施工人员、监理人员进行技术交底。围护结构保温工程应实行专业化施工，应选用配套供应的外保温系统材料，其型式检验报告中应包括外保温系统耐候性检验项目。外门窗与基层墙体的联结件应进行阻断热桥和防水处理。围护结构保温施工应在预埋件安装完成并验收合格后进行。净零能耗建筑的设计和施工标准普遍高于普通节能建筑，各个细部节点都需要针对性的精细化设计与更专业化的施工水平。

其次，装配式净零能耗建筑深化设计图是指导工厂加工、现场安装的最终技术文件，同时进行严格质量审核。装配式构件深化图纸要充分表达设计意图，避免各专业间配合上的矛盾、脱节和重复，并采用通用设计和通用构件，达到设计高质量和标准化。装配式建筑预制部品部件生产，应根据国家和相关部门有关技术标准、图集和施工图设计文件进行生产，并配备部品部件质量证明文件。预制部品部件应具有注明生产企业名称、制作日期、品种、规格、编号等信息的出厂标识。

最后，装配式净零能耗建筑的施工不同于传统做法，干法施工工艺更加复杂，对施工程序和质量的要求也更加严格，需要选择施工经验丰富、技术能力强的专业队伍承担。由于装配式净零能耗建筑各方面水平仍在发展阶段，需要对现场工程师、施工人员、监理人员等进行专项施工培训，帮助相关人员快速掌握相关关键技术、熟悉相关的施工工艺，以实现净零能耗建筑专业化施工，保障工程质量，这也成为净零能耗建筑项目流程中不可缺失的关键环节。除应满足现行国家标准《建筑节能工程施工质量验收标准》GB 50411 及其他相关标准要求外，还应通过细化施工工艺，严格过程控制，保障施工质量，施工前应对重点节点做法作专项培训。

8.3 信息化工具与平台

装配式净零能耗建筑要求设计、生产及施工各阶段打通数据共享壁垒，集成各专业软件，实现各环节的高度集成、协作。装配式建筑对全过程信息化管理提出了新的需求，即在装配式建筑各阶段信息分类汇总的基础上，通过信息化技术的自身价值特性，建立基于装配式建筑全过程的信息共享模型，搭建全过程数据信息管理平台，以信息数据协调统一为导向，解决装配式建筑信息共享困难的问题，具体架构详见图 8-2。并且为装配式建筑全寿命周期信息共享提供解决方案，更好的实现数据信息在工程关联参与者之间的共享与传递。

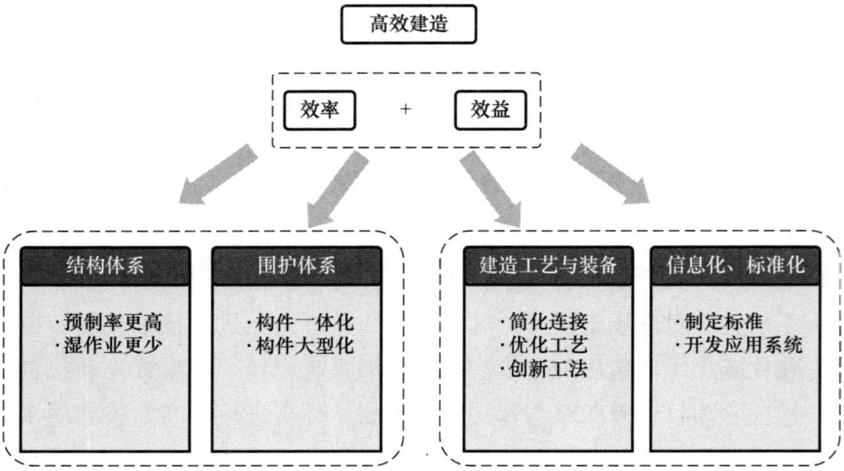

图 8-2　管理平台组织架构图

基于装配式建筑全过程信息共享、协同工作需求，可以利用 BIM、云计算等技术建立装配式建筑全过程信息化管理平台。一方面，装配式建筑全过程信息化管理平台可以为装配式建筑全过程各环节信息汇聚提供底层支撑，形成统一数据源，为各环节应用奠定基础；另一方面，依托平台可为各阶段不同参与方协同工作、业务应用提供数据服务。此外，平台可以整合多种数据挖掘与决策支持手段，支持更加灵活、高效的管理决策过程。

通过梳理目前信息化管理平台的现状及未来发展的方式，可以看出，典型的装配式建筑全过程信息化管理平台应具有以下三大特征：一是通用性，兼容不同工程项目管理模式、不同组织结构、不同管理流程，可服务不同参与方、不同软件的应用需求。二是可扩展性，面向不同工程项目、参与方特点，对平台功能进行定制开发和扩展。三是灵活性，可根据不同业务和安全需求，对数据存储、数据权限、平台接口、服务、流程进行灵活调整，可服务于不同管理需求。

建筑工业化信息集成平台与信息应用系统可分为电脑端和移动端两个板块，其中电脑端分为系统管理、BIM 数据集成、BIM 数据处理、图形引擎、资源配置优化、数据监测分析六部分，移动端分为构件信息查询、质量管理及吊装管理三部分。具体管理模块详见图 8-3。

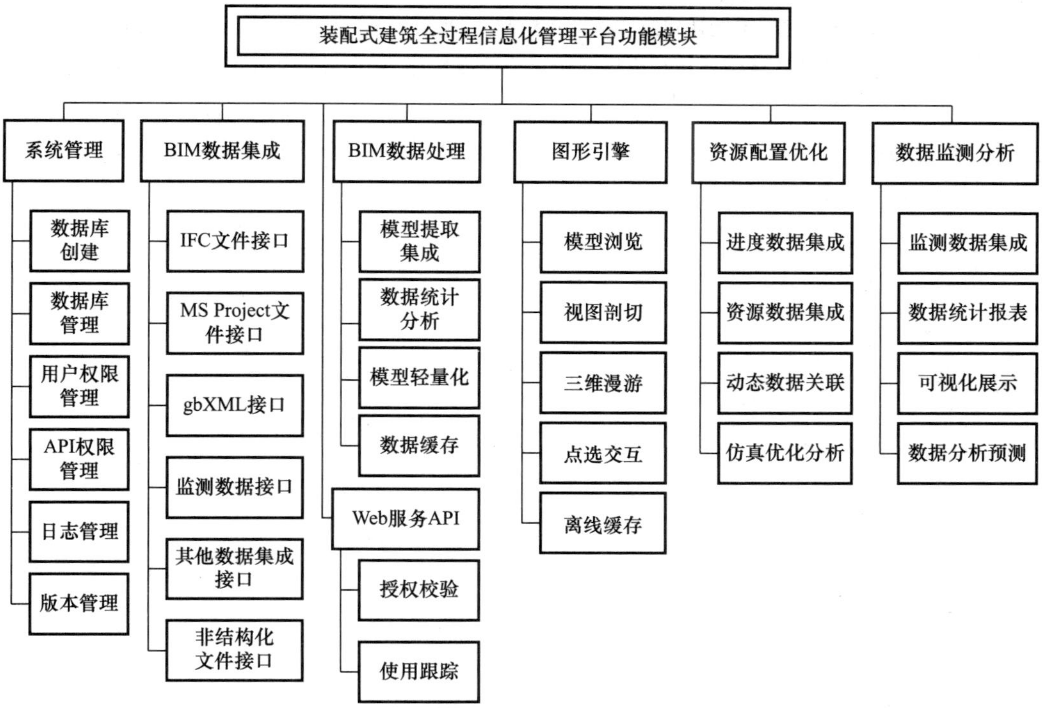

图 8-3　装配式净零能耗建筑全过程管理平台功能模块

装配式净零能耗建筑是从装配式理念出发进行设计，将大部分的构件在工厂高质量生产，然后运至现场装配安装，并以装配式特点进行运营维护的建筑。BIM 等技术应用提高了建筑领域各专业协同设计能力，信息化工具与平台可实现高效建造。利用信息化手段加强对装配式净零能耗建筑建设全过程的指导和服务，实现在建筑全生命周期内提高工作效率和质量，以及减少错误和风险的目标。目前，装配式净零能耗建筑产品不断丰富，消费者接受度不断上升。

本章参考文献

[1]　中华人民共和国住房和城乡建设部. 近零能耗建筑技术标准：GB/T 51350-2019 [S]. 北京：中国建筑工业出版社，2019.

[2]　梁俊强，马欣伯，刘珊，等. 中美清洁能源联合研究中心建筑节能合作净零能耗建筑关键技术研究示范成效与展望 [J]. 建设科技，2020 (12)：8-12.

[3]　李旻阳，李国建，周建中，等. 夏热冬冷地区装配式零能耗建筑技术创新与应用 [J]，施工技术（中英文）[J]，2022，51 (5)：29-31.

[4]　宋德萱，韩抒言. 夏热冬冷地区近零能耗建筑技术途径探索 [J]. 南方建筑，2018 (2)：51-54.

[5]　吴向阳，杨壮，田玉豪. 零能耗装配式建筑示范屋设计探讨 [J]，建筑科学，2021，37 (8)：

175-180.
[6] 吴自敏，楚洪亮，尹述伟，等. 对超低能耗建筑节点设计的几点思考［J］. 新型建筑材料，2020，47（12）：107-113.
[7] 张神树，高辉. 德国低/零能耗建筑实例解析［M］. 北京：中国建筑工业出版社，2007.
[8] 蔡倩，朱清宇，张欢. 装配式钢结构超低能耗建筑高性能 ALC 外墙施工技术［J］. 施工技术（中英文），2022，51（5）：33-36.
[9] 李解，蒋鹏，王小马，等. 钢框架结构近零能耗被动式建筑屋面施工技术［C］//2020 年全国土木工程施工技术交流会论文集，2020.

第 9 章　净零能耗建筑运行调适技术

9.1　净零能耗建筑运行与调适目标

建筑调适的概念，20 世纪 80 年代发起于欧美发达国家，尤其在北美地区建筑行业市场，已经形成了成熟的管理和技术体系，其重要性也得到了从政府到实际业主的充分重视，已成为建筑节能的一个重要手段。经过长达 30 年的研究和市场实践，ASHRAE、建筑调适联合会、波特兰节能研究院（PECI）和加利福尼亚州调适联合会等组织都在此方面进行了大量研究和工程实践，制订了相对完善的标准与规范、调适工具模板，建筑调适正在很大范围内迅速发展成为一种标准的方法。

净零能耗建筑由于致力于实现建筑能源自供给，充分利用可再生能源系统，其能源机电系统的复杂程度往往较传统建筑有着更大的灵活性，同时对于建筑调适也有着更高的要求。因此，本章基于我国目前净零能耗示范建筑的运行和调适实践，提出净零能耗建筑调适的定义与目标。

9.1.1　净零能耗建筑调适定义

调适（Commissioning）一词最早出现在西方的船舶制造工业中，最初是指海军舰艇制造完成后加入战备值班前所需要进行的一系列操作活动，包括：对舰载设备的调整和测试；对操作人员进行指导和培训。

1977 年，调适的概念被首次运用到建筑工程中，加拿大公共事务局在其公共建设工程中开始使用调适。进入 20 世纪 80 年代，建筑调适在美国呈现出发展的势头。美国第一个调适工程项目是 1981 年迪士尼位于佛罗里达州的未来世界主题公园。在该项目的设计、施工以及试运行阶段均采用了建筑调适概念。在这一时期，伴随着建筑技术的快速发展，传统机电系统运行管理手段已经无法满足需求，越来越多的业主和住户对新建筑维护费用与舒适性表达出不满。在这样大环境下，1984 年，美国威斯康星大学麦迪逊分校开设有关建筑调适的课程。同年，ASHRAE 成立了暖通空调系统调适指南委员会，标志着调适的概念被正式引入到建筑行业。该委员会的任务就是要建立一套技术管理体系，以保证交付到业主手中的新建筑功能齐全。1988 年，该委员会颁布了 ASHRAE 第一版的暖通空调系统调适指南。

早期一些研究著作或文献资料中对建筑调适进行定义为：通过诊断、测试、调节和改造等方法确保建筑性能满足业主和用户的需求并提供完整的技术文档的过程，从而保证建筑生命周期内其内在能源消耗、室内环境、对周围环境的影响、建筑设备系统的维护管理等方面都保持较优的运行和使用状况。

《建筑节能基本术语标准》GB/T 51140-2015 中给出了建筑“用能系统调适”的定义，即：通过在设计、施工、验收和运行维护阶段的全过程监督和管理，保证建筑能够按照设计和用户要求，实现安全、高效的运行和控制的工作程序和方法。在相应的条文解释中指出了此处的“调适”主要包含两个含义：首先是建筑“调试”，指建筑用能设备或系统安装完毕，在投入正式运行前进行的测试与调节工作；其次是“调适”指建筑用能系统的优化，与用能需求相匹配。

对于净零能耗建筑，“调适”的时间和影响阶段应涵盖建筑全生命周期，包括实现建筑的年运行能效达到设计目标，并在此基础上进一步挖掘建筑优化节能的潜力，以此来赋予建筑持续生命力。基于我国建筑节能工作管理体系，按照净零能耗建筑调适开展时的建筑状况，分为新建净零能耗建筑调适和既有净零能耗建筑调适，其定义有以下区别：

新建净零能耗建筑调适：净零能耗建筑的常规机电系统及某些特定能源系统通过调适过程，记录设备及其所有子系统和配件的方案、设计、安装、测试、执行以及围护是否能达到业主项目设计要求。

既有净零能耗建筑调适：对建筑目前各个系统进行详细的诊断、改进和完善，解决其存在的问题，降低建筑能耗，提高整个建筑运行性能。

9.1.2 净零能耗建筑运行调适目标

净零能耗建筑运行调适的目标依据建筑分类和调适范围不同也有所不同，ASHRAE 标准 202-2013 中给出相关目标范围如表 9-1 所示。

不同净零能耗建筑调适目标　　　　表 9-1

新建建筑	既有建筑
机电系统调适：针对建筑常见机电系统、暖通空调系统，记录设备及其所有子系统和配件的方案、设计、安装、测试、执行以及围护是否能够达到设计需求	未进行过调适的既有建筑：对当前建筑各系统进行详细的诊断，修改和完善、解决其存在的问题，降低建筑能耗，提高整个建筑运行状况
	周期性调适：对当前周期存在的问题进行详细诊断，进行局部修改和完善，进而提高整个建筑运行状况
建筑整体调适：关注建筑系统的整体运行情况，包括建筑外围护结构、暖通空调系统、变配电系统、火警消防系统、安保系统、通信系统、管道系统等	连续（持续调适）对系统在使用和运行阶段进行性能验证，主要关注点在于现有设备的使用状况，并致力于改善和优化建筑中所有的系统所存在的运行和控制。通过科学的测试并结合工程学的分析，从而给出新的运行解决方案

对于净零能耗建筑，由于建筑从设计阶段开始便以能耗约束为最终目标，因此需要对其影响建筑整体能效的因素进行系统性地逐一调适。建筑运行方需要针对高性能围护结构、新风热回收系统以及建筑用能系统的调节与控制制定专项运行管理方案，并应编制响应运行管理手册。

需要指出的是，净零能耗建筑由于建筑本体热惰性，且可再生能源系统大多需要一定周期的运行稳定，因此新建净零能耗建筑的系统调适时间周期应覆盖主要的季节性工况和部分负荷工况，调适范围应覆盖中控系统及所有联动工作的用能系统和建筑构件，一般建议大型复杂的公共建筑，应从投入使用开始一直延续至第三个完整年度结束。

对于已完成调适的净零能耗建筑，在其使用中应根据建筑的能耗数据、建筑的使用情况记录和气象数据，实时调整运行策略或使用方式，必要时，还应对建筑用能系统进行再调适。

因此，相对于普通建筑而言，净零能耗建筑的调适是一个长期且持续的过程。

9.2 净零能耗建筑调适流程和责任划分

净零能耗建筑从设计到建成，通常分为规划、设计、施工、交付运营四阶段。其中调适作为运营交付中最重要的环节，较普通建筑而言，涉及的人员和环节也更加复杂。

9.2.1 调适关键流程

调试（适）过程是注重质量的过程，它通过实现、验证和记录设备参数来提升项目的交付质量，以满足设备所有者的条件和需求。调试（适）过程涵盖了项目的所有阶段，从设计到业主进驻和运营，各阶段的任务是确保设计、施工和操作人员培训等的顺利进行。调试（适）过程分为设计、施工及竣工验收、运营三个阶段，每个阶段均包括以下内容：

（1）项目目标；

（2）工作描述/调试方案；

（3）验收/交接要求；

（4）文件要求；

（5）人员要求。

整体流程如图 9-1 所示。

9.2.2 调适主体责任划分

净零能耗建筑在整个调适工作过程中，实施人员可以由业主、设计单位、总承包商或者调适服务商担任，负责整个调适工作，掌控调适工作进度，协调并实施各项调适任务。

调适工作团队一般包括以下成员：

（1）业主或者业主代表；

（2）调适人员；

（3）物业运行管理单位代表；

（4）承包商和设备供应商代表；

（5）设计单位代表。

需要明确的是，调适人员并不直接管理工程的设计与施工过程，它更多地在于对项目，尤其是用能系统设计、安装与运行的监督与统筹技术指导。

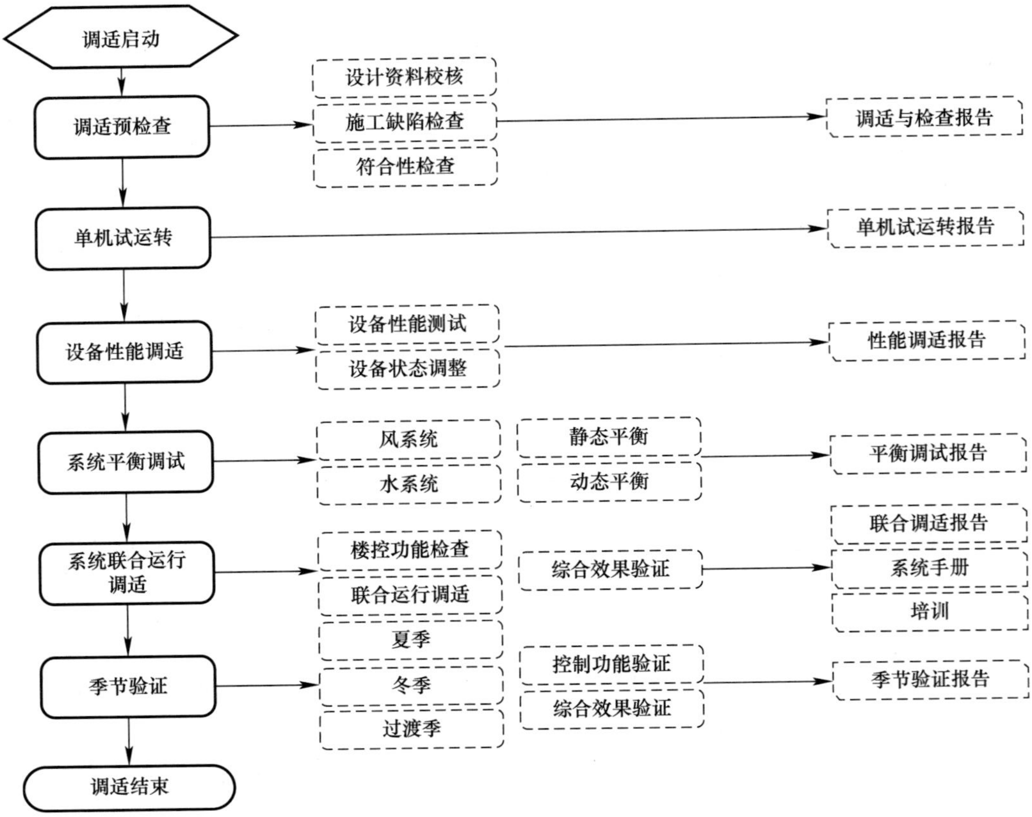

图 9-1　净零能耗建筑调适整体流程

业主或业主代表的职责包括：

(1) 选择适合的调适人员；

(2) 指派专人代表业主加入调适团队；

(3) 与调适人员一起确定项目需求书；

(4) 审阅调适报告并及时反馈意见；

(5) 尽早安排物业人员参与调适过程；

(6) 验收调适成果。

调适人员负责整个调适工作，把握调适工作进度，协调并实施各项调适任务。在设计阶段，调适人员的主要任务是确保业主项目需求书中的内容，在设计方案中予以完整的体现。在施工阶段，调适人员需要经常勘察现场，及时发现及记录施工过程的疏漏，监督系统的单机试运转与测试，通过不同的调适技术与方法进行系统联合运行的功能测试，以保证整体系统运行的优化。在入住以后的一段时间（通常为一年时间），调适人员还要对系统进行季节性的优化调适，发现问题并及时与相关责任人沟通解决问题，从而保证在调适工作完成以后，交付的是一个满足设计使用要求的建筑。

运行管理机构能帮助调适的顺利进行，更能从中受益，因此业主应尽可能早地选择运行管理机制，并参与到调适的过程中。通过参与调适过程，运行管理机构能加深对建筑系统的理解，从而能更好进行建筑的运行与维护。

施工承包商负责建筑的建造，整体上把握着施工的进度。他们的职责通常应该在投标说明书中予以说明，主要包括：

（1）在整体施工进度中考虑调适工作，与调适顾问一起制定施工时间表；

（2）协助调适人员工作，提供需要的图纸以及调适需要的资料；

（3）参与调适会议。

设备供应商提供机电设备的安装、启动以及测试，他们在调适工作中的责任一定要在投标说明书中具体说明。通常，设备供应商对其所提供的机电设备做基本的初调适，调适人员负责建筑系统的整体联合调适。初调适的内容由调适人员在设备投标说明书中详细说明。设备供应商的职责包括：

（1）向调适人员提供设备图纸、参数以及相关资料；

（2）执行调适计划中规定的该设备调适的内容；

（3）提供该设备运行手册；

（4）为物业提供针对性的培训。

设计单位代表主要是配合调适人员，确保业主的项目需求书中的内容在设计中予以完整的体现，并协助解决设计和施工过程中出现的问题。当设计单位采用某些复杂或新技术时，可能还要协助调适人员，参与到建筑系统的联合调适。

9.3　建筑设备与系统调适工具

净零能耗建筑调适对于建筑设备设施管理系统的数据采集能力和智能化管理水平都有一定的要求。我国建筑设备设施管理系统的实际运行情况不容乐观。伍培等人分析了我国建筑物业管理体系及过程存在的核心问题，虽然相关行业标准已经出台，但问题依然存在。清华大学针对公共建筑智能化系统进行了相关调研，目前国内相当一部分楼宇自控系统的自动控制实现程度较低，该调研问卷反映出了我国目前建筑智能化系统“重硬件、轻软件，轻运行维护”的现状。中国建筑科学研究院 2018 年对智能建筑行业进行的调研结果也显示，由于各种原因，大量的智能化项目不能完全处于正常运行状态。

在节能减排和绿色发展理念深入人心，精细化管理需求日益强烈的今天，设备设施运维管理单位也充分意识到过程中面临的挑战，希望通过深入应用建筑智能化控制系统实现设备设施的高效管理。净零能耗建筑的发展，给建筑智能化运维带来了新的机遇。

9.3.1　楼宇智能管理平台

净零能耗建筑对于建筑运行过程中数据的采集有明确的要求，国家标准《近零能耗建筑技术标准》GB/T 51350-2019 中要求，应对建筑进行运行参数全年记录和数据分析，其中包括建筑各分项用能数据、建筑同期人员使用情况以及室外环境参数等信息，且应每年对建筑运行数据进行分析，并与上一年度响应数据进行纵向比对分析，或与相同气候区、相同功能的近零能耗建筑运行数据进行横向比对分析。这就对综合数据管理平台提出了较高的要求。

当前我国楼宇智能管理平台尚处于起步阶段，平台设计已足够满足建筑运行管理单位对建筑运行参数的记录和简单初步的数据分析，但目前建筑设备设施管理软件系统和楼宇智能化系统在实际使用过程中的体验并不好，运维人员普遍反映尽管软件平台提供的功能很多，但实际使用率不高。

中美清洁能源联合研究中心建筑节能联盟的合作项目执行期间多栋示范项目采用自主研发的楼宇智能化控制管理平台得到了良好的展示效果。中国建筑科学研究院研发的智能化用能优化管理平台，可以实时调取各用能设备运行数据，并进行能耗比对分析，如图 9-2 所示。

图 9-2　智能化用能优化管理平台

9.3.2　手机 APP 运维系统

调研显示，除智能楼宇控制系统辅助记录设备设施运维数据和服务，利用手机终端实现对建筑设备设施的管理，并且由系统进行自动分析，将结果提示给手机使用者，也是一个可行的解决方案（图 9-3）。

现有设备设施管理平台大多依赖楼宇自动化系统获取设备的各类数据，但无法获得并分析运维人员的工作行为数据。巡检、报修和维修数据对于优化设备运行保养，预防事故和风险的发生，发现系统潜在问题，改善人员工作效率意义重大。使用移动终端作为设备设施管理的主要工作界面，在方便现场工作的同时，还能够获得相关人员数据，结合传感器和软件系统的数据进行综合分析，将进一步完善数据维度，提升设备设施运维水平。

综上可见，建筑的节能性能在其漫长的运行阶段体现，对建筑进行科学的维护、管理、运行是保证净零能耗建筑在运行阶段能够达到设计意图的关键环节。因此，每个净零能耗建筑都应根据自身的设计特点和建筑功能特性，制定有针对性的维护、管理、运行方案，保证净零能耗目标的实现。

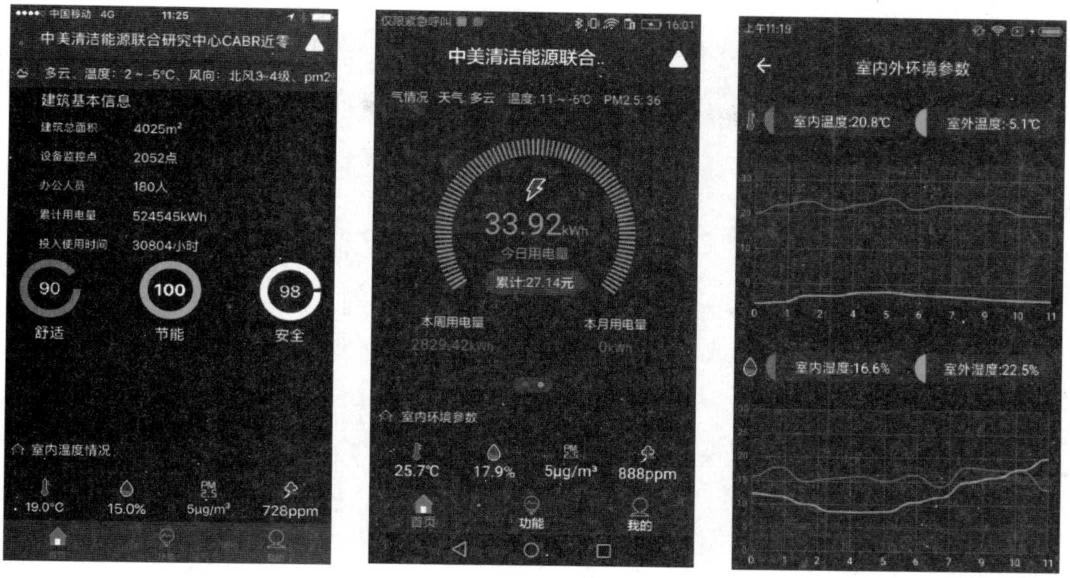

图 9-3 手机 APP 运维系统

本章参考文献

[1] 逄秀锋，宋业辉，徐伟. 我国建筑调适发展现状与前景［J］. 建筑节能，2020（10）：1-7.

[2] 曹勇，刘刚，刘辉，等. 国内外建筑调适技术的研究与现状［J］. 暖通空调，2013（43）：18-29.

[3] 逄秀锋，刘珊，曹勇. 建筑设备与系统调适［M］. 北京：中国建筑工业出版社，2015 .

[4] 中华人民共和国住房和城乡建设部. 建筑节能基本术语标准：GB/T 51140-2015［S］. 北京：中国建筑工业出版社，2015.

[5] 中华人民共和国住房和城乡建设部. 近零能耗建筑技术标准：GB/T 51350-2019［S］. 北京：中国建筑工业出版社，2019.